# 雲端程式設計

## 入門與應用實務

鍾葉青、許慶賢、賴冠州、李冠憬

著

國家圖書館出版品預行編目資料

雲端程式設計：入門與應用實務 / 鍾葉青等著.
-- 初版. -- 臺北市：麥格羅希爾, 2011.10
面； 公分. --（資訊科學叢書 ； CL008）
ISBN 978-986-157-812-5（平裝含光碟）

1.雲端運算 2.電腦程式設計

312.7 100016387

資訊科學叢書 CL008

# 雲端程式設計：入門與應用實務

作　　者 鍾葉青 許慶賢 賴冠州 李冠憬
教科書編輯 林芸郁
企劃編輯 李本鈞
業務行銷 李本鈞 陳佩狄 曹書毓
業務副理 黃永傑
出版者 美商麥格羅・希爾國際股份有限公司台灣分公司
地　　址 台北市中正區博愛路 53 號 7 樓
網　　址 http://www.mcgraw-hill.com.tw
讀者服務 E-mail: tw_edu_service@mheducation.com
TEL: (02) 2311-3000 FAX: (02) 2388-8822
法律顧問 惇安法律事務所盧偉銘律師、蔡嘉政律師
總經銷(台灣) 臺灣東華書局股份有限公司
地　　址 10045 台北市重慶南路一段 147 號 3 樓
TEL: (02) 2311-4027 FAX: (02) 2311-6615
郵撥帳號：00064813
網　　址 http://www.tunghua.com.tw
門市一 10045 台北市重慶南路一段 77 號 1 樓 TEL: (02) 2371-9311
門市二 10045 台北市重慶南路一段 147 號 1 樓 TEL: (02) 2382-1762
出版日期 2013 年 6 月（初版二刷）



ISBN：978-986-157-812-5

# 尊重智慧財產權！

# 作者序

雲端運算的發展大大改變了資訊服務的模式。近年來，包括產官學研都投入了大量人力、物力發展相關技術，並且舉辦許多研討會探討雲端運算技術及應用。當大家都瞭解雲端運算的重要性及好處之後，便開始發展許多基礎建設，如資料中心 (Data Center)、私有雲 (Private Cloud)，以提供可靠的後端運算平台，做為雲端服務的基礎。

雲端運算的價值主要決定於軟體即服務 (SaaS)，而開發雲端軟體服務需要一個便利的程式工具與開發平台。本書主要詳細地介紹三種設計雲端應用的平台，包括 Google App Engine、MapReduce 及 Microsoft Azure，並說明這三種平台之安裝、設定、程式撰寫，以及專案設計與開發。

## 本書優勢

筆者與作者群皆從事平行分散式計算之研究工作、教授相關課程已有二十年的經驗，本書即是將教學及研究經驗做完整之記錄。書中涵蓋雲端運算的基本概念、各種平台的介紹與工具的使用。本書盡量以案例與圖示來說明，各種軟體的安裝步驟與設定畫面也詳細記載其中，相信讀者能以最輕鬆的方式瞭解本書內容。此外，本書所提供的習題、投影片與範例程式也可協助讀者與授課老師輕鬆地學習與教學。

期望本書能夠成為讀者踏入雲端運算領域的墊腳石，快速引領你的創意，具體創造出屬於自己的雲端應用程式與服務，並在雲端時代上成功打出自己的市場。

## 使用建議

本書除了適用於大專院校學生或大學畢業對於雲端程式設計有興趣之人士外，對於從事資訊服務之相關人員亦提供專業知識的參考。若將此書做為教科書，則適用大專或大學三學分之相關課程；亦可用於研究所課程，並搭配其他專業科目使用，如服務導向架構、平行計算、分散式系統等。

本書內容所涵蓋的三個部分（Google App Engine、MapReduce 應用，以及 Microsoft Azure）可以獨立教授，或搭配課程需要只進行其中一個或兩個部分。

本書雖經審慎校訂，仍恐有疏漏及錯誤之處，尚祈各位先進不吝指教。

## 誌謝

一本書的完成除了作者之外，必定還借助於很多人的努力。藉此機會，我們要特別感謝陳世璋博士協助整理各種不同來源的資料，並彙整各個章節的內容與程式範例；廖偉敦、余有富、李志純先生也協助驗證範例程式的正確性；此外，對於許多沒有在這裡列出的幕後工作人員，同樣表達我們深切的敬意和謝意。最重要的，我們要特別感謝 McGraw-Hill 台灣分公司的力挺與支持，在極短的時間內協助出版這本書。

最後，希望大家都可以和我們一樣，快樂地享受閱讀，快樂地享受雲端運算所帶來的便利與好處。

鍾葉青 謹誌
2011 年 9 月

# 目次 contents

## 第二篇 MapReduce 105

## 第三篇 Windows Azure Platform 233

第一章

# 導 論

雲端運算 (Cloud Computing) 是近年來崛起的新思維，是一種典範轉移的計算方式。主要精神是從軟硬體的資源到資通訊的應用，如運算能力、儲存空間、網路傳輸、一般或商業應用等，都可以服務的方式呈現。這些服務可經由網際網路存取，並能根據需求而動態地進行調整。因此，使用雲端運算服務對於企業而言，能幫助減少初期的投資、降低不必要的成本開銷、改善資源的使用率，以及促進產業的專業化；對一般使用者而言，則能夠減少本地端設備的運算與儲存能力，享受大企業才有辦法提供的企業級資源，並能透過多樣性的終端設備，無所不在地使用雲端運算服務。

雲端運算廣泛地被分成三種服務模式，分別是軟體即服務、平台即服務和基礎設施即服務。茲介紹如下。

- **軟體即服務 (Software as a Service, SaaS)**：以服務的形式提供使用者所需的應用軟體，可用租賃的方式依照需求租用軟體服務，按需求付費。但因為是依照特定的應用需求進行客製化的開發與設計，一般而

言，不一定適用於其他應用的環境。

- **平台即服務 (Platform as a Service, PaaS)**：以服務的形式提供應用軟體運行所需的平台，透過此運行的平台，使用者可自行開發雲端應用軟體和服務。通常服務提供者對使用者有諸多限制，使用者若能配合這些限制，一樣可以在此類型的平台上提供出色的軟體服務。
- **基礎設施即服務 (Infrastructure as a Service, IaaS)**：以服務的形式提供應用平台所需的基礎硬體設施，是雲端運算的底層服務。使用者可以根據需求進行環境的部署，並能隨需地調整環境資源。使用者不需管理硬體設備，但需自行管理資源調度的設定，並保持應用所需的各項系統正常運行。

經由上述介紹，我們知道這三種服務模式的關聯。如圖 1.1 所示，雲端運算的基礎建構在 Iaas 上，由 IaaS 的提供者管理硬體設備的資源增減、損壞更新和規格變更，給予符合使用者要求的硬體需求；再往上可建置另一層 PaaS，這一層的使用者利用底層提供的硬體資源，安裝想要的作業系統、應用所需的資料庫或是運算平台，安裝好之後則進行系統的管理和調校，接著便是提供更上一層之使用者想要的服務；SaaS 的提供者可在這兩種服務建構而成的環境上運行開發的軟體，提供使用者所需的服務。

圖 1.1　雲端運算的三種服務

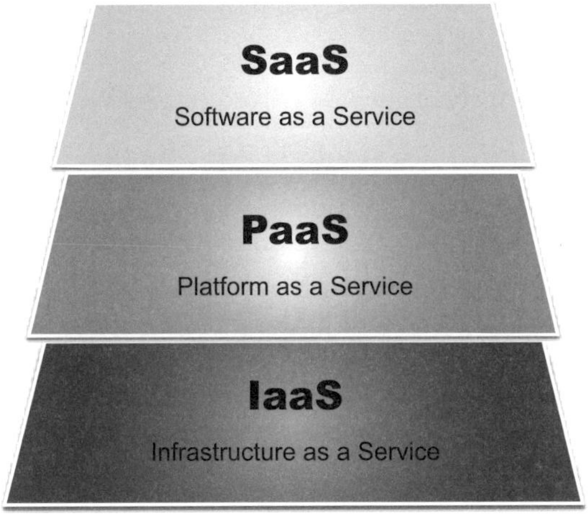

雲端運算的服務由軟體、平台和基礎設施等服務組成，其建構的整體服務有許多優點。由於網路技術發達和網路基礎建設的進步，透過網路便可取得服務是最大的優勢，這讓使用者在任何時間和任何地點都能使用雲端資源。另一方面，雲端運算本身有數項特性，包括高延展性、高可用性、高可靠度、高可攜性、高效能和便於管理等。因此，雲端運算可以提供動態資源配置、容錯機制、系統安全、自動控制、系統監控、負載平衡和工作排程等服務，針對使用者的需求迅速調整資源使用量，也可針對網頁服務使用者數量的劇增或劇減，主動增減運算資源以達到系統平衡，為服務導向的雲端服務使用者提供絕佳的後盾。

不論是 SaaS、PaaS 或 IaaS，都在雲端運算的生態系統中扮演重要的環節，缺一不可。而在本書中，我們要介紹的是 PaaS 中的三種運算平台，分別為 Google App Engine、MapReduce 和 Windows Azure Platform。

Google App Engine 是由 Google 所提供的平台，讓撰寫 Python 和 Java 的應用程式開發者能在此一平台上進行網頁應用程式服務的開發和運作。Apache 提出一個開源的 Hadoop 專案，將 Google 的 MapReduce 納入此專案，做為處理大量資料數據的運算模式及架構，提供一個以撰寫 Java 程式語言為主的雲端運算平台。Windows Azure Platform 是 Microsoft 發展的平台，讓開發人員利用 .NET 來開發應用程式的服務，此平台可提供 Windows Azure、SQL Azure 和 AppFabric 三種主要的服務，也等同於整合了作業系統、資料庫、通訊與安全在這個服務平台上。

本書將 Google App Engine、MapReduce 和 Windows Azure Platform 分成三篇來介紹。第一篇介紹 Google App Engine 的運作概念、操作平台的設定與 SDK 安裝、API 與功能介紹，最後展示如何開發一個服務並部署到 Google App Engine 上。第二篇介紹 MapReduce 的運作方式、Hadoop 的整體架構、Hadoop 的設定與配置，以及 MapReduce 在雲端運算上的應用。第三篇則介紹 Windows Azure Platform 的概觀、環境設定、程式撰寫方式，以及 Windows Azure Platform 在雲端運算的現在與未來。

# Google App Engine

# 第一篇

隨著電腦設備在技術上的成熟、網路普及的程度增加、分散式和虛擬化技術的進步，更多新穎的網路服務被開發出來，其中最重要的一種網路服務就屬雲端運算了。雲端運算是一個整合資源並透過網路提供使用者服務的概念，也就是使用者在付費或免費的機制下使用遠端運算服務的一種情境，而這個概念主要可以由三種服務構成並分別以基礎設施、平台和軟體為重心。2008 年 4 月，Google 開始提供 Google App Engine 之平台服務。這個服務平台提供了網頁應用程式所需要的軟硬體，有效率地管理介面監控網頁應用程式開發者架設之各種服務的使用量，但同時也限制了開發者在上面能使用的資源量及開發語言。儘管如此，Google App Engine 卻也保證了這個服務平台的高擴充性，讓開發者不需擔心使用者數量的問題，因為這個平台的架構可支援數以百萬計的網頁應用程式服務使用者。在接下來的內容中，我們將會相繼介紹何謂 Google App Engine、Google App Engine 的設定與 SDK 安裝、API 與其功能，以及一個整合範例。

第二章

# 認識 Google App Engine

2.1 何謂 Google App Engine
2.2 Google App Engine 的基本原理
2.3 Google App Engine 的限制和特性
2.4 從雲端看 Google App Engine

在企業中，自行建構軟硬體並架設伺服器，來提供內部各種資訊的傳遞工作，是十分常見的；甚至單一服務開發者也會自行建構伺服器，在其上架設自行開發的服務。但是，不論是企業或單一開發者，在維護伺服器的運作上都要花費極大的功夫，占用企業相當大的 IT 資源和開發者個人的時間，進而導致延遲新服務的開發進度。因此，Google App Engine 提供的服務平台將為企業和個人帶來什麼樣的改變將是本章的重點。

當雲端運算的概念崛起後，我們體認到不論是企業或開發者個人，並不需要自行建立伺服器、採購軟硬體和設計內部架構，消彌這些工作所花費的時間和精力被雲端運算的三種服務類別所取代，因此當我們想要取得基礎設施服務、平台服務和軟體服務時，就能向提供者提出服務的要求。

但這個概念並不是一個新穎的概念，當所有技術成熟後，雲端運算的概念才能夠實現，不論是 Google 的 Google Map、Docs、Earth 和 Mail 皆是如此。2008 年 4 月，Google 提出一項新的服務，稱為 Google

App Engine，提供網頁應用程式開發者一個新的開發平台，讓 Java 和 Python 的網頁程式開發者能在此平台上建構服務，而不需煩惱伺服器的各種管理工作和例行性維護工作。

本章首先將帶大家認識什麼是 Google App Engine，並介紹這個服務平台的運作原理與每個運作單元的功能，以及在免費和付費的情況下能夠讓開發者使用的資源；最後，以這個服務平台能為應用程式開發者帶來何種優勢做結。

##  2.1 何謂 Google App Engine

Google App Engine 是一個由 Google 於 2008 年 4 月提出的平台服務，在該平台上，應用程式開發者可以致力於建構屬於自己的網頁服務，並且不用擔心在沒有 IT 背景的前提下，須設計機器的架構和架設機器上的平台，日後也不需要花費時間進行維護。

何謂服務平台？服務平台是一個雲端運算的概念，其可以分成三種主要的服務，分別是基礎設施即服務 (Infrastructure as a Service, IaaS)、平台即服務 (Platform as a Service, PaaS) 和軟體即服務 (Software as a Service, SaaS)。這三種服務的上下關係中，最底層的 IaaS 提供建構伺服器主體所需的 IT 資源；中間的 PaaS 提供程式運行的平台，為使用者建構出一個不需要管理細節的應用程式運行環境；最上層的 SaaS 則提供使用者可以在任何地點使用的特定軟體服務。

Google App Engine 在 2008 年剛被提出時，唯一支援的程式語言是 Python，同時支援 Django 這樣的網頁開發架構；但在一年後，Google App Engine 也支援另一種程式語言——Java。目前為止，Google App Engine 可支援的程式語言和其最新版本為 Python 2.5.2 與 Java 6。因此如圖 2.1 所示，藉由 Google 提供十年技術背景和知識所建構出來的 Google App Engine，應用程式開發者就可以使用 Python 和 Java 來開發網頁應用程式，並且放在這個服務平台上來服務自己的客戶群，而使用者所要做的就只是連上放在 Google App Engine 上的網頁。

接著，我們舉一個簡單例子來說明圖中的對應關係。首先，對於應

圖 2.1　網頁應用程式開發者（左）、Google App Engine（中）與使用者（右）的關係

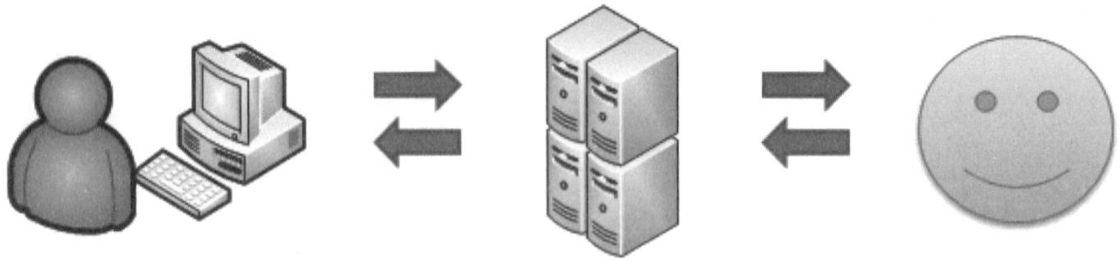

用程式開發者而言，他們能在 Google App Engine 上開發網頁服務，包括個人的部落格、相簿、網路上的工具程式，甚至是伺服器的架設。Google App Engine 則提供開發者需要的平台，包括免費但受限的服務，以及付費並使用額外的硬體服務等兩種機制，如此一來，一般使用者便能和應用程式開發者進行互動。最後是一般使用者，對他們來說，只要能連線 Google App Engine 平台所架設的網站，就能享受開發者提供的服務了。

在開發網頁應用程式的過程中，開發者需要 Web 的程式編寫能力及資料存取的相關技術，例如開發者使用 Java 就要會操作 Java Data Objects (JDO)，使用 Python 就要會操作 Google Query Language (GQL) 來查詢資料庫。

利用 Google App Engine 的服務平台，應用程式開發者可輕易地建構新的網頁服務。在免付費的使用情況下，開發者有 1 GB 的儲存空間，一個月中的網頁瀏覽次數可以高達約 500 萬次之多。當然 Google App Engine 對開發者沒有任何維護網頁服務的義務，但當開發者有額外的需求時，可藉由付費和設定資源使用量的上限等方式，來提高資源的使用額度。除此之外，一個 Google App Engine 帳號最多可以使用 10 個應用程式，但是當我們有意使用數個帳號來同時提供同一個應用程式服務的行為時，Google App Engine 服務平台有權取消該帳號或應用程式的執行權限。

## 2.2 Google App Engine 的基本原理

一般使用者透過瀏覽器連上 Google App Engine 所架設的平台，就可以使用應用程式開發者所提供的網頁服務，那麼這個服務在 Google App Engine 上是如何運行的呢？我們透過圖 2.2 來分解 Google App Engine 上這一連串的動作是如何變成一個服務。

首先，一般使用者瀏覽應用程式開發者在 Google App Engine 服務平台上所提供的網頁服務，而這項服務可能是開啟一篇部落格文章或是一本相簿。接著，這個要求會被傳送到 Google App Engine 的沙箱（參見圖 2.2）中，並由 Java 或 Python 的執行環境來運行。沙箱 (Sandbox) 的設計概念是為了抵擋執行應用程式的指令可能產生的潛在危險，例如過長的執行時間導致系統等待時間過久，因此沙箱具有保護系統本身安全的功能。這個概念能運用到許多地方，例如防毒軟體將有潛在危險的檔案放入沙箱中進行預處理。在 Google App Engine 中，若經過沙箱的驗證後可順利執行網頁應用程式，那麼下一個動作就是存取部落格文章

圖 2.2　Google App Engine 的基本原理運作圖

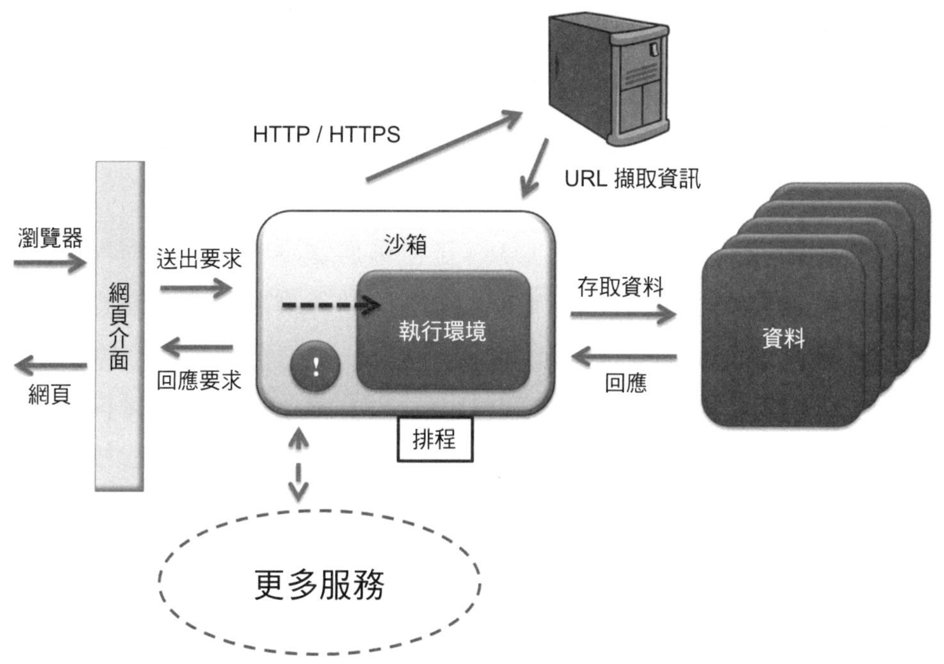

或相簿的資料。此時，會進入資料庫中將該篇文章內容或相簿照片找出來，並顯示在一般使用者的瀏覽器上。若這個網頁本身提供其他網頁的資訊，而得到資訊的方式是去擷取該網站提供特定 URL 所給予的訊息時，就要透過 HTTP 或 HTTPS 這兩種協定去擷取，並將結果顯示於一般使用者的瀏覽器上。假設這一篇文章專門記錄每天早上、中午和晚上的網頁流量，那麼應用程式開發者能透過 Google App Engine 的排程功能來達成這個目的。若這個應用程式開發者在網頁中撰寫了其他服務的程式碼，一般使用者也可以透過 Google App Engine 提供的指令去存取所需的資訊，最後再透過網頁介面將這些資料傳送到自己的瀏覽器上。

以下讓我們逐一地瞭解 Google App Engine 基本原理運作流程中的每個元件：

1. **沙箱執行環境**：沙箱是一個封閉的空間，是以安全為考量的一項機制。它藉由某些限制可以有效地保護系統的安全，例如限制應用程式對外存取其他網站資訊的方式、限制存取資料庫中讀取與寫入的方式，以及限制應用程式發送出一個請求的回應時間。因此，沙箱可視為一個為了系統的安全性和可靠度所形成之獨立空間，若是應用程式的行為踰越了限制範圍，這個服務就會立刻被終止。此外，沙箱還提供兩種執行環境，即 Google App Engine 所支援的 Java 6 和 Python 2.5.2 兩種程式語言及其最新版本，因此網頁應用程式開發者可透過這兩種語言在 Google App Engine 平台上開發個人的網頁服務。
2. **資料**：存取資料的方式可以分為靜態和動態兩種。當應用程式在運行時，靜態資料是不允許被修改的，只能被讀取；而動態資料會隨著應用程式的運作及使用者的操作而不斷地被更動。同時，因為 Google App Engine 是利用 Google 的 BigTable 資料庫來架構，會將資料透過 Google File System 存放在不同的機器上，因此並不支援 Structured Query Language (SQL) 查詢語法（例如 JOIN 指令），所以我們不能用查詢傳統資料庫的方式來查詢資料，而是要透過所謂的自訂屬性來進行搜索，但這並不影響 Google App Engine 在資料儲存空間方面所能給予的擴充性。基本上，隨著資料的擴大和成長，

儲存空間也會隨之增大。

3. **排程**：Google App Engine 允許開發者使用排程功能，將常態性的工作指定長期執行的時間間隔和執行頻率，以減少使用 CPU 的運算量、幫助應用程式模組化，並且定期和反覆地執行某些功能。當然，Google App Engine 對排程的數量也有限制，目前只有使用 Python 的開發者能夠以背景工作的模式使用佇列安排自己的排程。

4. **URL 擷取服務**：應用程式運行的過程中，倘若要與其他網頁進行溝通，如擷取其他網站的資料，就可以透過 URL 擷取服務來達成這個目的。同樣地，Google App Engine 也對這個服務進行限制，例如連線的反應時間和連線的方式，以確保系統的安全不會遭到破壞。

5. **更多服務**：Google App Engine 尚有許多其他類型的服務可以提供給開發者使用，例如允許第三方在受限制的情況下使用網頁應用程式、允許即時訊息的傳遞，以及輕易地區分開發者在 Google App Engine 上的資料等服務。

##  2.3 Google App Engine 的限制和特性

Google App Engine 是一個可以免費使用，而且可以讓網頁應用程式開發者不需做任何管理工作的服務平台。相較之下，亞馬遜提供的 Elastic Compute Cloud (EC2) 是 IaaS 服務，應用程式開發者有高度的自由可以自訂和控管幾乎所有的資源，也因此需要他們自行維護整個系統，這反而拖慢服務開發的進度。反觀 Google App Engine，它讓開發者免去管理系統的繁瑣工作，雖然帶來許多限制，但仍可為開發者帶來極大的便利性。因此，以下將從幾個方面介紹 Google App Engine 所具備的限制和特性。

1. **應用程式存取介面**：如圖 2.3 所示，Google App Engine 網站提供介面讓開發者監控自己的應用服務，並查詢相關資源的使用情形。每一個服務都會有各自的免費網址（例如 http:// 應用程式名稱 .appspot.com），一般使用者連上這個網址之後便可使用開發者的服務。

圖 2.3　Google App Engine 網站

資料來源：擷取自 https://appengine.google.com/。

2. **支援的語言**：開發者需要熟悉 Java 或 Python 的網頁撰寫方式，才能在 Google App Engine 服務平台上開發網頁服務；換言之，凡是熟悉這兩種語言的開發者，很容易就能將自己的應用程式移植到 Google App Engine。不過，因為該平台使用的資料庫並非傳統的關聯式資料庫，例如 MySQL、MS SQL、Oracle 和 PostgreSQL，因此開發者必須修改資料結構和存取方式。另外，就 Python 使用者來說，還要注意的是 Google App Engine 並不支援 C 語言所寫的 Python 模組，因此必須是純 Python 模組才能執行。另外，Google App Engine 並不完全支援 Java 和 Python 撰寫網頁的應用程式介面 (Application Program Interface, API)，所以開發者需要將被限制的 API 改用其他方式來取代，才能在 Google App Engine 上重現所要的功能。不過，這個平台上有專為 Java 和 Python 提供的 Google API，讓開發者方便使用 Google App Engine 平台上的資源。

3. **支援的資料庫**：BigTable 是 Google 為了在數以千計的電腦上處理千兆位元組 (Petabyte) 級的資料量所提出的資料庫。現今的 Google 服務，如 Google Earth、Google Docs 和 Google Maps，都使用 BigTable 來當作資料庫。BigTable 非常不同於傳統的關聯式資料庫，它只有一個表格，因此沒有正規化的流程，也不需要在讀取一

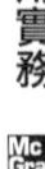

個表格的時候還要連結其他的表格，當然也不需要許多傳統關聯式資料庫常用的指令（如 JOIN）。BigTable 在表格中儲存的方式很特別，也很直覺，其主要由 Row Key、Column Key 和時間戳記 (Time Stamp) 所構成。可以想像依照這個規則建立的表格其資料量將會非常龐大，而 BigTable 建構在一個分散式的儲存系統上，因此對於資料庫負載問題是一個很好的解決方式，亦即當一台伺服器負載過大時，工作會轉移到負載較輕的機器上，以取得平衡。可想而知，透過單一表格的觀念與分散式的架構，BigTable 可提升的速度非常可觀，也因此能在數以千計的電腦上處理千兆位元組等級的資料。

4. **支援的資料庫查詢語言**：Google App Engine 對 Java 和 Python 支援的資料庫查詢方式有 Java Data Object Query Language (JDOQL) 和 GQL，兩者都很類似 SQL。但如前所述，因為 BigTable 不是傳統的關聯式資料庫，因此 SQL 用來查詢傳統關聯式資料庫的方式，不完全能夠套用在利用 JDOQL 和 GQL 來查詢 BigTable 的情況下。

5. **支援的檔案系統**：Google App Engine 使用的是 Google File System (GFS)，如圖 2.4 所示，其上有 Master 節點和許多 Chunkserver 節點，這些節點都是由一般電腦所架設。在此一架構下，檔案會被切割成固定的大小。Master 節點擁有檔案的資訊，而 Chunkserver 節

圖 2.4　Google File System 架構簡圖

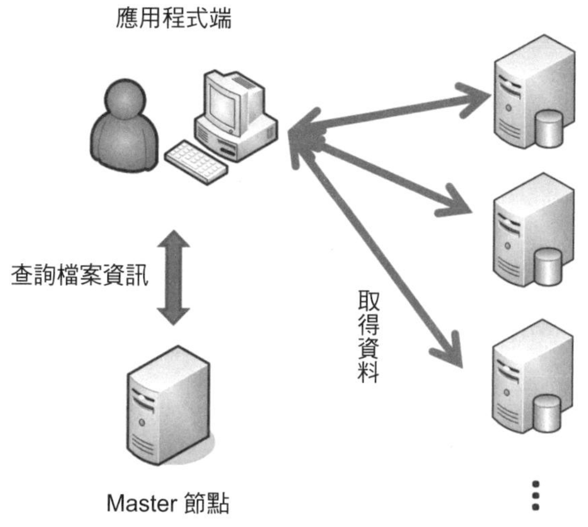

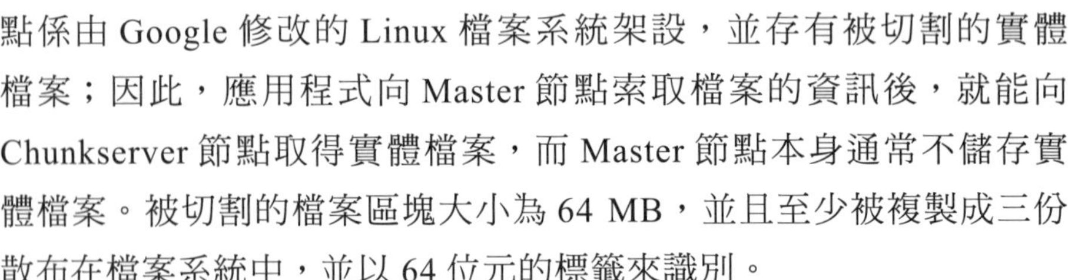

點係由 Google 修改的 Linux 檔案系統架設，並存有被切割的實體檔案；因此，應用程式向 Master 節點索取檔案的資訊後，就能向 Chunkserver 節點取得實體檔案，而 Master 節點本身通常不儲存實體檔案。被切割的檔案區塊大小為 64 MB，並且至少被複製成三份散布在檔案系統中，並以 64 位元的標籤來識別。

6. **支援的運算架構**：Google 為了快速處理大量資料，所以提出 MapReduce 運算架構，即利用 Map（映射）和 Reduce（化簡）模式將工作分成兩個主要階段，如圖 2.5 所示。代表 Map 階段的機器先將資料重新整理或運算成整個問題想要得到的解答，每台機器都會處理一部分的資料並存到一個新空間，之後再交給 Reduce 階段的機器進行整合，進而得到整個問題的解答。此架構主要用來改善大量資料在處理過程上的效率，因此配合兩階段工作模式，若機器數量愈多，改善的程度愈明顯，通常數以千計或以上的機器數量便能明顯看見改善效果。

7. **限制的資源種類**：包括應用程式的部署數量、使用空間大小、傳送和接收資料量的大小、CPU 使用時間、排程工作在佇列中的工作數量、URL 擷取的頻寬限制、相關 API 呼叫次數等資源，都受到使用

圖 2.5　MapReduce 架構簡圖

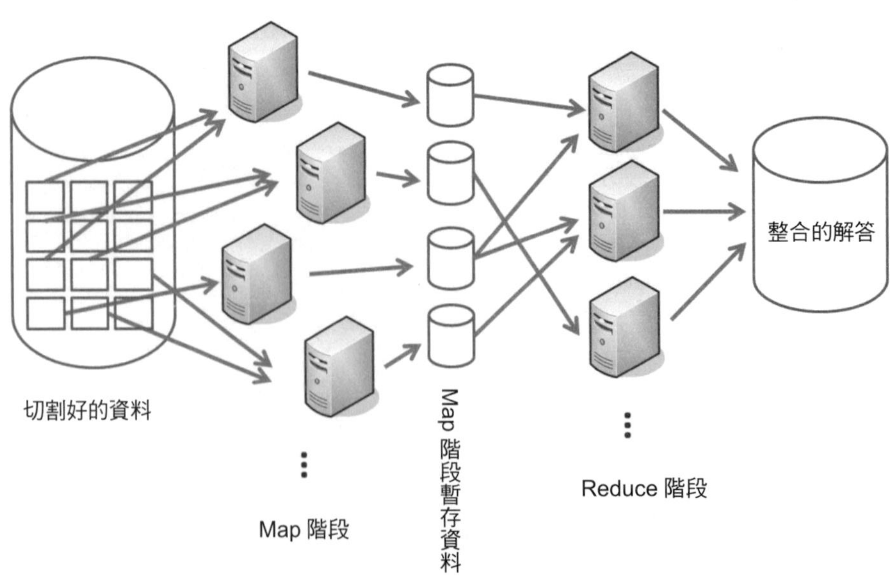

數量與次數的限制。例如在免費使用的條件下，開發者可部署 10 個應用程式；擁有 1 GB 的使用空間；索引數量限制在 200 個；URL 擷取服務與其他網路服務的上傳和下載傳輸量各為 1 GB；在特別的靜態儲存空間中，API 呼叫次數於一天的使用額度為 1 億 4,000 萬次等。除了像儲存空間這類資源有總量的限制之外，大部分的資源額度是以一天的可使用量做為限制依據。但是，Google App Engine 也定義了應用程式在某些資源的使用上每分鐘可使用的額度，讓應用程式可以避免不同的服務之間過度競爭資源，同時也延伸應用程式在一天中使用資源的時間長度，不會因為應用程式的使用者壓縮在某個時間區間索取服務，而導致應用程式的服務被強制暫停。網頁應用程式開發者若想知道或顯示目前使用的額度，不論是 Java 和 Python，都可以使用查詢額度的 API 來取得資料。

因此，應用程式開發者若是已經開發好一個服務，現在想要移植服務到 Google App Engine 平台上，就必須注意上述限制，並對程式原始碼進行相應的修改，才能達到預期的服務行為。雖然在移植過程中需要花費時間與精力，但一旦完成這些限制所需的修改工作，應用程式的服務將可提供上百萬名使用者使用，算是一個非常可觀的規模。透過 Google 提供的高擴充性和高容錯能力，開發者不用做多餘的管理工作，也不需擔心擴充問題，一切交給 Google App Engine 進行後端的管理即可。

## 2.4 從雲端看 Google App Engine

廣義來說，雲端運算是一個利用網路將遠端伺服器的所有資源傳送給使用者，使其得以運用的概念；使用者則使用自身運算能力不高的設備，透過網路連結到遠端伺服器送出服務需求，利用遠處的整合資源進行一連串的服務行為。例如，我們經常使用智慧型手機、平版電腦、筆記型電腦和桌上型電腦中的工具或瀏覽器，來存取 Google 的電子郵件、地圖和文件，甚至使用其他網頁應用程式開發者在 Google App Engine 平台上提供的服務。然而，這個位處遠方的伺服器所擁有的特性除了需要借助於許多技術，同時也要具備高擴充性、隨處可得、易於管理等多種能力，因此必須仰賴異質性和同質性軟體的虛擬化技術、平行與分散式運算方法和網頁服務方式等技術。

雲端運算的服務依照種類分成 IaaS、PaaS 和 SaaS 三種。本章提到的 Google App Engine 讓應用程式開發者不用管理底層機器的設定，只要在架設好的作業系統環境中專心開發網頁應用程式服務即可，因此屬於 PaaS 的一種。

不論是服務平台的架設、資源使用量的增加、使用服務的負載平衡或伺服器的容錯機制，Google App Engine 都提供一套完善的配套措施讓網頁程式開發者能專注於服務的開發，不用費神管理平台，因此對開發者來說絕對是一個優質的開發平台，也是雲端運算的三種服務中，PaaS 的標準實做方式和成果。

## 習　題

1. 試繪出 Google App Engine 應用程式的運作流程，並說明各元件的功用。
2. 試說明 Google App Engine 為網頁應用程式開發者帶來的好處。
3. 試列舉出五項受到 Google App Engine 限制的資源。
4. 請比較 BigTable 資料庫架構和傳統關聯式資料庫架構對 Google App Engine 可能帶來的影響。
5. 試著說明 Java 和 Python 的網頁應用程式開發者在 Google App Engine 上進行服務開發需注意哪些事情。

第三章

# Google App Engine 的設定與 SDK 安裝



Google App Engine 是一個提供網頁應用程式開發者上傳自行撰寫之程式碼的服務平台，有了這個擴充性和彈性極高的伺服器服務，開發者不用再自行維護 IT 設備，只要申請一個帳號，選擇幾個與伺服器相關的設定，就能夠開始享用這個服務平台的便利了。但有別於傳統的伺服器，Google App Engine 雖然提供了許多免費的資源，卻也限制了這些資源的使用量。

對於網頁應用程式開發者而言，自行管理並維護伺服器是一項非常占用時間的工作，也因此經常扼殺了開發網頁應用程式的進度和創意，現在開發者利用 Google App Engine 提供的免費和付費服務，開發者將能免除這些困擾，愉快地使用擴充性和彈性都非常高的服務平台，提供服務給一般使用者。本章將介紹如何申請一個 Google App Engine 帳號，以及創立第一個 Google App Engine 應用程式時所需的手機認證方式、服務使用者認證方式和儲存空間的種類選擇，最後介紹設定執行環境和確認環境設定完成的步驟。

由於市面上已有許多書籍介紹如何在 Google App Engine 上開發以

Python 語言撰寫 Google App Engine 網頁應用程式，因此本書將以 Java 程式語言為主，介紹 Java 在 Google App Engine 上的撰寫方式。開發者將利用 Eclipse 來進行開發，因此首先將會介紹 Eclipse 的版本及安裝步驟；接著，利用 Google App Engine 提供的外掛連結將開發環境裝在 Eclipse 上，安裝完畢後即可進行第一個專案的設定，並在本地端進行測試；之後，則說明如何將其上傳到 Google App Engine 服務平台上，透過網際網路來開啟這個網頁服務。

## 3.1 帳號申請流程

若開發者沒有 Google 帳戶，可以先連上 https://appengine.google.com/（如圖 3.1 所示），在網頁右下方點選建立一個帳戶的連結申請新帳戶，這個帳戶可以讓開發者使用 Google 的服務，當然也包括 Google App Engine。順利申請帳戶之後，重新回到圖 3.1 用剛才申請的帳號就可以登入了。接著，開發者會看到歡迎畫面（圖 3.2），因為尚未上傳任何應用程式，所以只有看到 Create Application 的按鈕。

點選「Create Application」按鈕後，接下來就是透過手機進行身分認證。如圖 3.3 所示，在認證頁面上開發者必須填寫地區及手機號碼，

圖 3.1　Google App Engine 登入畫面

資料來源：擷取自 https://appengine.google.com/。

圖 3.2　登入 Google App Engine 後的歡迎畫面

資料來源：擷取自 https://appengine.google.com/。

圖 3.3　手機認證畫面一

Verify Your Account by ...

https://appengine.google.com/permissions/smssend

Google app engine　cloud.app.tester@gmail.c

**Verify Your Account by SMS**

To create applications with Google App Engine, you need a verification code. Select the country and carrier for your mobile phone number. The verification code will be sent to it via SMS. Note you will only need to verify your account once.

Country and Carrier:

Other (Not Listed)

If your country and carrier are not on the list, select Other (Not Listed). What carriers are supported?

Mobile Number:

+8869

Include your country code and full phone number. eg. +1 650 555 1212

Send

資料來源：擷取自 https://appengine.google.com/。

送出之後會有一組註冊碼傳送到開發者的手機，然後在圖 3.4 中將這組註冊碼填入手機認證的網頁即可。

接著，開發者要為應用程式的連結網址命名。如圖 3.5 所示，在「Application Identifier」欄位中輸入開發者專有的辨識字串，這個字串將配合「.appspot.com」成為一個網址，開發者或使用者將可透過此一網址連線到部署在 Google App Engine 上的網頁應用程式。這個名稱的

圖 3.4　手機認證畫面二

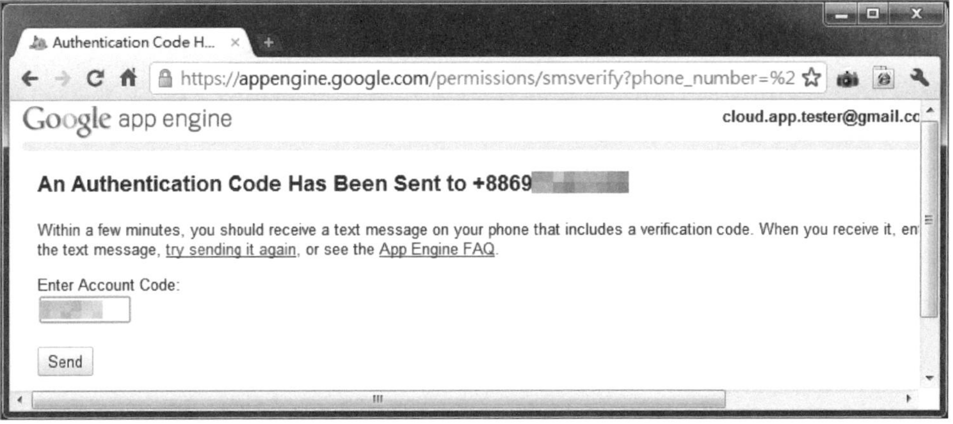


資料來源：擷取自 https://appengine.google.com/。

圖 3.5　建立應用程式之設定頁面

Create an Application
https://appengine.google.com/start/createapp
Google app engine
cloud.app.tester@gmail.com | My Account | Help | Sign out

Create an Application

You have 10 applications remaining.

Application Identifier:
.appspot.com　Check Availability
You can map this application to your own domain later. Learn more

Application Title:
Displayed when users access your application.

Authentication Options (Advanced): Learn more
Google App Engine provides an API for authenticating your users, including Google Accounts, Google Apps, and OpenID. If you choose to use this feature for some parts of your site, you'll need to specify now what type of users can sign in to your application:

Open to all Google Accounts users (default)
If your application uses authentication, anyone with a validGoogle Account may sign in. (This includes all Gmail Accounts,but does *not* include accounts on any Google Apps domains.)
Edit

Storage Options (Advanced):
Google App Engine datastore options.

Master/Slave (default)
Uses a master-slave replication system, which asynchronously replicates data as you write it to another physical datacenter. Since only one datacenter is the master for writing at any given time, this option offers strong consistency for all reads and queries, at the cost of periods of temporary unavailability during datacenter issues or moves. Offers the lowest storage and CPU costs for storing data.
Edit

Terms of Service:

1. Your Agreement with Google

1.1. Your use of the Google App Engine service (the "Service") is governed by this agreement (the "Terms"). "Google" means Google Inc., located at 1600 Amphitheatre Parkway, Mountain View, CA 94043, United States, and its subsidiaries or affiliates involved in providing the Service.

1.2. In order to use the Service, you must first agree to the Terms. You can agree to the Terms by actually using the Service. You

I accept these terms.

Create Application　Cancel

© 2008 Google | Terms of Service | Privacy Policy | Blog | Discussion Forums

資料來源：擷取自 https://appengine.google.com/。

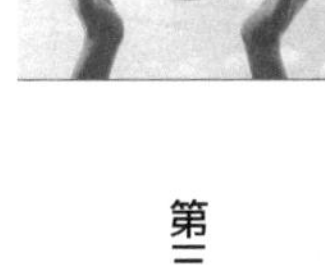

組合有一些限制，除了要是 6 至 30 個小寫的英文字母組成之外，開發者也可以加上數字或連字符號成為個人獨特的網址組合，但要注意連字符號不能放在開頭或結尾，一個簡單的例子是「cloud-app-tester」。隨後是在「Application Title」欄位中為開發者的應用程式名稱填寫不超過 30 個字母長度的敘述。

在 Authentication Options (Advanced) 項目中，開發者可以點選 Edit 進行編輯，選擇能存取應用程式的成員（參見圖 3.6）。其中，選擇「Open to all Google Accounts user (default)」的方式表示允許所有擁有 Google 帳戶的使用者都可以使用開發者的應用程式網頁。選擇「Restricted to the following Google Apps domain」則比較特別，假如開發者的公司內部成員使用 Google Apps，開發者希望他們成為新開發之應用程式的使用者成員，那就可以在此一欄位輸入 Google Apps 的網域，Google App Engine 便會將開發者新開發的應用程式所允許之使用者，指定成該網域的使用者；但必須注意的是，這個決定是不能改變的。最後是「(Experimental) Open to all users with an OpenID Provider」的選項，OpenID 的概念是讓使用者不要在不同的網站上註冊同一組或不同的帳號密碼。使用者只要尋找一個提供身分認證的網站（稱為 OpenID 提供者），將資料註冊在該網站上，之後瀏覽的網頁若有提供 OpenID 身分認證，只要填入 OpenID 提供者給使用者的認證訊息（通常是 URL）即可登入。

**圖 3.6　認證選項**

**Authentication Options (Advanced):** Learn more

Google App Engine provides an API for authenticating your users, including **Google Accounts**, **Google Apps** , a
parts of your site, you'll need to specify now what type of users can sign in to your application:

- **Open to all Google Accounts users (default)**
  If your application uses authentication, anyone with a valid Google Account may sign in. (This includes all Google Apps domains.)
- **Restricted to the following Google Apps domain:**
  e.g. foo.com
  If your application uses authentication, **only members of this Google Apps domain may sign in.** If your or
  application (e.g. an HR tracking tool) that is only accessible to accounts on your Google Apps domain. Thi
- **(Experimental) Open to all users with an OpenID Provider**
  If your application uses authentication, anyone who has an account with an OpenID Provider may sign in.

資料來源：擷取自 https://appengine.google.com/。

回到圖 3.5。在「Storage Options (Advanced)」項目下（參見圖 3.7），開發者可以選擇 Google App Engine 提供的兩種在儲存空間寫入資料的方式，分別是「Master/Slave (default)」和「High Replication」。前者是一種主從式且非同步的寫入方式，並因為使用單一地區的資料中心 (Datacenter) 寫入資料，可以保證資料的一致性，且提供較低的儲存空間和 CPU 使用量；不過，若是資料中心需要搬移資料或進行電力維護，可能暫時無法讀取資料。後者則是將資料同步到多個地區的資料中心，因此可以隨時滿足讀取和寫入的需求，但代價就是有資料一致性的問題，並且需要花費比前者多將近三倍的資源處理資料。

**圖 3.7　儲存空間選項**

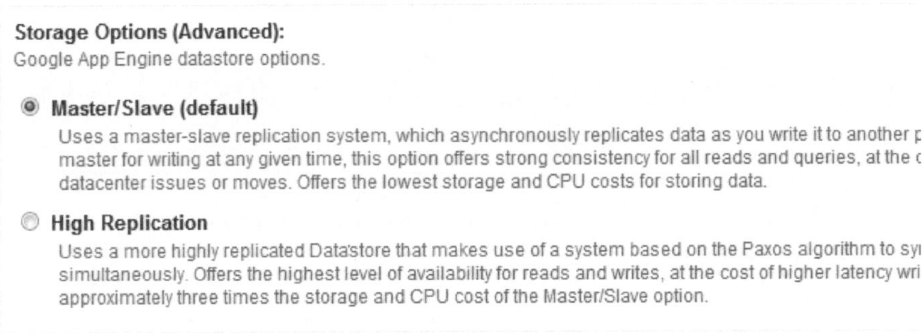

**Storage Options (Advanced):**
Google App Engine datastore options.

◉ **Master/Slave (default)**
Uses a master-slave replication system, which asynchronously replicates data as you write it to another p
master for writing at any given time, this option offers strong consistency for all reads and queries, at the c
datacenter issues or moves. Offers the lowest storage and CPU costs for storing data.

○ **High Replication**
Uses a more highly replicated Datastore that makes use of a system based on the Paxos algorithm to syı
simultaneously. Offers the highest level of availability for reads and writes, at the cost of higher latency wri
approximately three times the storage and CPU cost of the Master/Slave option.

資料來源：擷取自 https://appengine.google.com/。

最後一個部分是 Google App Engine 的使用條款（參見圖 3.8）。只要勾選下方的同意選項後就能儲存設定了。

然後按下圖 3.5 下方之「Create Application」按鈕，便會出現註冊成功的網頁，如圖 3.9 所示。其中會告訴使用者一些相關訊息，包括剛才命名的辨識字串為何（且無法再修改）、開發者的應用程式標題會顯

**圖 3.8　同意使用條款**

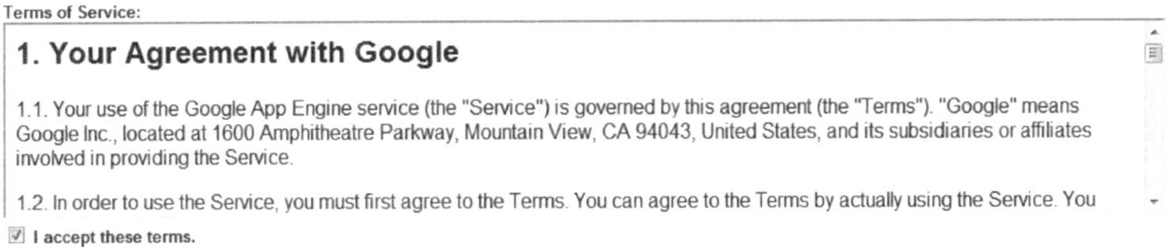

Terms of Service:

**1. Your Agreement with Google**

1.1. Your use of the Google App Engine service (the "Service") is governed by this agreement (the "Terms"). "Google" means Google Inc., located at 1600 Amphitheatre Parkway, Mountain View, CA 94043, United States, and its subsidiaries or affiliates involved in providing the Service.

1.2. In order to use the Service, you must first agree to the Terms. You can agree to the Terms by actually using the Service. You

☑ I accept these terms.

資料來源：擷取自 https://appengine.google.com/。

圖 3.9　應用程式註冊成功頁面

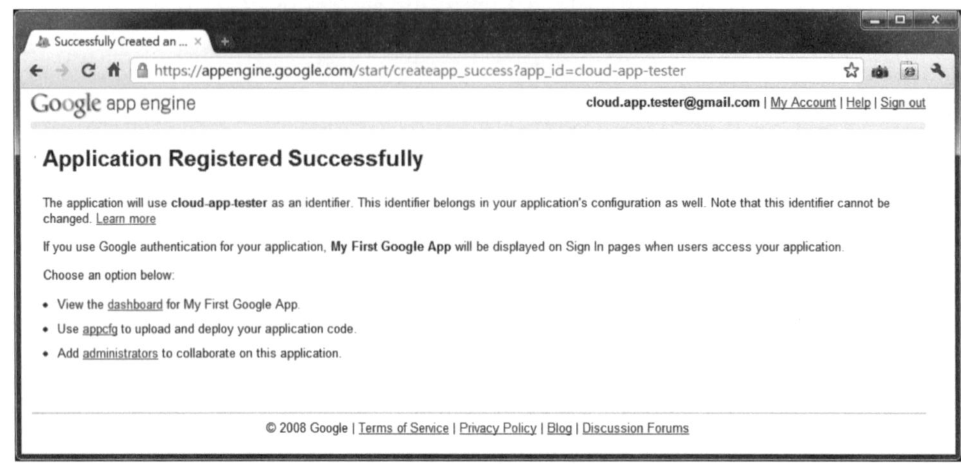


資料來源：擷取自 https://appengine.google.com/。

示在使用者瀏覽的頁面、如何檢視應用程式的相關資料、如何上傳開發者的應用程式，以及如何新增管理員等。

此時，當開發者回到 https://appengine.google.com 的頁面時（圖 3.10），會發現剛才新增的應用程式已經顯示在頁面上了。

圖 3.10　已經新增專案的頁面

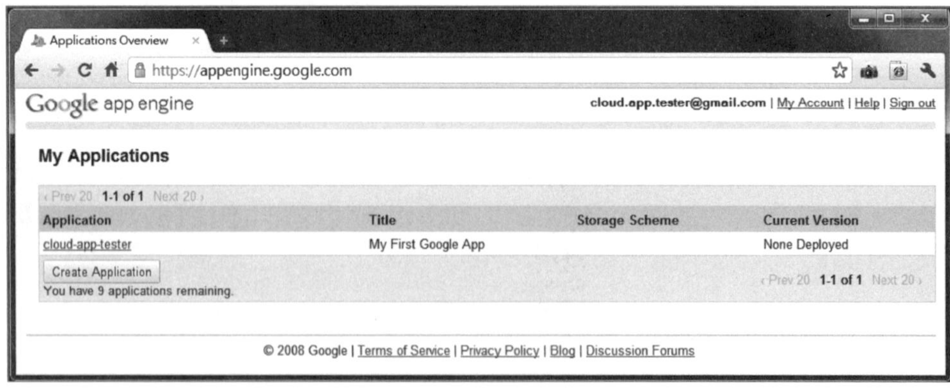


資料來源：擷取自 https://appengine.google.com/。

## 3.2 下載 Java Development Kit (JDK)

在進行 Google App Engine 上的 Java 網頁應用程式開發之前，開發者得先下載 Java 平台的標準版本 (Java Standard Edition, Java SE)，目前的最新版本是 Java SE 6 Update 25。開發者可以到甲骨文 (Oracle) 公司的網站上找到下載頁面，網址是 http://www.oracle.com/technetwork/java/javase/downloads/index.html，點選「Download JDK」之後即可下載 Java Development Kit (JDK) 開發工具。這個檔案本身也包含 Java 的執行環境檔案，因為筆者使用的環境為 Windows 7 64 位元電腦，因此下載時必須選擇 Windows x64 做為平台選項，下載的檔案名稱為 jdk-6u25-windows-x64.exe。執行 Java 網頁應用程式需要 Java Runtime Environment (JRE)，若是之前開發者還沒有安裝過，在安裝過程中會詢問開發者 JRE 的安裝路徑，此時直接選擇預設值即可。安裝完畢後，開發者會看到 JDK 安裝在 C:\Program Files\Java\jdk1.6.0_25，而 JRE 就安裝在 C:\Program Files\Java\jre6 中。

接著，便是要為 Java 設定環境變數，以 Windows 7 為例，請進入「控制台系統及安全性 \ 系統 \ 進階系統設定」，開發者會看到系統內容的對話視窗（參見圖 3.11）。點選環境變數後，會跳出環境變數的視窗，在下方的系統變數中找到「Path」並選擇編輯（或是當開發者找不到這個變數時，請新增一個「Path」變數），隨後跳出編輯系統變數視窗，請在最下方加入「C:\Program Files\Java\jdk1.6.0_25\bin;」後按「確定」，讓變數儲存新的設定。若要啟用這個設定，請先登出 Windows 7，然後再登入一次。為了確認開發者的電腦上是否已經具備 Java 環境，可以開啟執行視窗（按「Win 鍵 + R 鍵」），輸入「cmd」呼叫文字介面的指令視窗（或是到附屬應用程式中開啟命令提示字元），並且輸入 java -version 和 javac -version 來確認開發者的 Java 環境與版本是否正確，如圖 3.12 所示。

圖 3.11　為 Java 新增系統變數之畫面

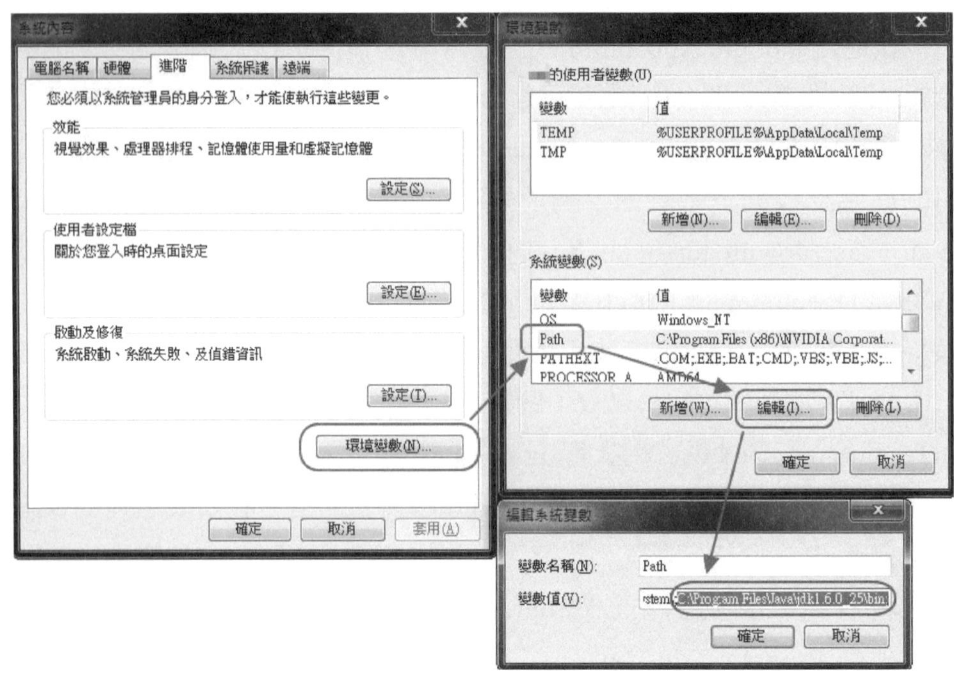


圖 3.12　確認 Java 執行環境之畫面

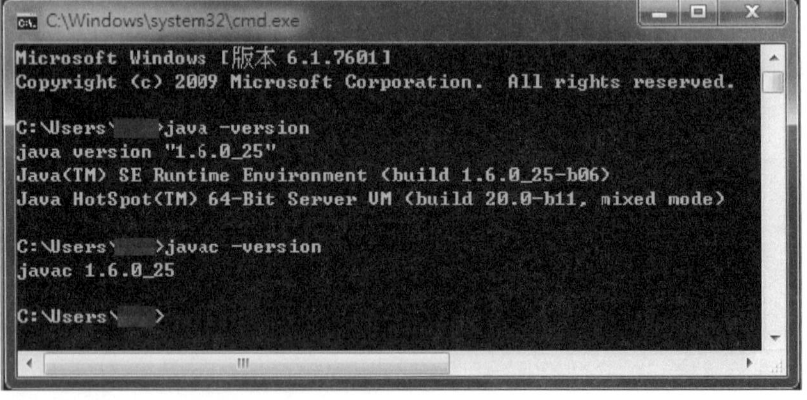


##  3.3 設定並使用 Eclipse

此外，Google App Engine 也提供外掛，讓開發者可以在 Eclipse 上進行網頁應用程式的開發工作。開發者可以下載 Eclipse 3.3、3.4、3.5 和 3.6 版進行外掛安裝，以下將針對 3.6 版做示範。首先請到 Eclipse 的

官方網站 (http://www.eclipse.org) 下載 Eclipse IDE for Java EE Developers，這個版本擁有開發者在開發網路應用程式時所需的開發元件，因為筆者使用 64 位元的 Windows 環境，所以選擇下載 64 位元的版本。下載的壓縮檔檔名為 eclipse-jee-helios-SR2-win32-x86_64.zip，大小為 206 MB。解壓縮這個檔案之後，請點選執行檔「eclipse.exe」開啟 Eclipse 環境。首先，開發者會先看到 Eclipse 的 Logo。接著，請開發者決定之後編輯專案的存放位置，如圖 3.13 所示。若你習慣另外指定一個位置，可以在此處進行修改。另外，建議開發者將左下角的選項勾選，確認這個位置是預設的工作區 (Workspace) 空間，以後再次開啟 Eclipse 時系統就不會再次詢問了，然後按「OK」按鈕即可。

**圖 3.13　選擇 Eclipse 開發環境的工作區**

Workspace Launcher

Select a workspace

Eclipse stores your projects in a folder called a workspace.
Choose a workspace folder to use for this session.

Workspace: C:\Users\ \workspace　Browse...

Use this as the default and do not ask again

OK　Cancel

第一次使用 Eclipse 會看到一個歡迎畫面，關掉之後便可看到開發環境用的視窗介面，如圖 3.14 所示。

若要安裝 Google App Engine 的外掛，可點選上排功能列的 Help/Install New Software，接著會跳出如圖 3.15 所示的視窗，上方有一個 Work with 的欄位，請填入「http://dl.google.com/eclipse/plugin/3.6」，之後下方的方格中就會出現兩種選項：一個是 Plugin，裡面有 Google Plugin for Eclipse 3.6；另一個項目是 SDKs，裡面有 Google App Engine Java SDK 1.4.3 和 Google Web Toolkit SDK 2.2.0。筆者建議全部勾選，日後就不用再次另外重新下載，隨時都可以使用。

選擇好之後按「Next」按鈕，後續還有一個接受使用條款，選擇

圖 3.14　Eclipse 開發環境之視窗介面

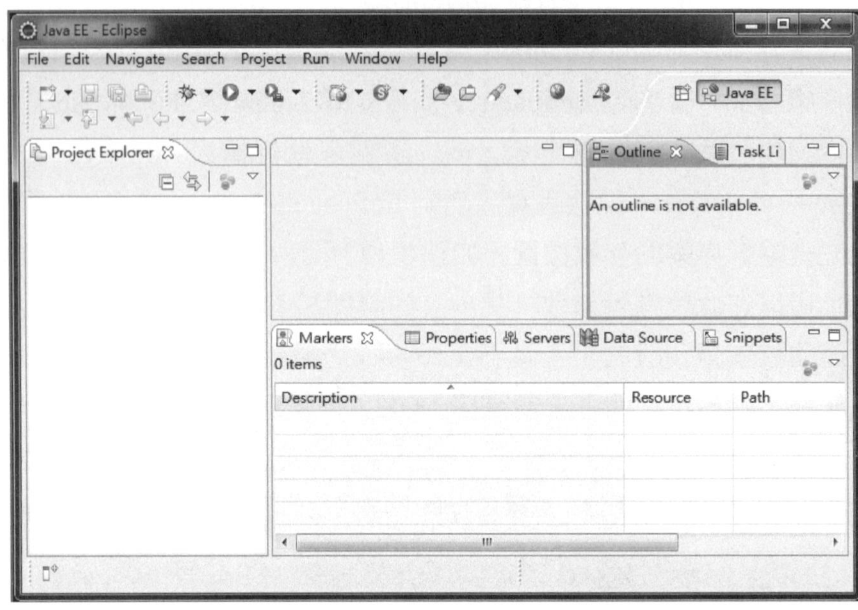


圖 3.15　新增外掛來源及勾選項目

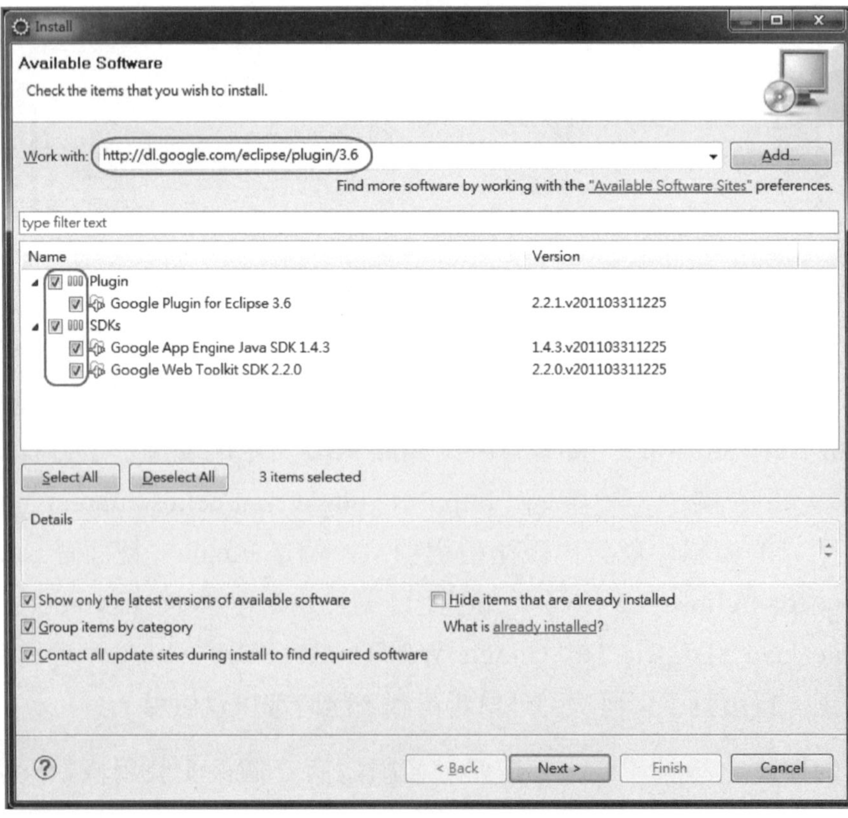

「接受」之後，系統便會自動將外掛安裝完成。過程中會跳出一個視窗詢問開發者是否繼續安裝尚未認證的元件，選擇「繼續安裝」，完畢之後系統會跳出一個視窗請求重新啟動 Eclipse。重新啟動之後，開發者會發現剛才指定存放外掛的位置中多了好幾個目錄，有些名稱是以 com.google 做為開頭的目錄，表示外掛有被存放在開發者指定的位置。同時，開發者在工具列上會發現多了四個圖示（如圖 3.16 所示），表示開發者已經將外掛安裝完成了。

**圖 3.16　出現在 Eclipse 工具列上的 Google App Engine 圖示**

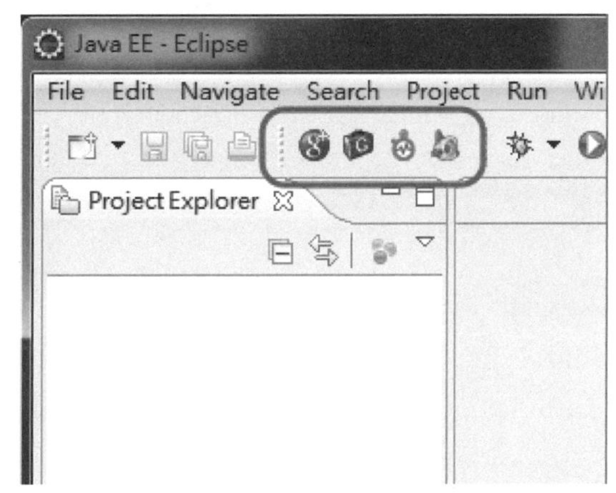

## 3.4 編寫並上傳第一個 Java 應用程式

完成 Google App Engine 在 Eclipse 上的外掛之後，就可以測試 Google App Engine 的專案了。首先是一個 Hello World 的測試。在 Eclipse 上排的工具列圖示中，點選 新增一個專案，接著會跳出「New Web Application Project」的視窗，開發者可以在視窗中填寫專案名稱和套件 (Package)。例如圖 3.17 中，開發者在專案名稱中填入「My First Project」，在 Package 中填入「myfirstproject」。另外在有關 Google SDKs 的內容中，由於我們暫時沒有用到 Google Web Toolkit，因此先把這個選項取消掉，然後按下「Finish」按鈕。

圖 3.17　新增專案用的 New Web Application Project 視窗

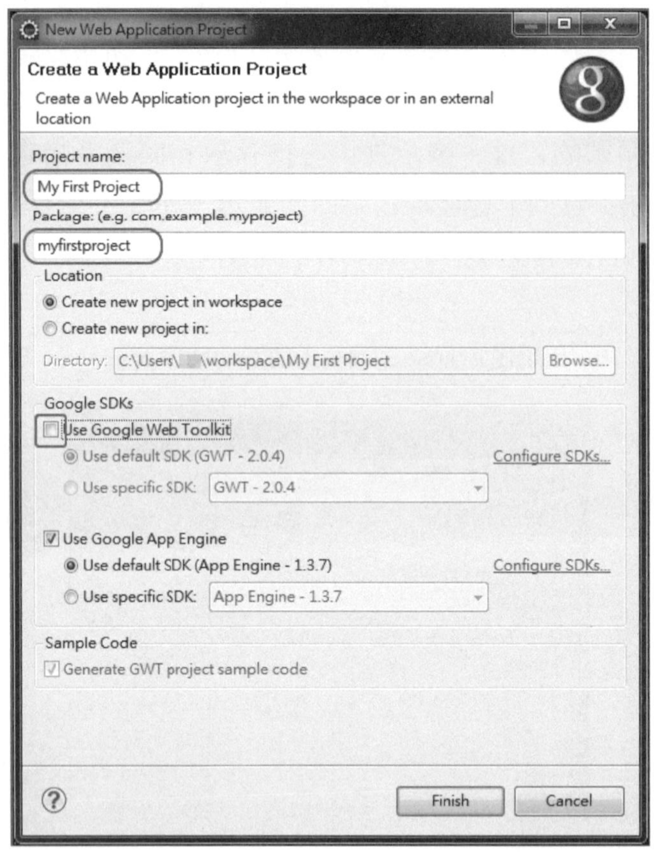


接著，Eclipse 左邊的專案瀏覽器就會出現專案「My First Project」了，參見圖 3.18。點開 My First Project\scr\myfirstproject 時，開發者會看到 My_First_ProjectServlet.java 這個檔案，在檔案名稱上點兩下滑鼠左鍵，可以發現右邊出現該檔案的程式碼，這就是一個 Hello World 的程式碼。

圖 3.18　Hello World 程式碼

在上傳到 Google App Engine 服務平台之前，開發者撰寫的程式碼都可以先在本地端測試結果，如圖 3.19 中所顯示的動作。開發者可以在本地端將寫好的 Web Application 程式碼如同已經放置在 Google App Engine 服務平台上般地部署和運行。在此一動作執行完畢後，下方的訊息列就會顯示訊息（圖 3.20），並且告訴開發者可以利用瀏覽器輸入網址 localhost:8888 來觀看應用程式運行的狀況。

圖 3.19　以網頁應用程式的方式執行

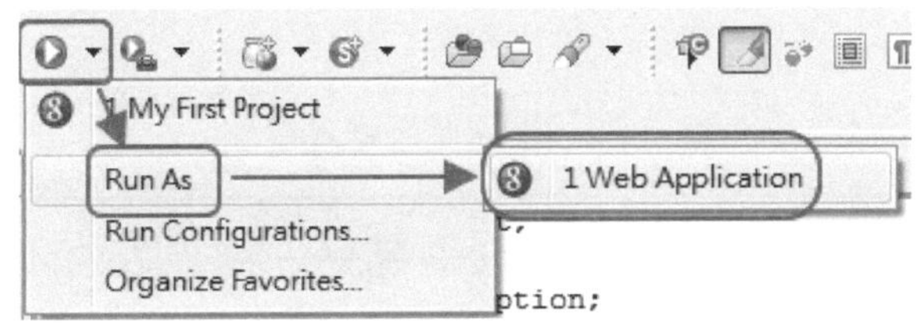


圖 3.20　訊息列

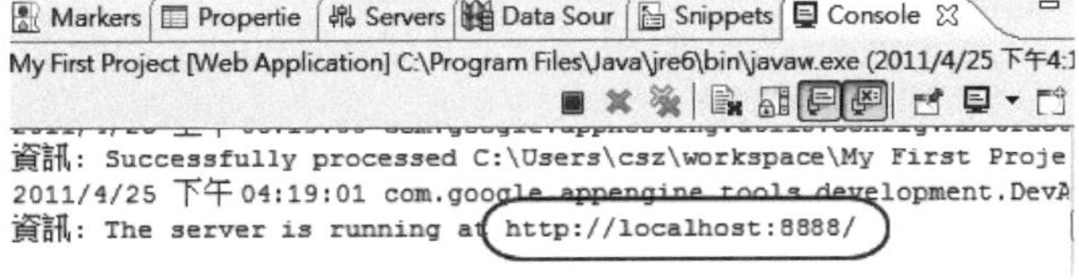


首先，開發者會看到圖 3.21 中左上角視窗顯示的結果。頁面中有一個連結 (My_First_Project)，點選之後會出現「Hello, world」的字串出現在網頁上，這就是 My_First_ProjectServlet.java 檔案執行的結果，而

圖 3.21　開啟 localhost:8888 瀏覽運行成功的頁面

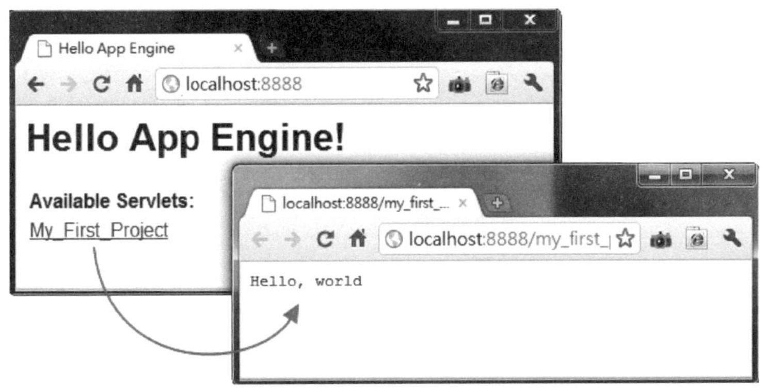

左上角的視窗則是 My First Project\war 中「index.html」檔案顯示的結果。

成功地在本地端成功執行第一個應用程式後，再來就是要部署到 Google App Engine 的服務平台上了。請按下 Eclipse 上方工具列中的圖示，接著會跳出部署視窗（圖 3.22），除了填寫 Email 和 Password 之外，開發者必須先在下方連結點擊「App Engine project settings...」以開啟「Properties for My First Project (Filtered)」視窗（圖 3.23），並填寫「Application ID」，也就是剛才命名的「cloud-app-tester」。

圖 3.22 部署應用程式視窗

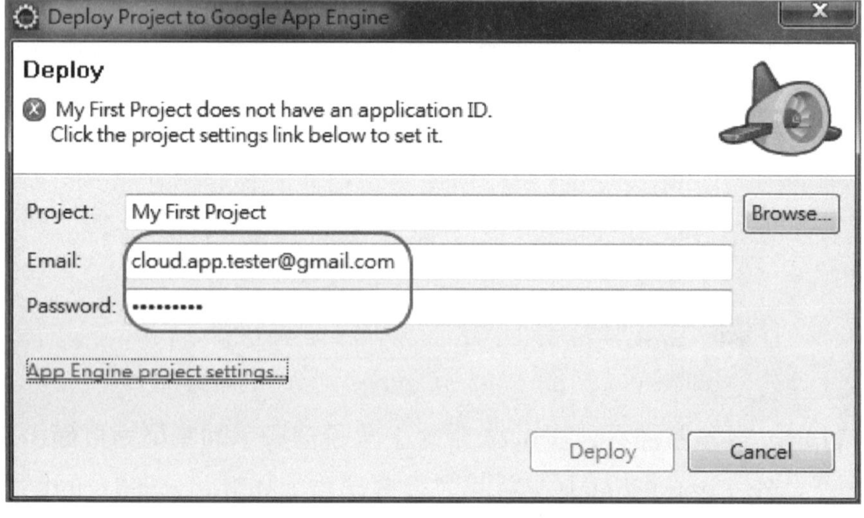


圖 3.23 填寫 Application ID 畫面

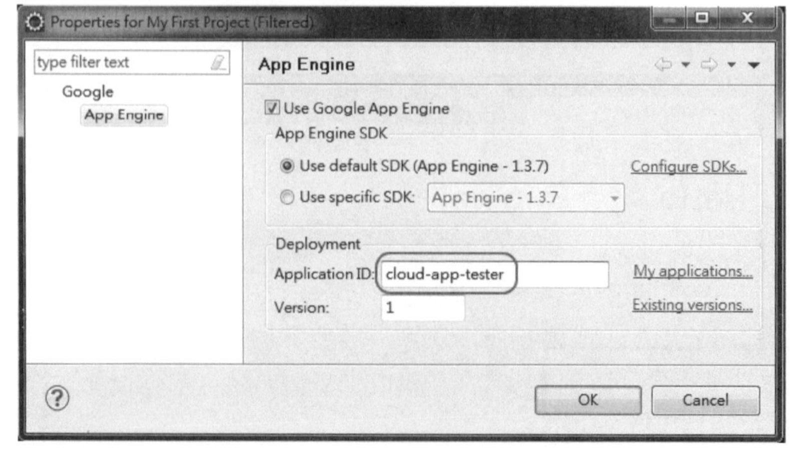

全部填寫完畢後按下「Deploy」這個部署按鈕，Eclipse 就幫開發者將程式部署到 Google App Engine 服務平台了，參見圖 3.24。

最後，訊息列告訴開發者這個應用程式已經開始運行，部署工作完成，如圖 3.25 所示。

開發者只要打開瀏覽器，並且在網址列輸入 http://cloud-app-tester.appspot.com，就能看到和在本地端一樣的測試結果（圖 3.26）。

圖 3.24 應用程式部署中之畫面

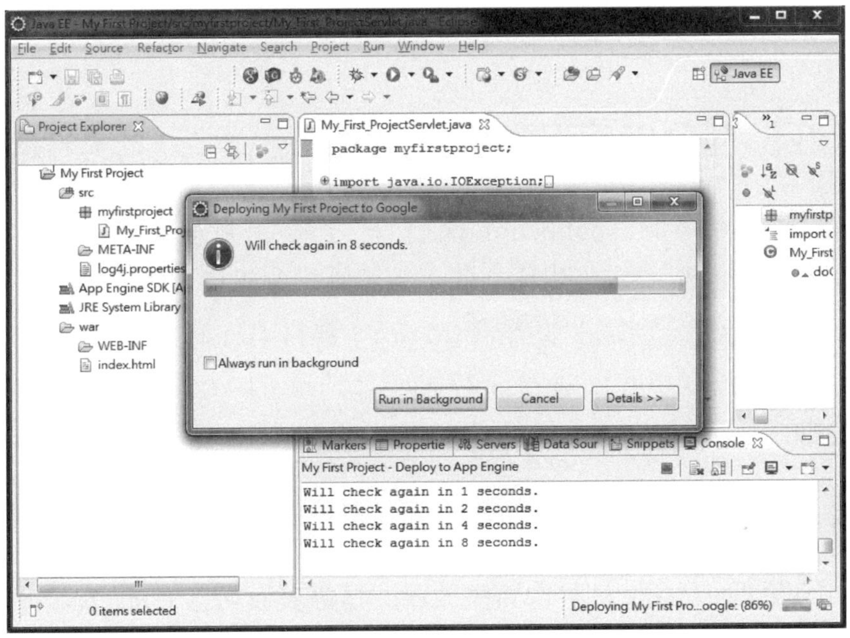


圖 3.25 應用程式部署完成之畫面

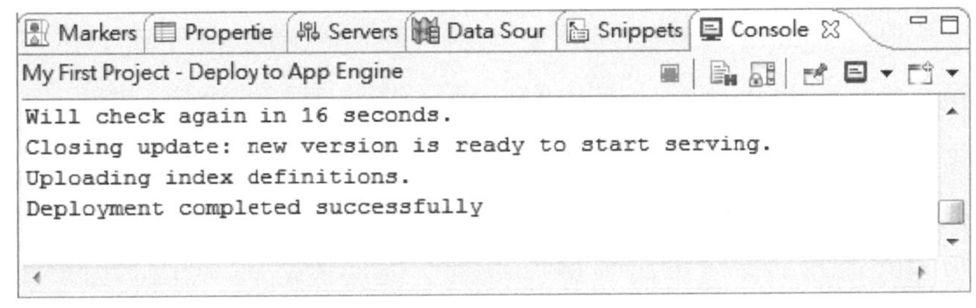

圖 3.26　正在 Google App Engine 服務平台上運行的應用程式

##  3.5 我的應用程式管理介面

在圖 3.10 中的 Application 欄位下方點選開發者剛才命名的 Application，可以看到應用程式使用資源的相關訊息。這個頁面將訊息分成四大部分，分別是主要資訊 (Main)、資料 (Data)、管理 (Administrator) 和付費 (Billing)，如圖 3.27 的左方列表。以下將針對此四大部分逐一說明。

### 3.5.1　主要資訊

主要資訊 (Main) 列表中首先放置的是儀表板訊息 (Dashboard)，它顯示了圖表訊息 (Charts)、運算實體單元 (Instances)、付費狀態 (Billing Status)，以及當下的負載量 (Current Load) 和錯誤 (Errors)。在圖表訊息的部分，上方有一個下拉式選單可讓開發者選取十一種訊息種類，包括每秒的請求數量、每秒傳送的位元組數和記憶體使用量等；右方則是這個訊息的時間區間長度，其中有八種時間長度可供選擇，因此這個圖表區塊一共提供八十八種不同意義的圖表資訊。往下看則是運算實體單元數量，它是 Google App Engine 的運算單元，隨著開發者的應用程式擴張的程度不同，運算實體數量也會隨之增加或減少。在付費狀態的資料中，由於仍然使用免費服務，因此資源使用量是 Google App Engine 提供的基本用量。在此頁面中一共列出了五種資源的種類，包括 CPU

圖 3.27　新應用程式的資訊

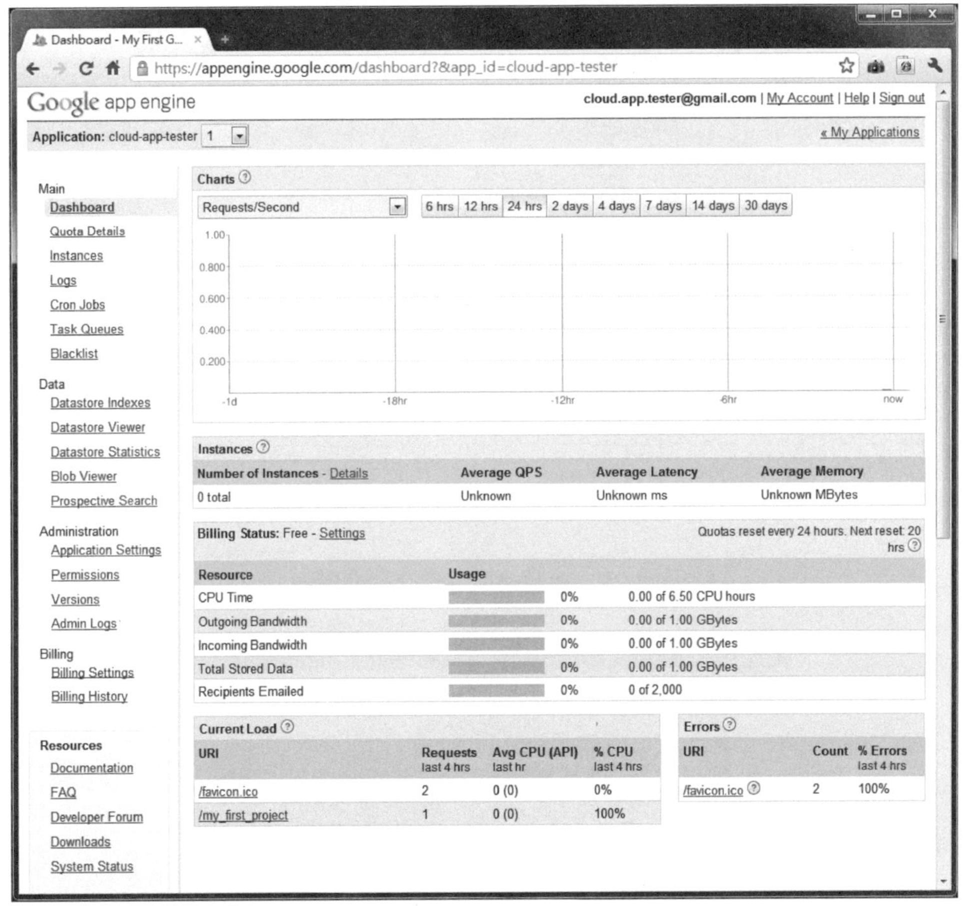


資料來源：擷取自 https://appengine.google.com/。

時間、對外輸出頻寬、對內輸入頻寬、總共使用的資料儲存量，以及電子郵件使用量。但是，隨著應用程式運行時所面對的不同狀況，頁面會顯示出其他的資源狀態。例如，開發者若是將輸出頻寬使用到限制的額度，也就是 1 G 的流量全部用盡，頁面便會顯示其他相關資源的使用警訊（圖 3.28），不久之後開發者的網頁服務就無法使用了（圖 3.29），只有等到下一個 24 小時重新計算資源使用量時，才得以存取開發者在 Google App Engine 上部署的網頁服務。最後是當下的負載量，即網頁資訊存取統一資源標識符 (Uniform Resource Identifier, URI) 的使用量和錯誤次數，例如網頁中圖片存取的次數便可能出現在 URI 資訊中，但若其中的某個圖片被刪除了，使用者在不知情的狀況下仍然想要下載這

圖 3.28　資源警訊圖

| Billing Status: Free - Settings | | | Quotas reset every 24 hours. Next reset 19 hrs | |
|---|---|---|---|---|
| **Resource** | **Usage** | | | |
| CPU Time | | 0% | 0.00 of 6.50 CPU hours | |
| Outgoing Bandwidth | | 100% | 1.00 of 1.00 GBytes | ⚠ |
| Incoming Bandwidth | | 0% | 0.00 of 1.00 GBytes | |
| Total Stored Data | | 0% | 0.00 of 1.00 GBytes | |
| Recipients Emailed | | 0% | 0 of 2,000 | |
| Message Body Data Sent | | 0% | 0.00 of 0.06 GBytes | ⚠ |
| Attachment Data Sent | | 0% | 0.00 of 0.10 GBytes | ⚠ |
| UrlFetch Data Sent | | 0% | 0.00 of 4.00 GBytes | ⚠ |
| XMPP Data Sent | | 0% | 0.00 of 1,046.00 GBytes | ⚠ |
| Secure Outgoing Bandwidth | | 0% | 0.00 of 1.00 GBytes | ⚠ |
| Channel Data Sent | | 0% | 0.00 of 1,046.00 GBytes | ⚠ |

資料來源：擷取自 https://appengine.google.com/。

圖 3.29　資源使用過量之通知網頁

**App Engine Error**

**Over Quota**

This Google App Engine application is temporarily over its serving quota. Please try again later.

資料來源：擷取自 https://appengine.google.com/。



張圖片，那麼右下方的錯誤 (Error) 表格就會顯示出這個圖片的檔名和發生錯誤的次數以及百分比（參見圖 3.28）。

主要資訊列表的第二個項目是詳細的額度 (Quota Details)。點選這個連結之後，開發者可以在頁面上看到每一種資源的使用額度及已經使用的量，如圖 3.30 所示。此部分的資訊除了在這個頁面上可以看得到之外，也可以使用相關的 API 功能來觀察資源使用量。此處，在網頁中列出的項目有請求 (Requests)、儲存容量 (Storage)、電子郵件 (E-Mail)、URL 擷取 (UrlFetch)、影像操作 (Image Manipulation)、記憶體快取 (Memcache)、即時訊息傳送 (XMPP)、訊息傳遞頻道 (Channel)、工作佇列 (Task Queue) 和應用程式的部署次數 (Deployments)。每一個項目

圖 3.30　詳細的額度畫面

Quota Details - My First ...

https://appengine.google.com/dashboard/quotadetails?&app_id=cloud-app-tester&version_id=1.349

Google app engine　　cloud.app.tester@gmail.com | My Account | Help | Sign out

Application: cloud-app-tester 1　　« My Applications

Main: Dashboard, Quota Details, Instances, Logs, Cron Jobs, Task Queues, Blacklist
Data: Datastore Indexes, Datastore Viewer, Datastore Statistics, Blob Viewer, Prospective Search

The quota details for this application are grouped by API and are listed below. If your application exceeds 50% of any particular quota halfway through the day, it may exceed the quota before the day is over. To learn more about how quotas work, read Understanding Quotas and Why is My App Over Quota?

**Requests**　　Quotas are reset every 24 hours. Next reset: 20 hours

| Resource | Daily Quota | | Rate |
|---|---|---|---|
| CPU Time | 0% | 0.00 of 6.50 CPU hours | Okay |
| Requests | 0% | 4 of 9,223,372,036,854,775,808 | Okay |
| Outgoing Bandwidth | 0% | 0.00 of 1.00 GBytes | Okay |
| Incoming Bandwidth | 0% | 0.00 of 1.00 GBytes | Okay |
| Secure Requests | 0% | 0 of 9,223,372,036,854,775,808 | Okay |
| Secure Outgoing Bandwidth | 0% | 0.00 of 1.00 GBytes | Okay |
| Secure Incoming Bandwidth | 0% | 0.00 of 1.00 GBytes | Okay |

**Storage**

| Datastore API Calls | 0% | 0 of 9,223,372,036,854,775,808 | Okay |
|---|---|---|---|

資料來源：擷取自 https://appengine.google.com/。

都有數種資源統計結果，除了請求和部署次數兩個項目外，其他項目幾乎都有使用 API 的次數統計。在不同項目中，也都有不同功能的使用量統計，統計方式不外乎是次數或資料量大小。

除了儀錶板訊息和詳細額度訊息之外，在主要資訊列表中還有運算實體單元 (Instances)、應用程式日誌 (Logs)、日常排程工作 (Cron Jobs)、工作排程佇列 (Task Queues) 和黑名單 (Blacklist)。運算實體單元的資訊如圖 3.31 所示，上方表格顯示應用程式使用之運算實體單元的總數、平均每秒請求數 (Queries Per Second, QPS)、平均延遲時間和平均記憶體使用量；下方表格則顯示每個運算實體單元的各項統計數字，包括每秒請求數、延遲時間、請求數、錯誤、開啟運算單元時間、記憶

圖 3.31　運算實體單元之統計結果

| Total number of instances | Average QPS* | Average Latency* | Average Memory |
|---|---|---|---|
| 1 total | 2.533 | 24.1 ms | 42.0 MBytes |

Instances

| QPS* | Latency* | Requests | Errors | Age | Memory | Availability |
|---|---|---|---|---|---|---|
| 2.533 | 24.1 ms | 150 | 0 | 0:00:43 | 42.0 MBytes | Dynamic |

資料來源：擷取自 https://appengine.google.com/。

體使用量和可用性。其中要注意的是，每秒請求數和延遲時間是過去一分鐘內的平均結果。若開發者希望網頁應用程式使用的運算實體單元可以一直保持使用，而不是根據系統附載變化之高低產生或是被停止運算實體單元，那麼開發者可以透過付費方式使用「Always On」的運算實體單元來取代「Dynamic」(動態配置實體運算單元)。

在日誌中（圖 3.32），開發者可以觀看應用程式中的所有紀錄訊息，或是依照訊息的分類來找尋對開發者來說有意義的紀錄。開發者只要將右上方的下拉式選單拉開，就能看到五種程度的日誌紀錄分類，選好之後系統便能為開發者顯示資料內容。當然也能點選頁面中的「+Options」，填寫開發者要的「關鍵字」、「時間」和「一頁顯示的資料數量」，如圖 3.33 所示。

日常排程工作頁面（圖 3.34）可以讓開發者查看現在安排的日常工作狀態。設定方式乃是將開發者的排程寫入專案中的 cron.xml (Java) 或 cron.yaml (Python) 檔案中，以設定每天固定的工作。甚至在某個時間區間內，開發者可以設定每隔數分鐘或數小時後的重複工作。當然，開發者可以設定更複雜的每日工作排程，但是都必須以一分鐘為最小單位。特別的是，開發者定義每一個任務都要給予一個 URL 和時間排程，另外也要給予一段定義描述和時區。



圖 3.32　日誌

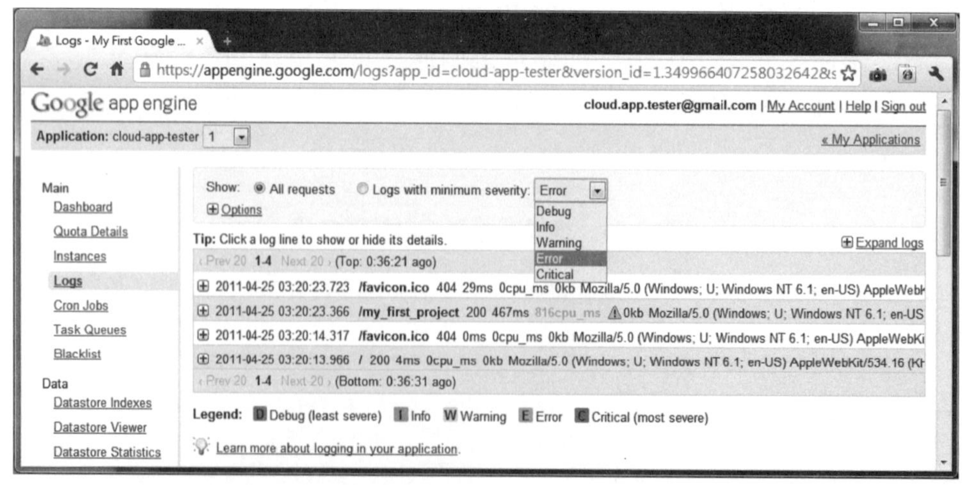

資料來源：擷取自 https://appengine.google.com/。

圖 3.33　Options 內的選項

Show: ○ All requests ◉ Logs with minimum severity: Error ▾

⊟ Options

Filter: [ ] ◉ Regex ○ L

Regex filters are case-sensitive regular expressions, e.g. ^[tT]racebac

Since: ◉ Now

○ 2011-04-17 23:02:30

Rows: 20 ▾

Search

資料來源：擷取自 https://appengine.google.com/。

圖 3.34　日常排程工作頁面

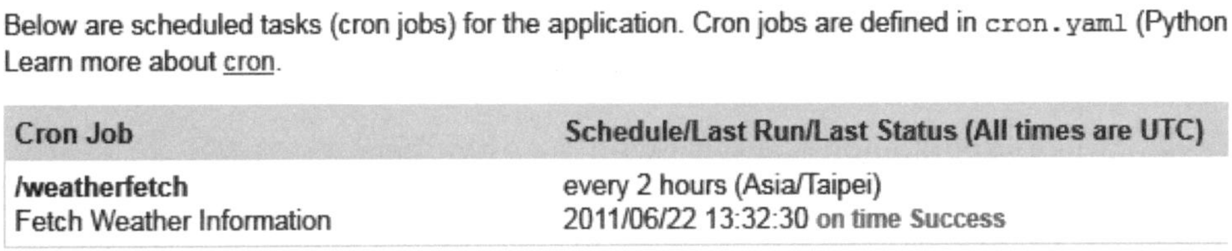

Below are scheduled tasks (cron jobs) for the application. Cron jobs are defined in `cron.yaml` (Python
Learn more about cron.

| Cron Job | Schedule/Last Run/Last Status (All times are UTC) |
|---|---|
| **/weatherfetch**<br>Fetch Weather Information | every 2 hours (Asia/Taipei)<br>2011/06/22 13:32:30 on time Success |

資料來源：擷取自 https://appengine.google.com/。

在工作排程佇列中，開發者能看到在其中的工作狀態，如圖 3.35 所示。開發者可以到 queue.xml (Java) 或 queue.yaml (Python) 中去設定細部資訊，包括佇列中每秒執行工作的數量和每個工作的檔案大小上限，這都有助於適當地使用 Google App Engine 所提供的資源，避免短時間內發生過度競爭資源的情形。

在黑名單頁面中（圖 3.36），開發者可以看到左邊表格中顯示了在一段時間內，瀏覽網頁應用服務程式的訪客用了哪個 IP 並做了幾次請求。若開發者在 dos.xm l (Java) 或 dos.yaml (Python) 中設定訪客 IP 的黑名單，開發者能在右方的表格中看到黑名單中的 IP 被拒絕請求的次數。

圖 3.35　工作排程佇列畫面

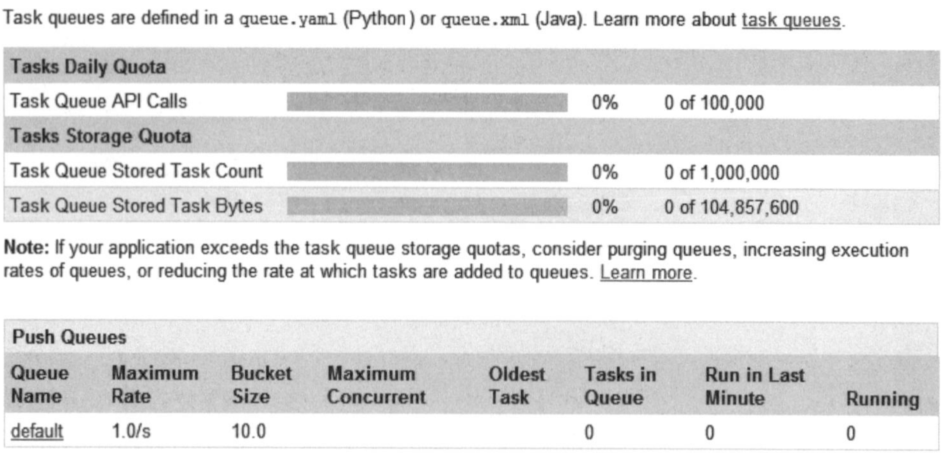

Task queues are defined in a `queue.yaml` (Python) or `queue.xml` (Java). Learn more about task queues.

| Tasks Daily Quota | | | |
|---|---|---|---|
| Task Queue API Calls | | 0% | 0 of 100,000 |
| **Tasks Storage Quota** | | | |
| Task Queue Stored Task Count | | 0% | 0 of 1,000,000 |
| Task Queue Stored Task Bytes | | 0% | 0 of 104,857,600 |

**Note:** If your application exceeds the task queue storage quotas, consider purging queues, increasing execution rates of queues, or reducing the rate at which tasks are added to queues. Learn more.

| Push Queues | | | | | | | |
|---|---|---|---|---|---|---|---|
| Queue Name | Maximum Rate | Bucket Size | Maximum Concurrent | Oldest Task | Tasks in Queue | Run in Last Minute | Running |
| default | 1.0/s | 10.0 | | | 0 | 0 | 0 |

資料來源：擷取自 https://appengine.google.com/。

圖 3.36　黑名單畫面

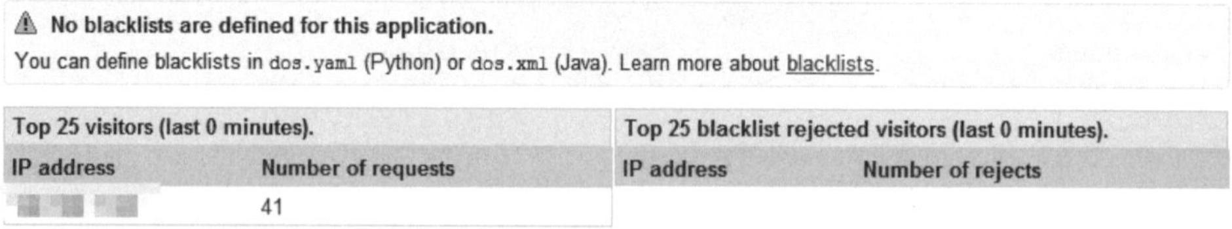

⚠ **No blacklists are defined for this application.**
You can define blacklists in `dos.yaml` (Python) or `dos.xml` (Java). Learn more about blacklists.

| Top 25 visitors (last 0 minutes). | |
|---|---|
| IP address | Number of requests |
| | 41 |

| Top 25 blacklist rejected visitors (last 0 minutes). | |
|---|---|
| IP address | Number of rejects |

資料來源：擷取自 https://appengine.google.com/。

## 3.5.2　資料

資料主要分為五個項目，分別是資料索引 (Datastore Indexes)、資料查詢 (Datastore Viewer)、統計資料 (Datastore Statistics)、靜態儲存資料檢視 (Blob Viewer) 和預先搜尋 (Prospective Search)。

建立索引讓使用者可以進行查詢工作，而存在資料儲存區的資料索引，有一部分是系統能夠自動產生的，一部分則是需要使用者自己定義的，例如多個排序的查詢。這些索引將會顯示在資料索引的頁面，如圖 3.37 所示。

圖 3.38 顯示了資料查詢的介面。在這個介面中，開發者使用 Google Query Language (GQL) 語法就能進行查詢。GQL 是類似 SQL 的查詢語言，主要是 Google 針對自家開發的系統所訂定。因為有別於

圖 3.37　資料索引畫面

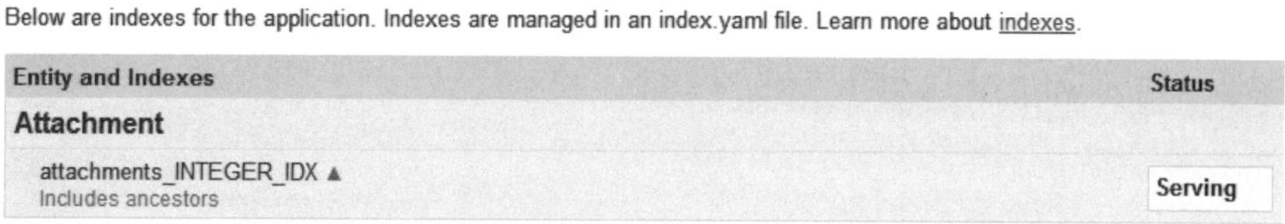

Below are indexes for the application. Indexes are managed in an index.yaml file. Learn more about indexes.

| Entity and Indexes | Status |
| --- | --- |
| **Attachment** | |
| attachments_INTEGER_IDX ▲<br>Includes ancestors | Serving |

資料來源：擷取自 https://appengine.google.com/。

圖 3.38　資料查詢畫面

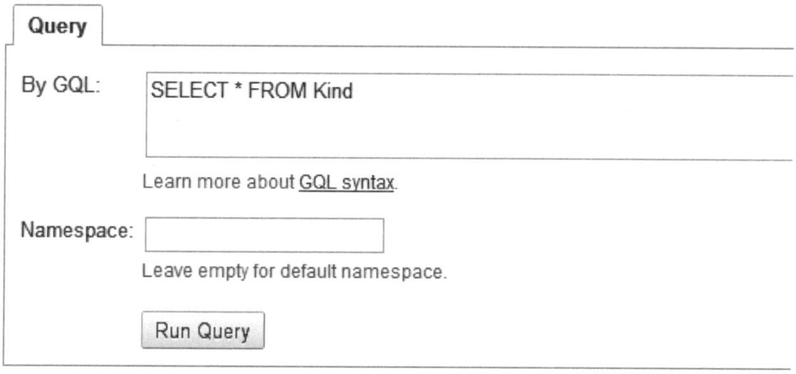

**Query**

By GQL: SELECT * FROM Kind

Learn more about GQL syntax.

Namespace:

Leave empty for default namespace.

Run Query

資料來源：擷取自 https://appengine.google.com/。

傳統的關聯式資料庫架構，應用程式開發者需先瞭解 GQL 的用法後，方能對儲存的資料進行查詢。

統計資料頁面（圖 3.39）則可顯示資料實體的統計資料，例如會有一個圓餅圖顯示儲存空間中之實體資料類型所占的比例，也會有文字清單顯示類似的資訊，讓開發者可以評估儲存空間內的各項訊息。

靜態資源檢視器可檢視每筆靜態資料，通常這些檔案是照片或影片等較大型的檔案。上方的下拉式選單可讓使用者依照檔案的最新程度、名稱、內容、大小和建立日期來進行資料過濾，而每個選擇都會產生不同的選項以便設定過濾範圍。例如當開發者選擇檔案大小時，網頁就會列出讓開發者填寫檔案大小的範圍，如圖 3.40 所示。若是選擇「內容」此一選項，則可選擇搜尋檔案的類型，例如 PDF、FLAC、MPEG、GIF、HTML、PLAIN 等的文字、聲音或影像檔案。

當開發者的應用程式對資料流進行資料請求時，預先搜尋的功能會

圖 3.39 統計資料畫面

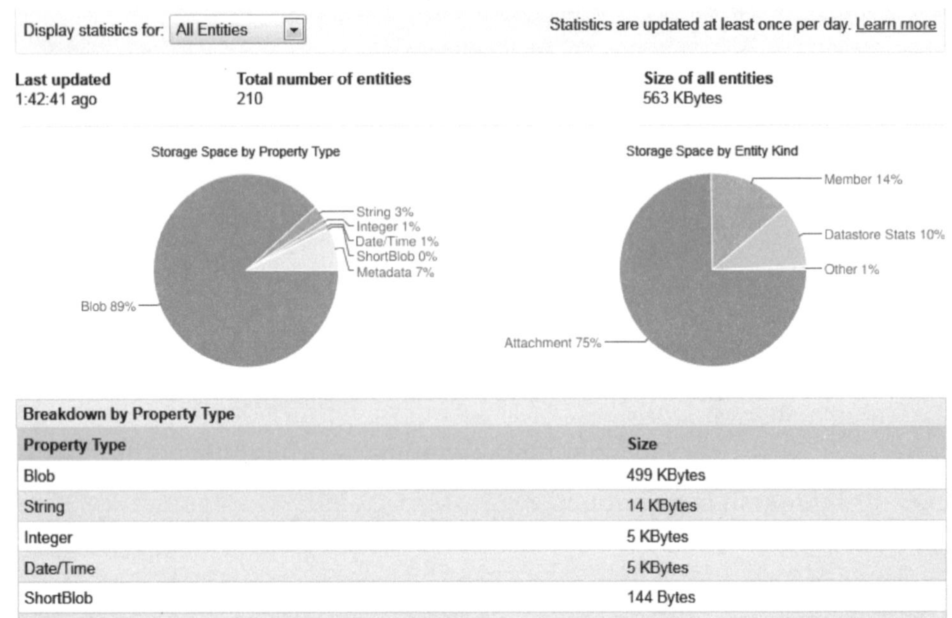


Breakdown by Property Type

| Property Type | Size |
|---|---|
| Blob | 499 KBytes |
| String | 14 KBytes |
| Integer | 5 KBytes |
| Date/Time | 5 KBytes |
| ShortBlob | 144 Bytes |
| Metadata | 40 KBytes |

資料來源：擷取自 https://appengine.google.com/。

圖 3.40 靜態資源檢視畫面

Filter blobs by: Size

>= MBytes

Search

| ‹ Prev 30 no records Next 30 › | | | Order: Ascending \| Descending |
|---|---|---|---|
| File Name | Content Type | Size | Creation Date |
| | | | ‹ Prev 30 no records Next 30 › |

資料來源：擷取自 https://appengine.google.com/。

將開發者的請求與資料流互相對應。亦即利用 match() 功能將開發者的需求對應到一個項目 (Topic)，開發者可以在管理頁面看到這些請求回覆的資訊，但是此功能目前僅對 Python 應用程式開發者開放。

### 3.5.3 管理介面

管理介面允許開發者進行應用程式設定 (Application Settings)、人員管理 (Permissions)、版本選擇 (Versions) 和日誌檢視 (Admin Logs) 等工作，茲分述如下。

### 1. 應用程式設定

應用程式設定可以分五類，包括基本項目 (Basics)、已設定的服務項目 (Configured Services)、網域設定 (Domain Setup)、儲存空間寫入 (Disable Datastore Writes)，以及暫停或刪除應用程式 (Disable or Delete Application)，請參見圖 3.41。基本項目讓開發者能修改應用程式標題 (Application Title)，並可以在管理介面總頁面上看到修改後的結果。另外，它也能設定 Cookie 的有效時限和認證方式。認證方式除了使用 Google Accounts API 之外，也能使用第三方認證的方式 (Federated Login)，而這個方式其實就是 OpenID，但目前仍在實驗階段。至於在已設定的服務項目中，開發者可以看到目前已經為了應用程式開啟了哪些服務，其可包括電子郵件和即時通訊等。

圖 3.41　應用程式設定

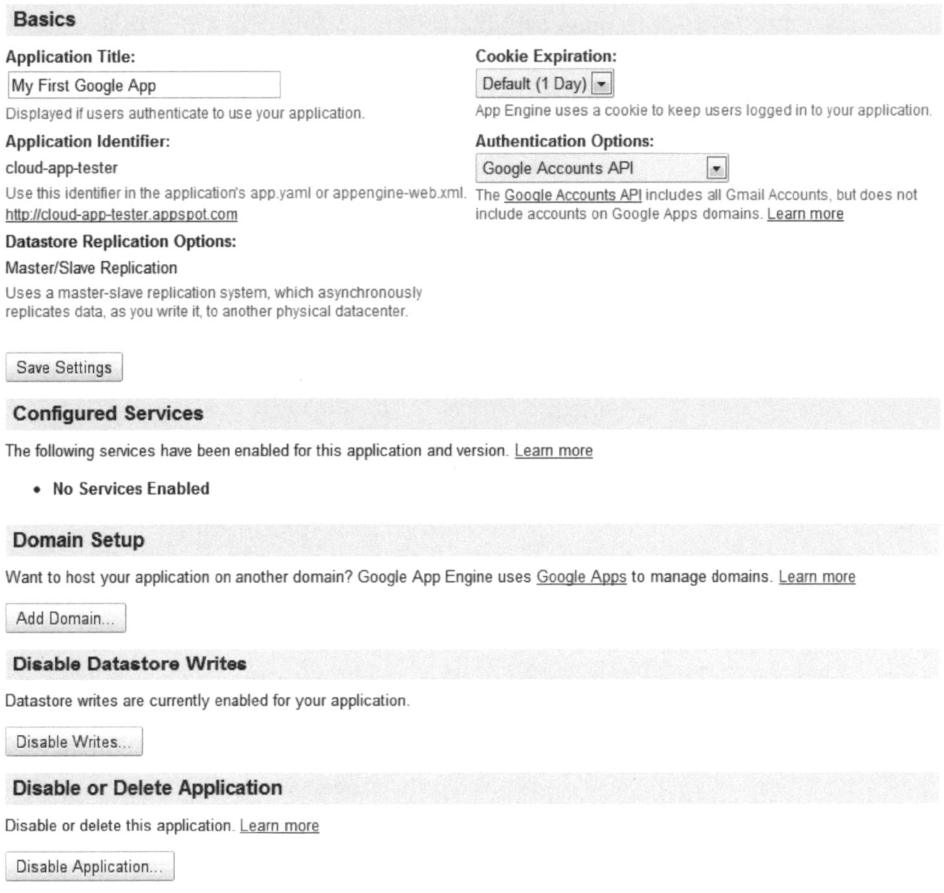

**Basics**

**Application Title:**
My First Google App
Displayed if users authenticate to use your application.

**Application Identifier:**
cloud-app-tester
Use this identifier in the application's app.yaml or appengine-web.xml.
http://cloud-app-tester.appspot.com

**Datastore Replication Options:**
Master/Slave Replication
Uses a master-slave replication system, which asynchronously replicates data, as you write it, to another physical datacenter.

**Cookie Expiration:**
Default (1 Day)
App Engine uses a cookie to keep users logged in to your application.

**Authentication Options:**
Google Accounts API
The Google Accounts API includes all Gmail Accounts, but does not include accounts on Google Apps domains. Learn more

Save Settings

**Configured Services**

The following services have been enabled for this application and version. Learn more

- No Services Enabled

**Domain Setup**

Want to host your application on another domain? Google App Engine uses Google Apps to manage domains. Learn more

Add Domain...

**Disable Datastore Writes**

Datastore writes are currently enabled for your application.

Disable Writes...

**Disable or Delete Application**

Disable or delete this application. Learn more

Disable Application...

資料來源：擷取自 https://appengine.google.com/。

網域設定讓開發者能在擁有的 Google apps 網域下，設定 Google App Engine 部署之應用程式的網址。在圖 3.41 中點擊「Add Domain...」後就能看到圖 3.42(a) 的畫面，其可以讓開發者輸入網域名稱 (Domain Name)，填寫好之後點擊這個畫面的「Add Domain...」，接著會出現圖 3.42(b) 的使用條款和細則，接受之後，開發者的使用者便可使用這些連結了。此外，如圖 3.42(c) 所示，開發者也能在 Google apps 網域下提供一個易記的網址，方便使用者連結到這個部署好的網頁應用程式，然後在 DNS 伺服器中設定這個網址的別名指向 (CNAME)。設定完畢之後等一段時間，就可以透過剛才設定的網址連上開發者部署在 Google App Engine 上的應用程式了。

至於儲存空間寫入的這個選項，預設為「啟用狀態」，開發者可以寫入資料；若是不需要此一功能，也可透過點選「Disable Writes...」

圖 3.42　(a) 新增 Domain；(b) 啟用服務；(c) 為應用程式新增網址

Add Domain
Domain Name:
Example: foo.com or bar.org
Add Domain...　Cancel

(a)

資訊主頁　機構與使用者　群組　網域設定　進階工具　安裝　支援　設定
您已要求將「 cloud-app-tester 服務」加入您的網域
當新增非 Google 服務至您的網域時請非常小心，並確定您認識及信任該服務的開發人員或發起人。 Google 不為任
請接受「Google 應用服務引擎」的《條款及細則》以繼續

```
GOOGLE APP ENGINE TERMS AND CONDITIONS

Use of the Google App Engine is governed by the terms of service available at
http://code.google.com/appengine/terms.html. By adding an application developed
using the Google App Engine service (the "Service") to your Google Apps domain, you
understand and agree to the following:

Service is developed by a third party, not by Google. The Service provides you the
ability to incorporate third-party applications into your use of Google Apps. These
```

可列印版本
合約 *　我接受。繼續新增此服務。　瞭解詳情
選取 [我接受，繼續新增此服務]，即表示您同意「Google 應用服務引擎」的《條款及細則》。
您可隨時到服務設定頁面自訂此服務的網址。
啟用此服務　取消

(b)

網址　您的使用者可在下列位置使用 cloud-app-tester ：
https://cloud-app-tester.appspot.com
http:// test .　瞭解詳情　新增

(c)

資料來源：擷取自 https://appengine.google.com/。

（參見圖 3.41）來關閉。最後一個項目是暫停或刪除應用程式，按下「Disable Application...」按鈕（參見圖 3.41）之後會進入詢問畫面，開發者可以選擇暫停應用程式或取消這項決定，在按下「Disable Application Now」按鈕之後，便可暫停開發者的應用程式了。在管理畫面的首頁也能看到這項訊息，如圖 3.43(a) 右方所示，現行版本欄位呈現「Disabled by developer」(已被開發者停用)。圖 3.43(b) 則是進一步詢問開發者是否要恢復應用程式的運行 (Re-enable Application Now) 或請求永久刪除 (Request Permanent Deletion)。在此提到的刪除，指的是在 72 小時後，應用程式的資料及狀態紀錄會被刪除，但這個應用程式本身的 ID 會被保留。當然只要不超過 72 小時，刪除的動作也可取消。

## 2. 人員管理

介紹完應用程式設定之後，以下將介紹人員管理的部分。點入該頁面後，開發者會在 Google 帳戶那一行看到目前的管理者是「你」(圖 3.44)。在此，開發者也可以新增共同管理者，亦即在 Email 欄位輸入對方的電子郵件，同時在下方的下拉選單中選擇他／她的角色，其中包括擁有者 (Owner)、開發者 (Developer) 和檢視者 (Viewer) 三種。假設新

圖 3.43　(a) 暫停應用程式；(b) 重新啟用應用程式或永久刪除資料

| Application | Title | Storage Scheme | Current Version |
|---|---|---|---|
| cloud-app-tester | My First Google App | | Disabled by developer [?] |

(a)

Your changes have been saved.

This application is disabled. Serving requests h:
it? Learn more

Re-enable Application Now　Cancel

Do you want to request permanent deletion of y
mind. After that time, the application's data and
(s~cloud-app-tester-gae) will remain reserved ap

Request Permanent Deletion

(b)

資料來源：擷取自 https://appengine.google.com/。

圖 3.44 人員管理頁面

| Google Account | Role | Status | Remove Access |
|---|---|---|---|
| cloud.app.tester@gmail.com — you | Owner | Active | Remove The only owner cannot be removed. |

Admins can use the appcfg appcfg download_app command to download your application's code. If you do not want any admin to be able to download code, you can permanently prohibit code downloads. New!

Invite a user to collaborate on this application

Email:

Enter a complete email address.

Role: Developer

Invite user

資料來源：擷取自 https://appengine.google.com/。

增一位人員為檢視者，則開發者的帳號下方就會多一行被加入之成員資訊，狀態顯示為尚未決定 (Pending)，如圖 3.45(a) 所示。同時，他／她會收到一封認證信件（圖 3.45(b)），點選認證連結後，他／她將會被導引到邀請網頁；確認邀請之後，他／她的狀態就會顯示成啟用 (Active) 了，參見圖 3.45(c)。

#### 3. 版本選擇

關於版本的部分，開發者可以選擇在線上執行的版本。例如圖 3.46 中，我們上傳了兩個版本的應用程式，選擇其中一個版本當預設值之後，按下「Make Default」（設為預設）按鈕，開發者的應用程式就會執行該版本，也就是表格中 Default 欄位為「Yes」的項目。

#### 4. 日誌檢視

本節最後要介紹的是日誌檢視的資訊（圖 3.47），日誌中記錄了任何時段由哪位管理員做了什麼事情及其結果，例如剛才邀請了一位新成員以及修改版本預設值這兩項工作，也都在此留下紀錄。

### 3.5.4 付費

付費的部分可分成兩類，一種是管理付費程序的頁面，另一種是付費使用的歷史紀錄。前者的頁面（圖 3.48）提供的資訊包括現在的付費狀態 (Billing Status)、付費管理者 (Billing Administrator)、現在的支出

## 圖 3.45　(a) 新增成員（尚未啟用）；(b) 認證通知信；(c) 新成員已啟用

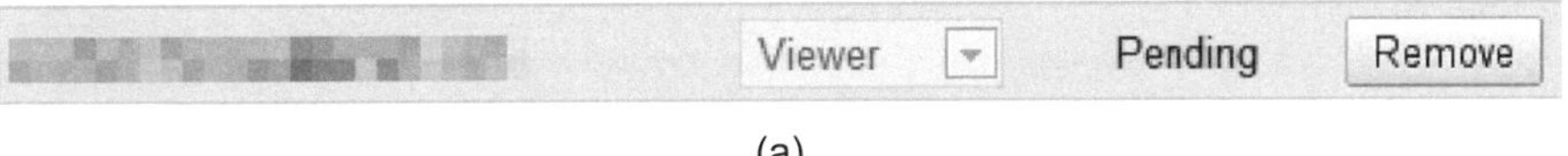


(a)

**Invitation to develop "My First Google App"** 收件匣 | X

appengine.noreply@google.com 寄給 顯示詳細資料 10:37 (0 分鐘前) 回覆

Hello ,

cloud.app.tester@gmail.com has invited you to be a developer for "My First Google App", a web application running on Google App Engine. Once you've accepted this invitation, you'll be able to upload and deploy new versions of this application, as well as view usage logs and performance statistics.

To sign in with your Google Account and accept or decline this invitation, simply follow this link:

https://appengine.google.com/permissions/newadmin?app_id=cloud-app-tester&token=4xZNRl6gbiw=

You can learn more about Google App Engine at http://code.google.com/appengine.

(b)

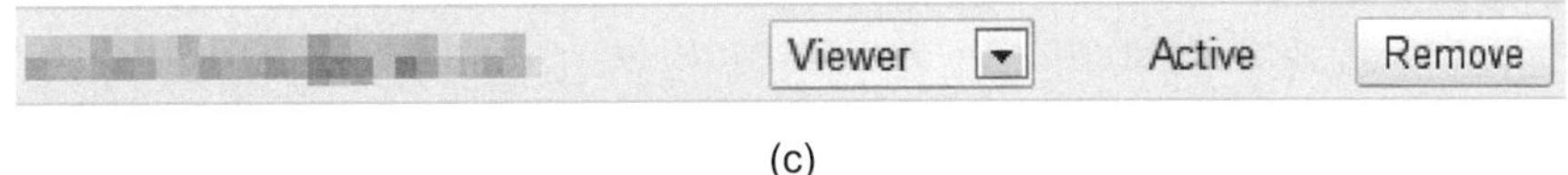


(c)

資料來源：擷取自 https://appengine.google.com/。

## 圖 3.46　版本選擇畫面

| Version ↑ | Default | Deployed | Delete |
|---|---|---|---|
| ○ 1 | No | 3 days, 20:15:01 ago by cloud.app.tester@gmail.com | Delete |
| ◉ 2 | Yes | 0:18:34 ago by cloud.app.tester@gmail.com | Delete |
| Make Default | | | |

資料來源：擷取自 https://appengine.google.com/。

## 圖 3.47　日誌檢視畫面

Below is a log of all actions committed by application administrators using the Admin Console and the SDK.

Events: All　Show: 20　Display　‹ Prev 20　1-20　Next 20 ›

| Date | Administrator | Event | Result |
|---|---|---|---|
| 2011-06-22 01:06:26 | cloud.app.tester@gmail.com | Set the default version | version=2.2011-06-22T07:56:45Z |
| 2011-06-22 01:06:22 | cloud.app.tester@gmail.com | Set the default version | version=1.2011-06-18T12:00:18Z |
| 2011-06-22 01:05:55 | | Accepted admin invitation | email=, role=Developer |
| 2011-06-22 01:00:50 | cloud.app.tester@gmail.com | Invited an admin | email= |

資料來源：擷取自 https://appengine.google.com/。

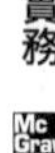


圖 3.48　資源與付費頁面

**Billing Status:** Free

This application is operating within the free quota levels. Enable billing to grow beyond the free quotas. Learn more

Enable Billing

**Billing Administrator:** None

Since this application is operating within the free quota levels, there isn't a billing administrator.

**Current Balance:** n/a　Usage History

**Resource Allocations:**

| Resource | Budget | Unit Cost | Paid Quota | Free Quota | Total Daily Quota |
|---|---|---|---|---|---|
| CPU Time | n/a | $0.10/CPU hour | n/a | 6.50 | 6.50 CPU hours |
| Bandwidth Out | n/a | $0.12/GByte | n/a | 1.00 | 1.00 GBytes |
| Bandwidth In | n/a | $0.10/GByte | n/a | 1.00 | 1.00 GBytes |
| Stored Data | n/a | $0.005/GByte-day | n/a | 1.00 | 1.00 GBytes |
| Recipients Emailed | n/a | $0.0001/Email | n/a | 2,000.00 | 2,000.00 Emails |
| Always On | n/a | $0.30/day | n/a | none | |
| **Max Daily Budget:** | n/a | | | | |

資料來源：擷取自 https://appengine.google.com/。

狀況 (Current Balance) 和資源配置表格 (Resource Allocations)。若免費資源已不敷使用，可以點選左上角的「Enable Billing」按鈕，讓開發者進行付費程序，其中可選擇每日最高付費額度及配置資源的方式，如圖 3.49 所示。比較特別的是，開發者還可以選擇啟用三個常駐的運算實體單元，只要勾選頁面中的「Always On」即可。就算開發者的應用程式目前幾乎沒有負載，這三個運算實體單元還是會開啟，不過每天要價 0.3 美元。這部分的資訊填好後，點選「Google Checkout」按鈕會進入下一個頁面，輸入開發者的信用卡資訊後並完成後續步驟，即可使用所要求的額外資源。而付費歷史部分，在開發者尚未付費使用額外資源之前，開發者使用的是免費服務，因此付費紀錄中沒有任何額外的資源使用量。

應用程式管理介面對於應用程式開發者而言就像是一套全方面的資源監控系統，開發者可以觀察資源使用狀態是否合理。若資源的使用行為不在合理範圍內，便可檢視是開發程式的過程中是否有邏輯上的缺失，進而改進整個服務品質。本章對應用程式管理介面做了一系列的介紹，讓開發者熟悉這個介面的操作方式，確認整個服務是否如預期般運作。

圖 3.49　選擇付費額度和資源使用量畫面

**Set Budget**

**Max Daily Budget:** $ 2.00

**Budget Preset:** Standard
Optional

| Resource (% of Budget) | Budget | Unit Cost | Paid Quota | Free Quota | Total Daily Quota |
|---|---|---|---|---|---|
| CPU Time 60% | $1.20 | $0.10 | 11.99 | 6.50 | 18.49 CPU hours |
| Bandwidth Out 16% | $0.32 | $0.12 | 2.66 | 1.00 | 3.66 GBytes |
| Bandwidth In 4% | $0.08 | $0.10 | 0.79 | 1.00 | 1.79 GBytes |
| Stored Data 20% | $0.40 | $0.005 | 80.00 | 1.00 | 81.00 GBytes* |
| Recipients Emailed 0% | $0.00 | $0.0001 | 0.00 | 2000.00 | 2000.00 Emails |

* Your application's maximum data storage capacity.

**Select Additional Resources**

☐ **Always On** New! $0.30 per day ($9.00 per month) Learn more

**Set Country**

**Your Country:** Please select...
Used to calculate tax.

**Optional VAT ID:**
For applicable EU businesses only.

**Review Weekly Contract**

**Note:** Billing occurs weekly. While this is the maximum you may be charged for one week, we recommend setting it higher than expected to buffer against sudden traffic surges. This is an upper limit–you will only be charged for usage beyond the free quotas.

**Charges:**

| Item | Charge |
|---|---|
| Resource budget weekly subtotal | $14.00 |
| Always On weekly subtotal | $0.00 |
| **Maximum total charge** | **$14.00** |

Google Checkout　Cancel

Note: it may take 15-20 minutes for resource allocation changes to take effect.

資料來源：擷取自 https://appengine.google.com/。

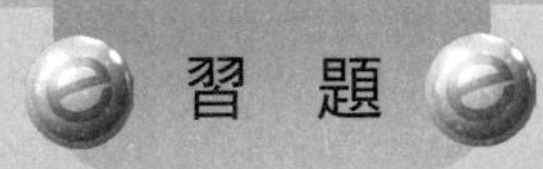


1. 請比較認證選項中三個選項（開放給所有 Google 帳戶使用者、限制給某一個 Google Apps 下的使用者、OpenID）的差別。
2. 請比較儲存之兩個選項（Storage Options 和 High Replication）的差別。
3. 試說明在 Eclipse 上安裝 Google App Engine 外掛的流程。
4. 試說明在本地端測試新專案的流程。
5. 試說明上傳新專案到 Google App Engine 服務平台的流程。

第四章

# Google App Engine 的 API 與功能介紹



Google App Engine 服務平台提供了網頁應用程式開發者許多 API 來操作這個擴充性極高的平台，他們可以在此一平台上建立資料庫、上傳檔案、處理影像檔、排定每日工作，甚至透過電子郵件寄送通知，非常便利。利用這些 API，開發者能開發出多元化的網頁應用程式服務。

利用 Google App Engine 服務平台，可開發 Java 撰寫的網頁應用程式，以提供多元化的服務，進而省去維護伺服器的時間和成本，專注於開發新服務。由於 Google App Engine 平台提供許多 API，方便進行資源的使用與操作，因此開發者必須瞭解這些 API 的功能和使用方式，方能靈活應用。本章介紹的 API 依照功能將分成五個類別，分別是資料庫、網路溝通、圖形處理、工作排程和其他。

其中，在 Google App Engine 上存取資料庫將分成兩個部分介紹：一種方式是可以使用 Low-Level API 來操作資料庫，另一種方式則是使用 JDO。特別要注意的是，這兩種方式對資料庫的欄位有不同的使用方法，因此讀者可在閱讀該部分內容之後，針對個別需求選擇其中一種來操作資料庫。至於網路溝通的部分，將介紹三種類型的 API：第一種是

擷取資訊用的 API，第二種是電子郵件相關的 API，第三種則是讓使用者能互相連線的 API。圖片方面的 API 是以處理圖片的功能為主，包括放大、縮小、裁切、旋轉等。工作排程的部分則分成兩種類型：一種是排入一次性之工作到佇列中，另一種是每間隔一段時間就固定會執行的工作類型。最後，我們將其他類的工作放到最後一個子章節，包括使用者認證、資料快取和大型檔案存取的 API 介紹。

請讀者配合對照書附光碟中 AddressInfo.java、PhoneNumber.java、PMF.java、Student.java、blobstore.jsp、UploadBlob.java 和 ServeBlob.java 等程式碼，學習下列章節內容。

## 4.1 資料庫

如前所述，資料庫的操作會分成兩個部分來介紹。其中之一是使用 Low-Level API 來操作，包含資料的寫入、指定唯一鍵值、簡單的查詢、有條件的查詢、查詢資料的排序、回傳資料筆數的限制、只要第一筆查詢資料的結果，以及確保多個資料庫操作的完整性範例。另一個則是使用 JDO 的方式來操作，包括資料寫入、指定唯一鍵值、更新一筆資料、刪除一筆資料、使用 JDOQL 進行查詢、使用 JDOQL 進行有條件的查詢、使用 JDOQL 進行查詢（包含多個限制、排序和資料筆數限制），以及 JDO 資料類別的關聯（包含一對一及一對多的範例）。

### 4.1.1 Low-Level API 操作

用 Low-Level API 操作資料庫表格的每一筆資料 (Entity) 時，可以讓每一筆資料的欄位不用完全相同，如圖 4.1 所示。該圖顯示一個資料庫表格，每筆資料以 $R_1$ 至 $R_m$ 表示，資料的欄位以 $C_1$ 至 $C_n$ 表示。讀者可以看到 $R_1$ 僅使用 $C_1$，而 $R_2$ 是使用 $C_1$ 至 $C_3$ 這三個欄位，$R_3$ 則是使用 $C_4$ 和 $C_5$ 這兩個欄位來儲存資料。

讀者有了上述觀念後，我們接著介紹第一個範例。首先將三筆學生的資料寫入，此範例撰寫於書附光碟的 Datastore_API_1.java 檔案中，部分程式碼如下：

圖 4.1　使用 Low-Level API 操作資料庫時資料欄位

| | $C_1$ | $C_2$ | $C_3$ | $C_4$ | $C_5$ | … | $C_n$ |
|---|---|---|---|---|---|---|---|
| $R_1$ | xxx | | | | | | |
| $R_2$ | xxx | xxx | xxx | | | | |
| $R_3$ | | | | xxx | xxx | | |
| ⋮ | | | | | | | |
| $R_m$ | | | | | | | |

```
01. DatastoreService service = DatastoreServiceFactory.getData-
    storeService();
02. Entity student1 = new Entity("Student");
03. student1.setProperty("name", "michael");
04. Entity student2 = new Entity("Student");
05. student2.setProperty("name", "alex");
06. student2.setProperty("age", 20);
07. Calendar calendar = new GregorianCalendar(1991, 2, 23);
08. Date date = calendar.getTime();
09. student2.setProperty("birthday", date);
10. Entity student3 = new Entity("Student");
11. student3.setProperty("studentID", "M09802XXX");
12. student3.setProperty("phoneNumber", "0900XXXXXX");
```

開發者先在第 1 行啟用 Datastore 服務，接著在學生 (Student) 的表格中宣告一筆學生 student1，並給予他的名字為 michael；第二個學生 student2 給予姓名、年紀和生日，分別為 alex、20 和 1991 年 2 月 23 日；第三個學生 student3 則儲存他的學號和電話。

當每新增一筆資料到資料庫的表格中時，就會使用一個流水號當作這筆資料的唯一鍵值，但也能利用 Low-Level API 來指定資料的唯一鍵值，此範例撰寫在書附光碟中的 Datastore_API_2.java 檔案。以下是這個範例的部分程式碼：

```
01. Entity student1 = new Entity("Student");
02. student1.setProperty("name", "michael");
03. Entity student2 = new Entity("Student", "Alex");
04. student2.setProperty("name", "alex");
05. student2.setProperty("age", 20);
```

在第 1 行，開發者新增第一筆學生資料 student1，在第 2 行給予姓名，預設鍵值是一個流水號；但是，第二筆新增的學生資料 student2，開發者在 Entity() 中填上第二個欄位 “Alex”，意思是訂定 Alex 為這筆新增資料的唯一鍵值，所以這筆資料將不會以流水號做為鍵值。

接下來介紹一個使用 Low-Level API 進行資料庫查詢的範例，其撰寫在書附光碟中的 Datastore_API_3.java 檔案，部分程式碼如下：

```
01. Query query = new Query("Student");
02. PreparedQuery pq = service.prepare(query);
03. for (Entity each : pq.asIterable()) {
04.     String studentName = (String) each. getProperty("name");
05. }
```

首先在第 1 行宣告一個 Query，它將會對 Student 這個表格進行查詢；接著，在 for 迴圈中利用字串儲存表格裡每一筆資料 “name” 欄位的值。若延續上述例子，字串將會儲存 michael 和 alex。

現在開發者對查詢的動作加入條件並對查詢資料排序，就像使用 SQL 利用 where 和 order by 對資料庫做查詢一樣。這個範例撰寫於書附光碟中的 Datastore_API_4.java 檔案，部分程式碼如下：

```
Query query = new Query("Student");
query.addFilter("age", FilterOperator.LESS_THAN, 20);
query.addSort("name", SortDirection.ASCENDING);
PreparedQuery pq = service.prepare(query);
for (Entity each : pq.asIterable()) {
    String name = (String) each.getProperty("name");
}
```

首先宣告一個 Query，第 2 行對此一 Query 加入查詢條件（年齡小於 20），第 3 行對名字做排序，並在 for 迴圈中使用字串儲存這個查詢結果，因此開發者會得到對學生的資料表格進行查詢，取得年齡小於 20 且對姓名做排序的結果。

若開發者並不希望儲存查詢到的所有結果，例如只想知道前面幾筆資料，則可以在這個 Query 中再加入一個選項，這個範例撰寫在書附光碟中的 Datastore_API_5.java 檔案，部分程式碼如下：

```
01. Query query = new Query("Student");
02. PreparedQuery pq = service.prepare(query);
03. FetchOptions options = FetchOptions.Builder.withLimit(5);
04. for (Entity each : pq.asIterable(options)) {
05.     String name = (String) each.getProperty("name");
06. }
```

開發者仍然宣告一個 Query，並在第 3 行寫上 FetchOptions.Builder.withLimit() 這段程式碼。若參數填上 5，表示回傳的資料筆數有五筆，因此 for 迴圈中的字串將會儲存五筆查詢結果。若希望依照姓名排序並查詢年齡小於 20 的人，只要結合這個例子和上個例子就可以得到希望的查詢結果了。

但是如果只想得到第一筆資料，則不需要使用上述範例的 FetchOptions.Builder.withLimit() 方法，只要使用 asSingleEntity() 即可做到。這個範例撰寫在書附光碟中的 Datastore_API_6.java 檔案，部分程式碼如下：

```
01. Query query = new Query("Student");
02. PreparedQuery pq = service.prepare(query);
03. Entity first = pq.asSingleEntity();
04. String name = (String) first.getProperty("name");
```

一開始仍然是宣告 Query 動作，在不添加任何條件的情形下，這只是一個普通的查詢，但在第 3 行開發者宣告一筆資料裡儲存的資料就等

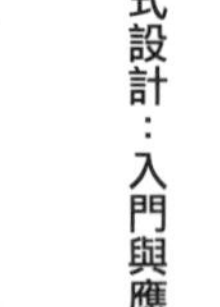

於查詢的第一個結果，所以就能知道資料庫的學生表格中誰被存在第一筆資料。

最後關於 Low-Level API 的範例，是對資料庫進行一連串的寫入動作，而且開發者希望這些動作都能夠成功地被執行，也就是確保資料在寫入時能保持一致性，只要有一個動作失敗，其他動作就不會被執行。這個範例撰寫在書附光碟中的 Datastore_API_7.java 檔案，部分程式碼如下：

```
Transaction tx = service.beginTransaction();
try {
   Entity student = new Entity("Student");
   student.setProperty("name", "David");
   student.setProperty("age", 18);
   service.put(student);
   Entity phoneNumber = new Entity("PhoneNumber",
   student.getKey());
   phoneNumber.setProperty("home", "03-537XXXX");
   phoneNumber.setProperty("mobile", "09112233XX");
   service.put(phoneNumber);
   tx.commit();
} finally {
   if (tx.isActive())
      tx.rollback();
}
```

首先為了確保一連串的動作能一起完成，一開始便宣告一個交易 (Transaction) 服務，接著 try{} 中的動作是在資料庫裡建立一筆資料於學生表格中，例如新增名字欄位內的資料為 David、年齡為 18，再來用 service.put() 將這些資料填入表格欄位中。另外，開發者又將這個學生的資料加入家用電話和手機號碼，同樣用 service.put() 將資料放入表格中。最後，利用 tx.commit() 確認以上動作是否都完成，確認結果再由 finally{} 的判斷式來決定。當有一個以上的動作沒有完成時，所有的動

作都會回復到執行前的狀態，以確保資料的一致性。

以上我們使用 Low-Level API 操作資料庫進行資料的寫入、普通的查詢、有條件的查詢、限制回傳資料的筆數，以及特殊的存取方式。接著則介紹如何使用 JDO 操作資料庫。

## 4.1.2 JDO 操作

使用 JDO 操作資料庫時，表格中的宣告欄位都會填入特定的資料，或者填上 Null 表示沒有資料但仍有使用該欄位，這點有別於 Low-Level API。圖 4.2 為一個示意圖，說明使用 JDO 操作表格時，雖然 $R_1$ 只有填入 $C_1$ 欄位的資料，但是因為其他欄位也有宣告的關係，必須是 Null。

因此在後續的範例中，操作的資料表格會由一個 Java 檔描述資料類別，也就是所有欄位的名稱（如 Student.java），其部分程式碼如下：

```
@PersistenceCapable
  public class Student {
    @PrimaryKey
    @Persistent(valueStrategy = IdGeneratorStrategy.
    IDENTITY)
    private Key key;
    @Persistent
    private String name;
    @Persistent
```

圖 4.2　使用 JDO 操作資料庫時的資料欄位

| | $C_1$ | $C_2$ | $C_3$ | $C_4$ | $C_5$ | … | $C_n$ |
|---|---|---|---|---|---|---|---|
| $R_1$ | xxx | Null | Null | Null | Null | … | Null |
| $R_2$ | xxx | xxx | xxx | Null | Null | … | Null |
| $R_3$ | Null | Null | Null | xxx | xxx | … | Null |
| ⋮ | … | … | … | … | … | … | … |
| $R_m$ | … | … | … | … | … | … | … |

```
09.     private String studentNo;
10.     @Persistent
11.     private Date birthday;
12.     @Persistent
13.     private String department;
14.     ...
```

開發者宣告一個類別 “Student”，並宣告如第 5 行的鍵值 (key)、第 7 行的名字 (name)、第 9 行的學號 (studentNo)、第 11 行的生日 (birthday) 和第 13 行的系別 (department) 等。接著，我們開始介紹使用 JDO 操作資料庫的範例。

所有的 JDO 操作都必須透過 PersistenceManager 實體來進行，開發者可以從 PersistenceManagerFactory 取得 PersistenceManager 實體，而 PersistenceManagerFactory 又需要從 JDOHelper 類別取得。由於這一連串動作需要花費較多的時間，為了使用上的方便與速度考量，我們將其進行封裝。請參考書附光碟中的 PMF.java 檔案，當中定義了一個類別 PMF，以便快速取得 PersistenceManager 實體，之後就能將其應用在下列範例中。

第一個範例是利用 JDO 新增一筆學生的資料，撰寫在書附光碟中的 JDO_1.java 檔案，部分程式碼如下：

```
01. PersistenceManager pm = PMF.get().getPersistenceMan-
    ager();
02. Student student = new Student(“Kevin”, “B09910001”, new
    GregorianCalendar(1990, 5, 4).getTime(), “ME”);
03. try {
04.     pm.makePersistent(student);
05. } finally {
06.     pm.close();
07. }
```

在第 1 行取得 PersistenceManager 實體之後，開發者新增一筆學生

的名字、學號、生日和系別，但因為沒有特別指定，所以這個同學的唯一鍵值會是一個流水號。開發者可以利用 try-finally 確保無論寫入是否發生錯誤，PersistenceManager 實體最後都會關閉。

下一個範例中則是介紹如何使用 JDO 在新增一筆學生資料後，主動指定新增資料的唯一鍵值，並呼叫這個鍵值所代表之資料儲存到另一筆學生資料中，因此這兩筆學生資料將會完全一樣。此一範例撰寫在書附光碟中的 JDO_2.java 檔案，部分程式碼如下：

```
01. Student student = new Student("Jeff", "B09903001", new
    GregorianCalendar(1990, 3, 18).getTime(), "EE");
02. String studentNo = student.getStudentNo();
03. Key key = KeyFactory.createKey(Student.class.getSimple-
    Name(), studentNo);
04. student.setKey(key);
05. try {
06.     pm.makePersistent(student);
07.     Student student2 = pm.getObjectById(Student.class,
        studentNo);
08. } finally {
09.     pm.close();
10. }
```

首先開發者在第 1 行宣告一筆新的學生資料，該學生名字是 Jeff、學號是 B09903001、生日是 1990 年 3 月 18 日，而系別為電機系 EE。接著，開發者取得這個學生的學號並儲存在 studentNo 字串中，利用 KeyFactory.createKey() 將學號當作參數傳入並產生鍵值。再來透過定義於類別 Student 中的 setKey()，將其設定成這筆資料的唯一鍵值。在 try{} 中開發者將這筆學生的資料寫入，另外又宣告另一筆資料稱為 student2，並將 Jeff 的資料存到 student2，表示利用剛才的鍵值確實可以存取到 Jeff 的資料。

下一個範例將介紹如何更新資料庫表格中一筆資料的欄位，也會利用 Student.java 的 set 相關功能。此範例寫在書附光碟中的 JDO_3.java

檔案，部分程式碼如下：

```
01. Student student = pm.getObjectById(Student.class,
    "B09903001");
02. student.setDepartment("CSIE");
03. try {
04.     pm.makePersistent(student);
05. } finally {
06.     pm.close();
07. }
```

首先透過鍵值取得開發者所欲修改的學生資料，此範例假設該筆資料的鍵值是 B09903001，接著使用第 2 行的 setDepartment() 更新這位學生的系別，然後在 try{} 中進行修改資料庫的動作，如此便可完成一筆資料在表格中的更新流程。

以上所介紹的操作為新增和修改一筆資料庫資料的方法，在接下來的範例中，我們要介紹開發者如何刪除一筆資料庫中的資料。此範例寫在書附光碟中的 JDO_4.java 檔案，部分程式碼如下：

```
01. Student student = pm.getObjectById(Student.class,
    "B09903001");
02. try {
03.     pm.deletePersistent(student);
04. } finally {
05.     pm.close();
06. }
```

假設 B09903001 為鍵值的這筆資料仍然存在，於是開發者新增一個 Student 並指向鍵值 B09903001 所代表的資料，利用第 3 行的 deletePersistent() 對 student 做操作，目的是要刪除鍵值代表的這一筆資料，以本例而言便是刪除鍵值為 B09903001 的學生資料。

接下來是使用 JDO 進行查詢的操作介紹。在第一個範例中，開發者

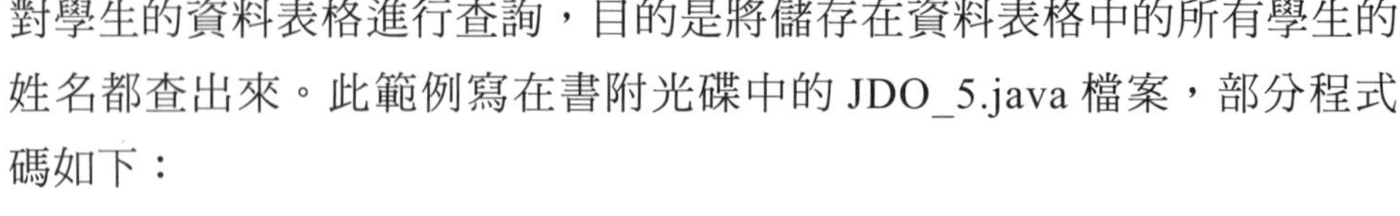

對學生的資料表格進行查詢，目的是將儲存在資料表格中的所有學生的姓名都查出來。此範例寫在書附光碟中的 JDO_5.java 檔案，部分程式碼如下：

```
01. Query query = pm.newQuery(Student.class);
02. List<Student> students = (List<Student>) query.execute();
03. for(Student each : students){
04.     String name = each.getName();
05. }
```

首先宣告一個 Query 的操作，目的是要對 Student 資料表格進行存取。第 2 行宣告一個 List 讓開發者儲存查詢所得到的資料；不過，取得查詢資料時還得先進行回傳物件型態轉換，才能儲存到宣告成 List 的 students 中，然後用一個 for each 的方式將宣告成 List 的 students 之每筆資料存到宣告成字串的 name，最後就能對字串操作取得所有學生的姓名了。



若需要設定搜尋條件，可以使用 setFilter() 來達到這個目的。例如想要找特定系別的學生，就在 setFilter() 中填入相關的系別縮寫。這裡介紹兩種作法，此範例寫在書附光碟中的 JDO_6.java 檔案，部分程式碼如下：

### 作法一

```
01. Query query = pm.newQuery(Student.class);
02. query.setFilter("department == 'ME'");
03. List<Student> students = (List<Student>) query.execute();
04. for(Student each : students){
05.     resp.getWriter().println(each.getName());
06. }
```

作法一的第 1 行先新增一個 Query 的操作，以對 Student 資料表進行存取。第 2 行在 setFilter() 中填入「"department == 'ME'"」，意思是設定開發者要過濾並取得系別為機械系的學生資料。第 3 行宣告一個

List 讓開發者儲存查詢所得到的資料。而如同上一個例子，取得查詢資料時還要先進行回傳物件型態轉換，才能存到宣告成 List 的 students 中。最後用 for each 將機械系同學的名字列印出來。

### 作法二

```
01. query2.setFilter("department == departmentParam");
02. query2.declareParameters("String departmentParam");
03. List<Student> students2 = (List<Student>) query2.
    execute("ME");
```

作法二與作法一很相似，差別在於開發者想將系別用變數來取代，增加日後查詢時想改變成其他系別的便利性，因此第 1 行中的 setFilter() 填入的內容變成「"department == departmentParam"」，其中 departmentParam 就是開發者所說的變數。第 2 行的 declareParameters() 將 departmentParam 這個變數設定為 String，也就是字串。第 3 行一樣宣告一個 List 來儲存查詢到的資料，其中 execute() 內填寫了 "ME" 代表 departmentParam 所指的是 ME，也就是機械系。

通常較複雜的查詢要求會需要較多的條件，來限制查詢資料的範圍，因此仍可利用 setFilter() 及增加特定的條件來達到目的。在接下來的範例中，開發者還會加入排序和回傳資料筆數的限制功能，分別是 setOrdering() 和 setRange()，此範例寫在書附光碟中的 JDO_7.java 檔案，部分程式碼如下：

```
query.setFilter("department == departmentParam && name
    == nameParam");
query.setOrdering("studentNo desc");
query.declareParameters("String departmentParam, String
    nameParam");
query.setRange(0, 3);
List<Student> students = (List<Student>) query.
    execute("ME", "Kevin");
for(Student each : students){
```

```
07.     resp.getWriter().println(each.getName()+" "+each.get
        StudentNo());
08. }
```

每當新增一個 Query 行為後，開發者可以對它（如 query）設定過濾條件，因此仍在 setFilter() 中填入所需的限制條件。首先，開發者要求學生的系別為 departmentParam，姓名為 nameParam，兩者皆是變數，方便日後可以更改系別和姓名。接著，在 declareParameters() 中宣告兩個變數皆為字串，最後使用 setRange() 來表示查詢資料回傳的筆數為第 0 筆到第 3 筆，在第 5 行宣告了型態為 List 的 students，來儲存查詢結果。同時，開發者在 execute() 中填入「"ME","Kevin"」，表示要查詢的資料是在機械系且姓名為 Kevin 的學生資料。最後，用 for each 的方式將查詢到的學生資料列出姓名和學號，以顯示這次查詢的結果。

JDO 的操作還有一種方式，就是資料的類別關聯，以下舉一個一對一的範例來說明。假設學生都只有一個地址，包含郵遞區號和詳細地址，但學生類別中沒有地址的相關欄位，因此查詢時無法對地址此一資訊進行新增和更新，不過可以透過新增一個類別來達到這個目的。例如，開發者撰寫一個 AddressInfo.java，其中包含鍵值 (key)、對應的資料表名稱 (student)、郵遞區號 (zipCode) 和詳細地址 (address)，那麼就能透過地址把某位學生的郵遞區號和詳細地址儲存起來。此範例寫在書附光碟中的 JDO_8.java 檔案，部分程式碼如下：

```
Student student = new Student("Harry", "B09807001", new
GregorianCalendar(1990, 6, 7).getTime(), "CSIE");
AddressInfo addressInfo = new AddressInfo("30012", " 新竹
市香山區五福路二段 707 號 ");
student.setAddressInfo(addressInfo);
try {
    pm.makePersistent(student);
} finally {
    pm.close();
}
```

首先，開發者先在第 1 行新增一筆學生資料，這位學生的姓名是 Harry，學號是 B09807001，生日為 1990 年 6 月 7 日，就讀系別是 CSIE（資工系）。開發者在 AddressInfo.java 中撰寫了建構子 AddressInfo()，可傳入郵遞區號和詳細住址，因此在第 2 行的 new AddressInfo() 中，開發者填入「“30012”,“新竹市香山區五福路二段 707 號”」，並儲存這兩項資訊到變數 addressInfo 中；接著，在第 3 行使用 setAddressInfo() 將地址資訊傳給 student，建立一對一的關係（一個學生對應一個地址）。

同樣地，我們舉一個一對多的範例來說明另一種資料類別的關聯。在學生類別中並沒有電話的欄位，假設每個學生都有手機號碼和住家電話號碼，若要儲存這兩筆資訊，可撰寫另一個類別來達到這個目的。這個檔案是 PhoneNumber.java，此一類別同樣有鍵值 (key)、對應的資料表名稱 (student)、電話號碼 (number) 以及類型 (type)，讓開發者能利用這個類別對學生的手機號碼和住家電話號碼進行新增和更新。此範例寫在書附光碟中的 JDO_9.java 檔案，部分程式碼如下：

```
Student student = new Student(“Tom”, “B09807002”, new
GregorianCalendar(1991, 9, 15).getTime(), “CSIE”);
List<PhoneNumber> phoneNumbers = new
ArrayList<PhoneNumber>();
PhoneNumber home = new PhoneNumber(“Home”, “03-
518XXX”);
PhoneNumber mobile = new PhoneNumber(“Mobile”,
“0911XXXXXX”);
phoneNumbers.add(home);
phoneNumbers.add(mobile);
student.setPhoneNumbers(phoneNumbers);
try {
    pm.makePersistent(student);
} finally {
    pm.close();
}
```

首先新增一筆學生資料，姓名是 Tom，學號是 B09807002，生日為 1991 年 9 月 15 日，並且就讀 CSIE（資工系）。接著，開發者新增一個 PhoneNumber 使用的 List 來儲存多筆電話號碼；在第 3 行新增一個電話號碼 03-518XXX，類型是 Home，也就是住家電話號碼；在第 4 行新增另一個電話號碼 0911XXXXXX，類型是 Mobile，也就是手機號碼。再來將這兩筆電話號碼加到 List 中，然後設定給該學生。使用 makePersistent() 時只需傳入 student 即可，電話號碼就會被自動寫入，並與學生產生關聯。

以上就是利用 Low-Level API 和 JDO 對資料庫的資料進行操作的方式。我們介紹了許多操作包括新增一筆資料、更改和指定鍵值、簡單的資料庫查詢、有條件的資料庫查詢、查詢資料的排序、回傳第一筆資料、多筆資料寫入的一致性、資料的一對一與一對多的關聯，讀者可針對各自的需要進行修改或運用，撰寫出適合需求的程式碼。

## 4.2 網路溝通

以下將介紹與網路溝通相關的功能，包括網路資訊擷取、寄送電子郵件，以及使用者端的連線建立。首先介紹網路資訊擷取，我們往往可以在網頁上看到某些經常更新（如內嵌天氣）的資訊，而這類資訊一般是提供一個網址，讓使用者擷取所需資訊後放在網頁上。在 Google App Engine 上可以有幾種寫法，其中一個是直接使用 java.net.URL 來獲得並顯示資訊。此範例寫在書附光碟中的 URLFetch_1.java 檔案，部分程式碼如下：

```
URL url = new URL("http://www.google.com/ig/api?weather=taipei");
BufferedReader reader = new BufferedReader(new InputStreamReader(url.openStream()));
String line;
while ((line = reader.readLine()) != null) {
    resp.getWriter().println(line);
}
```

在本例中，開發者以 Google 提供的台北天氣資訊為來源，網址是 http://www.google.com/ig/api?weather=taipei。第 1 行宣告一個 URL 指向此一天氣的網址；第 2 行宣告一個 BufferedReader 將讀取天氣資訊的串流轉成文字；第 4 行則利用 while 將 BufferedReader 中的每一行資訊顯示在網頁上。

另外，開發者也可以利用 Google App Engine 提供的 URLFetch API 來達到相同的目的。在使用上，筆者認為透過 URLFetch API 比較方便。接下來的範例將介紹如何使用 URLFetch API 擷取圖片及文字。關於圖片的範例寫在書附光碟中的 URLFetch_2.java 檔案，部分程式碼如下：

```
01. URLFetchService service = URLFetchServiceFactory.getURLFetchService();
02. HTTPResponse httpresp = service.fetch(new URL("http://code.google.com/appengine/images/appengine_lowres.png"));
03. resp.setContentType("image/png");
04. resp.getOutputStream().write(httpresp.getContent());
```

首先在第 1 行取得 URLFetch 的服務，然後在第 2 行使用 fetch() 對 URL 發送請求並取得對應的 HTTPResponse，第 3 行指定 MIME 類型是 png 圖片，最後使用 resp.getOutputStream() 將圖片顯示於網頁上。

接著利用 URLFetch API 獲取文字類型的資料，此範例寫在書附光碟中的 URLFetch_3.java 檔案，部分程式碼如下：

```
01. URLFetchService service = URLFetchServiceFactory.getURLFetchService();
02. HTTPResponse httpresp = service.fetch(new URL("http://www.google.com/ig/api?weather=taipei"));
03. resp.setContentType("text/xml");
04. resp.getWriter().println(new String(httpresp.getContent()));
```

不同於上一個範例，在第 3 行開發者將 MIME 類型指定為 xml 的文

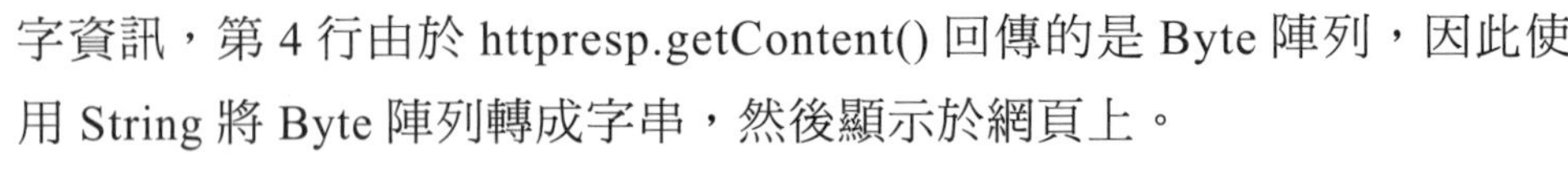

字資訊，第 4 行由於 httpresp.getContent() 回傳的是 Byte 陣列，因此使用 String 將 Byte 陣列轉成字串，然後顯示於網頁上。

上述的資訊對使用者來說並不是非常重要，只要在需要時再上網頁查看即可。但是，當網頁應用服務提供者要發布使用者必須知道的公告時，可以透過 javax.mail 或 Google App Engine 的 Mail API，利用電子郵件 (Email) 傳遞此一重要訊息。前者的範例寫在書附光碟中的 Mail_1.java 檔案，部分程式碼如下：

```
01. Properties props = new Properties();
02. Session session = Session.getDefaultInstance(props, null);
03. Message msg = new MimeMessage(session);
04. msg.setFrom(new InternetAddress("xxx@gmail.com"));
05. msg.addRecipient(Message.RecipientType.TO, new
    InternetAddress("yyy@gmail.com"));
06. msg.setSubject("GAE javax.mail test");
07. msg.setText(" 中文測試 ");
08. Transport.send(msg);
```

首先在第 2 行宣告一個 Session 類別，開發者利用這個 Session 變數來寄送電子郵件；接著，在第 4 行宣告一個 Message，並將寄件者的電子郵件信箱填入 msg.setFrom()，用 addRecipient() 在第 5 行輸入收件者的電子郵件信箱，而電子郵件的主旨和內文則撰寫在第 6 行和第 7 行，之後則是送出信件的 Transport.send()。

利用 Google App Engine API 則可使用 MailService 來簡化傳送信件的繁複過程，此範例寫在書附光碟中的 Mail_2.java 檔案，部分程式碼如下：

```
MailService service = MailServiceFactory.getMailService();
MailService.Message msg = new MailService.Message(
    "xxx@gmail.com",
    "yyy@gmail.com",
    "GAE mail test",
```

```
        "google app engine mail service test");
service.send(msg);
```

首先取得 MailService 服務，然後宣告一個 MailService.Message，並在 MailService.Message() 中填入寄件人 (xxx@gmail.com)、收件人 (yyy@gmail.com)、主旨 (GAE mail test) 和內容 (google app engine mail service test)，因此 MailService.Message 就如同一封信件；最後使用 service.send() 將電子郵件送出，即可達到傳送公告給使用者的目的。

最後要介紹的是一種互動式的溝通方式。例如，網頁應用服務程式提供一個類似遊戲的服務，可讓兩個人進行互動遊戲，此時需要每個使用者都與伺服器端建立連線，並且需要隨時監聽這個連線的訊息，以滿足遊戲間互動的目的。在此，我們介紹使用者如何與伺服器端建立連線的方法，概念如圖 4.3 所示。

**圖 4.3　使用者與伺服器端建立連線**

使用者 A（瀏覽器）
請求
模板 (token A)
開啟訊息傳遞頻道
傳送訊息給 B
GAE Channel 服務
請求
模板 (token B)
開啟訊息傳遞頻道
轉送訊息
使用者 B（瀏覽器）

此範例寫在書附光碟中的 Channel_Init.java 檔案，部分程式碼如下：

```
ChannelService channelService = ChannelServiceFactory.
    getChannelService();
String token = channelService.createChannel("xxx");
FileReader reader = new FileReader("channel-template");
CharBuffer buffer = CharBuffer.allocate(1024);
reader.read(buffer);
String template = new String(buffer.array());
```

```
07. template = template.replaceAll("\\{\\{ token \\}\\}", token);
08. resp.setContentType("text/html");
09. resp.setCharacterEncoding("utf-8");
10. resp.getWriter().write(template);
```

首先開發者先取得 Channel（訊息傳遞頻道）的服務，在第 2 行宣告一個字串來儲存設定的 token (xxx)（token 是為了讓客戶端與伺服端之間能夠建立唯一識別的連線）。在第 3 行至第 6 行，開發者讀取範本檔「"channel-template"」，並將範本內容寫入 template 變數；第 7 行將範本內容的「"{{ token }}"」取代為前面的 token；第 8 行與第 9 行則指定 MIME 類型及編碼；最後便可將修改過的範本內容顯示到網頁上。此一範本寫在書附光碟的 channel-template 檔案中，內容如下：

```
<html>
<head>
<script type="text/javascript" src="/_ah/channel/jsapi">
</script>
</head>
<body>
   <script>
      onMessage = function(msg){
         var div = document.getElementById('show');
         div.innerHTML = msg.data;
      }
      channel = new goog.appengine.Channel("{{ token }}");
      socket = channel.open();
      socket.onmessage = onMessage;
   </script>
   <div id="show" />
</body>
</html>
```

當瀏覽器接收到此範本時，會在第 3 行先引入一份包含 Channel Service API 的 javascript 檔，接著執行範本中 <script> 標籤內的 javascript 程式碼。其中，第 11 行的「"{{ token }}"」已經被取代變成開發者所設定的 token；第 12 行會透過此 token 與伺服端建立連線；第 13 行設定收到訊息時的事件處理者，而此範本中的事件處理者為 onMessage，它會將從伺服端來的訊息顯示在 ID 為 show 的 <div> 標籤中。

使用 Channel 服務通訊時，客戶端可以利用一般的 HTTP 請求或 Ajax 等非同步的方式傳送訊息給伺服端，而伺服端則必須使用 Channel 服務的 API 與客戶端通訊，這個程式為書附光碟中的 Channel_Send.java 檔案，部分程式如下：

```
ChannelService channelService = ChannelServiceFactory.
    getChannelService();
channelService.sendMessage(new ChannelMessage("xxx",
    "message contents..."));
```

取得 Channel 服務後，可以使用 sendMessage() 來發送訊息。一個 ChannelMessage 會包含 token 與訊息內容，並根據不同的 token 來發送給不同的客戶端。

##  4.3 圖形處理

Google App Engine 提供一組圖形操作的 API，包括改變圖片大小、自動調整顏色和亮度、圖片裁切、圖片旋轉、水平翻轉和垂直翻轉。我們將這六項功能全部撰寫在一個程式碼中來介紹，其中也包括處理圖片之前的圖檔讀取工作。此範例撰寫在書附光碟中的 Image_1.java 檔案，部分程式碼如下：

```
byte[] origImageData = GetImageBytes();
ImagesService service = ImagesServiceFactory.getIma-
    gesService();
```

```
03. Image origImage = ImagesServiceFactory.makeImage(origImageData);
04. Transform resize = ImagesServiceFactory.makeResize(150, 150);
05. Transform imFeelingLucky = ImagesServiceFactory.makeImFeelingLucky();
06. Transform crop = ImagesServiceFactory.makeCrop(0.1, 0.0, 0.5, 0.5);
07. Transform rotate = ImagesServiceFactory.makeRotate(90);
08. Transform horizontalFlip = ImagesServiceFactory.makeHorizontalFlip();
09. Transform verticalFlip = ImagesServiceFactory.makeVerticalFlip();
10. Image newImage = service.applyTransform(resize, origImage);
11. Image newImage2 = service.applyTransform(imFeelingLucky, origImage);
12. Image newImage3 = service.applyTransform(crop, origImage);
13. Image newImage4 = service.applyTransform(rotate, origImage);
14. Image newImage5 = service.applyTransform(horizontalFlip, origImage);
15. Image newImage6 = service.applyTransform(verticalFlip, origImage);
16. byte[] newImageData = newImage3.getImageData();
17. resp.setContentType("image/png");
18. resp.getOutputStream().write(newImageData);
```

首先，第1行是將圖檔存成Byte陣列，開發者撰寫了GetImageBytes()來開啟檔案，但是方法不限定只有這種，讀者也可自行撰寫一個將圖檔儲存成Byte陣列的方法。接著，開發者利用

第 2 行的程式碼取得圖形服務；第 4 行是改變圖片大小的 API，其中 makeResize() 需填入的新寬度值和高度值是指像素 (Pixel) 值；第 5 行的 makeImFeelingLucky() 幫助開發者自動調整圖片的顏色和亮度，這個部分不需要使用者填寫自訂參數；第 6 行是圖片裁切的部分，開發者要在 makeCrop() 中填入四筆資料，分別是圖片水平寬度的左邊界、垂直高度的上邊界、水平寬度的右邊界和垂直高度的下邊界，而這四筆輸入的值為圖片的原始寬度和原始高度的比例，因此與 makeResize() 不同（注意，開發者請勿填入想要的像素值，而是要填入比例）；第 7 行是對圖片做旋轉，因此可以在 makeRotate() 中填入旋轉的角度，不過只能填 90 度的倍數，例如想將圖片向右旋轉 90 度就填入 90，若是向右旋轉 180 度則填入 180，藉此達到使用者想要的旋轉效果；第 8 行是將圖片水平翻轉，透過 makeHorizontalFlip() 就能達到目的，這個部分不用填入參數；第 9 行是透過 makeVerticalFlip() 將圖片垂直翻轉，同樣不用填入參數；第 10 行至第 15 行為執行圖片調整的程式碼，並且分別將六項功能的結果儲存到 newImage 至 newImage6 中，如此就能利用 resp.getOutputStream() 顯示在網頁上，例如從第 16 行至第 18 行便是指將裁切的效果顯示在網頁上。

若想將上述的部分功能同時作用到同一個圖檔上，但是不想一次只執行一種功能，開發者可以利用 CompositeTransform 類別來達到這個目的。此範例撰寫在書附光碟中的 Image_2.java 檔案，部分程式碼如下：

```
01. Transform resize = ImagesServiceFactory.makeResize(150,
    150);
02. Transform imFeelingLucky = ImagesServiceFactory.makeIm-
    FeelingLucky();
03. Transform crop = ImagesServiceFactory.makeCrop(0.0, 0.0,
    0.5, 0.5);
04. Transform rotate = ImagesServiceFactory.makeRotate(90);
05. Transform horizontalFlip = ImagesServiceFactory.makeHori-
    zontalFlip();
```

```
06. Transform verticalFlip = ImagesServiceFactory.makeVertical-
    Flip();
07. CompositeTransform ct = ImagesServiceFactory.makeCom-
    positeTransform();
08. ct = ct.concatenate(resize).concatenate(imFeelingLucky)
09.     .concatenate(crop).concatenate(rotate)
10.     .concatenate(horizontalFlip).concatenate(verticalFlip);
11. Image newImage = service.applyTransform(ct, origImage);
```

首先，開發者仍然要寫出需要哪些圖片調整功能的程式碼，如第 1 行至第 6 行分別是改變大小、自動調整顏色和亮度、裁切、旋轉、水平翻轉和垂直翻轉；接著啟動組合服務，然後依照第 8 行的寫法將上述六項功能放在一起執行。

## 4.4 工作排程

工作排程在 Google App Engine 平台上有兩種意義：一種是在佇列中安排逐項工作，當某一項工作執行完畢後，就會從佇列中移除；另一種是固定時間後取得網路資訊的重複工作，這種工作只要輸入一次，之後便會按照固定的時間間隔重複執行。以下先介紹前者，此範例撰寫在書附光碟中的 TaskQueue_AddTask.java 檔案，部分程式碼如下：

```
01. Queue queue = QueueFactory.getDefaultQueue();
02. queue.add(TaskOptions.Builder.withUrl("/taskqueue_
    dowork?name=andy")
03.     .method(Method.GET));
04. queue.add(TaskOptions.Builder.withUrl("/taskqueue_do-
    work")
05.     .method(Method.POST).param("name", "frank"));
```

Google App Engine 會提供一個預設佇列，在第 1 行開發者從 QueueFactory 取得 Queue（佇列）；第 2 行則利用 add() 來新增工作，開發者使用 TaskOptions.Builder 來產生所要執行的工作、相關設定及參數。在此範例中，加入佇列的工作是執行 taskqueue_dowork 這個 Servlet 程式，使用 GET 方式傳入參數 name=andy。第 4 行安排的工作和第 2 行的工作目的是一樣的，但開發者改成用 POST 並修改傳送參數的方式。不過除了原本預設的佇列外，開發者也可透過編輯 \war\WEB-INF 底下的 queue.xml，來新增其他佇列或修改佇列的屬性。

在介紹完安排工作到佇列的方式後，以下則介紹另一種安排固定時間區間的重複工作排程，其內容被撰寫在整個專案 \war\WEB-INF 下的 cron.xml 檔案中，不過需要開發者自行新增這個檔案。書附光碟中提供一個簡單的範例程式碼，如下：

```
01. <cron>
02.     <url>/dailyannouncement</url>
03.     <description>Daily announcement email service</de
        scription>
04.     <schedule>every day 16:00</schedule>
05.     <timezone>Asia/Taipei</timezone>
06. </cron>
```

若想要在每天下午四點發送電子郵件公告，開發者必須撰寫一個 Servlet 程式來做這件事情。本例中的第 2 行，開發者指出這個 Servlet 程式的名稱是 dailyannouncement；第 3 行是對這個工作進行描述；第 4 行寫上安排的時間，例如開發者希望公告是在每天下午四點發送，所以填入「every day 16:00」；時區則寫在第 5 行。同樣地，其他工作也能在這個 cron.xml 中接著寫下去。

##  4.5 其他服務

本節將介紹如何在 Google App Engine 上節省資料存取額度的使用量和使用者認證方法；接著介紹當開發者需要存放大型檔案時，如何使用 Blobstore 這個特別的靜態資料儲存空間。首先介紹節省資料存取額度使用量的撰寫方式，這部分使用 Memcache 服務，此範例撰寫在書附

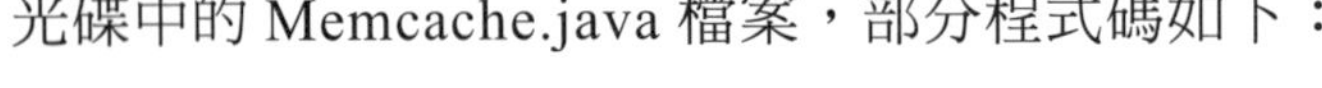

光碟中的 Memcache.java 檔案，部分程式碼如下：

```
01. Cache cache = null;
02. CacheFactory cacheFactory = CacheManager.getInstance().
    getCacheFactory();
03. cache = cacheFactory.createCache(Collections.empty-
    Map());
04. String sth = null;
05. if (cache.containsKey("sth-key")) {
06.     sth = (String) cache.get("sth-key");
07. } else {
08.     sth = GetDataFromDatastore();
09.     cache.put("sth-key", sth);
10. }
```

開發者先宣告一個空的 Cache（快取），接著在第 2 行與第 3 行取得並建立 Cache 空間。在做過一些動作之後，如果想要看某個頁面的資料，但不想浪費存取資料的使用量，則可以利用第 5 行的 if 判斷式檢查那些資料有沒有在 Cache 裡面。其中在 containsKey() 內的「"sth-key"」代表開發者自訂的參數，如果有就從 Cache 獲取資料，否則就直接從資料庫找出那些資料，藉此減少從資料庫中將資料存取出來的總資料量。

現行的網頁應用程式服務都會配合認證機制來辨認使用者身分，以提供安全的服務。在此，範例情境是讓使用者先開啟一個認證畫面，若是已經登入的狀態則顯示歡迎訊息，若尚未登入則顯示登入畫面。範例撰寫在書附光碟中的 Users.java 檔案，部分程式碼如下：

```
String thisURL = req.getRequestURI();
UserService userService = UserServiceFactory.getUserSer-
vice();
if (userService.getCurrentUser() != null) {
    resp.getWriter().println("<div>Hello,"
        + userService.getCurrentUser().getEmail()
```

```
06.         + "!! <a href=\""
07.         + userService.createLogoutURL(thisURL)
08.         + "\">sign out</a></div>");
09. } else {
10.     resp.getWriter().println("<div><a href=\""
11.         + userService.createLoginURL(thisURL)
12.         + "\">sign in</a></div>");
13. }
```

其中，第 2 行是取得 User 服務；第 3 行是利用 getCurrentUser() 對使用者進行登入判斷，若是已經登入，則會顯示第 4 行的歡迎訊息並放上使用者的 Email，否則整個頁面將只會放一個登入認證連結讓使用者登入。

最後介紹的是當開發者需要在 Google App Engine 存放較大的檔案時，可以使用 Blobstore。這個方式的概念是將檔案和其鍵值上傳後存放在 Blobstore，相關的描述資料則存放在 Datastore 上，也就是前面範例所介紹的資料庫。以下舉一個將檔案上傳到 Blobstore 的範例，會用到三個程式碼檔案，分別用來當作上傳介面 (blobstore.jsp)、上傳後儲存 BlobKey (UploadBlob.java) 和使用檔案 (ServeBlob.java) 的範例。首先介紹 blobstore.jsp 這個用來當作上傳介面的程式碼範例：

```
<body>
    <%
        BlobstoreService service = BlobstoreServiceFactory.
        getBlobstoreService();
    %>
    <form action="<%=service.createUploadUrl("/upload")
    %>" method="post" enctype="multipart/form-data">
        <input type="file" name="uploadFile" />
        <input type="submit" value="Submit" />
    </form>
</body>
```

此檔案是一個 jsp 檔，開發者抽出了 Body 的部分。在第 3 行中先取得一個 BlobstoreService 的服務，並在第 5 行至第 7 行中撰寫一個表單來選擇上傳的檔案和一個上傳的按鈕，其中使用 POST 的方式讓後續的動作取得檔案名稱，也就是自訂的 uploadFile。

接著是一個撰寫在 UploadBlob.java 的 Servlet，功用是記錄上傳的 BlobKey，方便後續的工作使用，這個範例的部分程式碼如下：

```
01. Map<String, BlobKey> blobs = blobstoreService.
    getUploadedBlobs(req);
02. BlobKey blobKey = blobs.get("uploadFile");
03. if (blobKey != null) {
04.     resp.sendRedirect("/serve?blob-key=" + blobKey.getKey-
    String());
05. }
```

第 1 行是從 Blobstore 服務中取得使用者上傳的表單欄位名稱，以及在 Blobstore 中對應的 BlobKey；第 2 行利用剛才提到的 uploadFile 取得檔案的鍵值，並存在一個新宣告的 BlobKey。在 if 判斷式中若發現有鍵值存在，就執行 Serve 這個 Servlet 程式，並將 BlobKey 當作參數傳入。接著，serve 會將檔案內容顯示於網頁上，而這個 ServeBlob.java 程式的部分程式碼如下：

```
01. BlobKey blobKey = new BlobKey(req.getParameter("blob-
    key"));
02. blobstoreService.serve(blobKey, resp);
```

第 1 行取得這個檔案的鍵值後，就利用 blobstoreService.serve() 讓網頁顯示此一檔案的內容。如果開發者一開始上傳的是一個圖檔，那麼這個 serve Servlet 就會在網頁上顯示這個圖檔。

至此，我們介紹了 Google App Engine 五個類別的 API，包括資料庫、網路溝通、圖形處理、工作排程和其他 API，開發者利用這些功能便能開發出在 Google App Engine 上所需的網頁應用程式服務。在下個章節中，我們將介紹如何規劃一個服務，並利用 API 來完成這個服務的各個工作項目。

## 習　題

1. 請比較使用 Low-Level API 和 JDO 操作資料庫時，對資料庫欄位的使用方式之差異。
2. 試說明在使用 Low-Level API 對資料庫寫入資料時，要如何撰寫程式以確保寫入多筆資料仍保有一致性。
3. 當想要對圖片進行多種處理時，需要宣告許多相關的動作，之後才逐一執行讓圖片顯示所要的效果。若是想要一次執行所有的動作，要怎麼做呢？
4. 試說明在工作排程的章節中，兩種工作排程方式有何不同之處。
5. 試說明使用 Memcache 對網頁應用程式開發者的好處。

第五章

# Google App Engine 之整合範例



Google App Engine 服務平台提供了網頁應用服務開發者一個服務運作的地方，這個平台有高度的擴充性和彈性，可以在取得服務的負載狀況後快速地做出反應，因此開發者能將原本舊有的服務移植至此以減少管理成本，或者基於新的需求而設計一個新的服務在這個平台上運行。在瞭解 Google App Engine 的 API 操作方式之後，我們要在 Google App Engine 服務平台上開發一套公告和留言版系統。本章首先會介紹這個系統的架構及每個子系統的運作方式，包括公告系統、留言系統和成員登入系統等；接著，介紹如何運用 API 來撰寫這個系統。

在本章中，我們設計了一個網頁應用程式服務的專案，程式碼可在書附光碟中取得，我們將這個專案部署在 Google App Engine 服務平台上。此一網頁應用程式服務整合公告系統、留言系統和成員登入系統，整個設計概念是讓一個擁有左右框架的網頁提供以上三種子系統。其中，公告系統和留言系統共用右框架較大的空間，左框架的成員登入系統內則包含使用者的資訊及當天的天氣資訊。這些子系統是由許多頁面所構成，包括使用者資訊的頁面、登入頁面、登出頁面、上傳大頭照頁

面、公告清單頁面、新增公告頁面和留言板頁面，此外還提供許多功能，例如 Google 帳號認證、圖片處理、網路資訊擷取、暫存資料、固定工作排程、工作佇列排程、電子郵件、資料庫存取等。

上述提到不少頁面和功能 ，每個頁面都會執行或觸發開發者所撰寫的功能。對於這些網頁和功能，我們繪出兩個圖以幫助瞭解整個架構，一個是使用者與服務行為關係圖，另一個是網頁與功能的關聯圖。最後在展示服務成果的部分也能搭配這兩個圖來驗證。

## 5.1 網頁應用程式服務之設計

首先，開發者想要製作一個網頁服務，包含成員登入、系上公告與留言版，其中主網頁的內容將包含兩個框架（參見圖 5.1）：

- **左框架：**有成員登入的連結（使用 Google 帳號登入，登入後會出現登出連結）、大頭照、姓名及今天天氣情況的資訊。
- **右框架：**一開始會先列出公告的項目，包含日期和標題，可由管理員新增公告和附加檔在公告清單中（登入後可看到功能）；主網頁還有讓使用者搜尋公告的功能。除此之外，有一個留言版的連結，使用者點選之後可以將網頁的頁面導向留言版，留言板的上方則可輸入留言，下方可以看到大家的留言。

圖 5.1　網頁應用程式服務之畫面設計

搜尋公告 [　　　] 搜尋　　留言板

| 公告欄 | |
|---|---|
| 2011-05-30 | ..... |
| 2011-05-20 | ..... |
| 2011-05-10 | ..... |
| 2011-04-30 | ..... |
| 2011-04-20 | ..... |
| ..... | ..... |

在介紹了本範例的幾個系統之後，筆者依照使用者定位的不同來介紹此一網頁應用程式服務：

- **未登入之使用者：**網頁的左框架有一個成員系統，尚未登入前，使用者看到的大頭照是一張公用圖片，下方寫著匿名使用者，接著是天氣狀態；至於在右框架中，則可以看到公告清單，點入每個公告後便能閱讀公告內容，並下載公告的附加檔案。若想搜尋某公告，則可使用上方的搜尋功能來找到該公告。若想進入留言版，可點選右上方的留言板連結，便能看到大家的留言，匿名使用者也可以在此留言表達自己的想法，但由於尚未登入，留言的使用者名稱為匿名。
- **登入之使用者（一般）：**使用者利用 Google 帳號登入。第一次登入會看到上傳大頭照片的連結，若沒有上傳則連結會保留；但若上傳過照片，之後也能再次上傳當作更新。此外，可以搜尋和閱讀公告內容，並下載公告的附加檔案。在留言板上留言後，可以看到自己的使用者名稱，其他使用者（包括匿名使用者）也可以看到你的留言和使用者名稱。
- **登入之使用者（管理員）：**登入後將具有管理員權限，而能夠新增公告並可附加一個或多個檔案，例如活動的圖片或文宣。對於某則公告也能做刪除的動作。當使用者在留言板留言時，管理員會收到系統的電子郵件通知，此時管理員就能對該留言的建議進行後續的處理。

依照上述流程，我們可以瞭解整個系統的設計係以資料庫為中心。不論是成員的電子郵件、大頭照、存取天氣資訊、使用者的留言訊息、系統寄送電子郵件（告知管理員有新留言）、管理員新增公告、刪除公告、公告的附加檔案、使用者閱讀公告、下載公告附加檔案和搜尋公告等，都是與資料庫相關的存取動作。這些動作與資料庫的關係可參見圖 5.2。

我們以網際網路為出發點來介紹這張關係圖：

(a) 首先使用者開啟瀏覽器連線到 Google App Engine 平台使用這個網頁應用程式服務。

(b) 登入之後會將訊息送到資料庫，並從資料庫讀取這個使用者的大頭

圖 5.2　資料庫相關之行為關係圖

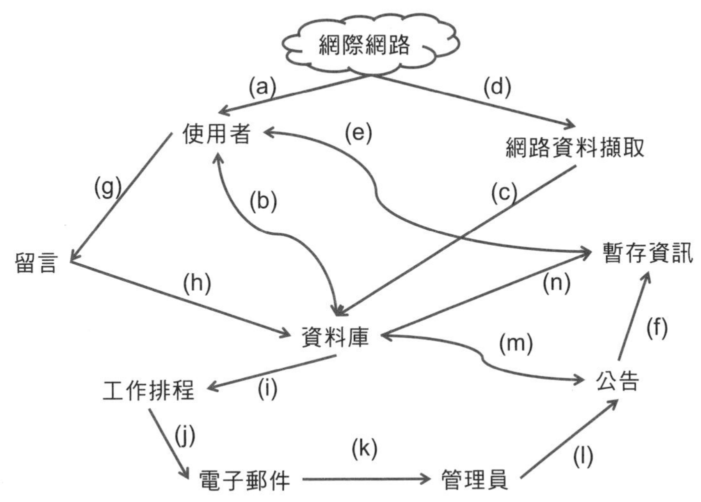


照和名字，顯示在網頁上的左框架。

(c) 下方顯示從資料庫讀取到的天氣狀態。

(d) 這份資料是每兩個小時從網路擷取並存到資料庫中，一旦使用者開啟網頁就會存取並顯示到網頁上。

(e) 使用者在右框架中可以看到公告清單，而這份清單是從一個暫存記憶體功能中讀出的。因為 Google App Engine 服務平台對存取的使用量有額度限制，配合這項功能可以降低使用者開啟服務首頁時，直接從資料庫中取得資料的使用量。

(f) 一旦有新的公告公布，整個暫存資訊會即時更新，確保使用者讀取的清單是最新的。

(g) 使用者可以在留言板上留言。

(h) 這份留言的相關資料會存入資料庫中，包括日期、使用者名稱和留言內容。

(i) 使用者留言之後，排程功能會將該使用者的名稱和留言內容擷取出來。

(j) 工作排程的服務會將寄送電子郵件的服務排入工作佇列中，讓管理員知道有新的留言。

(k) 電子郵件功能自排程服務的資料中取得這份留言的作者和內容，並

將資料寄到管理員的信箱，管理員便能做後續的處理。

(l) 當管理員要新增公告時，需在新增公告網頁填入標題、內容和附加檔案(如果有)並送出。

(m) 管理員送出新的公告之後，相關的資料便會存到資料庫中。

(n) 如前所述，新增這筆公告時，系統會將公告清單重新寫入暫存資訊中，使用者可以點選清單中的某筆公告並閱讀之。當使用者想下載公告的附件時，只要點選下載連結，系統便會依照公告的鍵值讀取資料庫中和這個公告相關的檔案，呈現在網頁上。

根據上述的使用情境，我們接著介紹部分的功能和相關資料表。首先是成員登入，因為使用 Google 帳號登入，開發者可以將帳號和密碼的管理工作交給 Google，而上傳大頭照則可根據不同使用者的 Google 帳號來連結範例中儲存的大頭照，登入時便能顯示在網頁上。此一資料表結構可參見圖 5.3。這個成員資料表內有電子郵件信箱、圖片和檔案類型；其中，電子郵件信箱會記錄 Google 帳號，圖片會用二進位大型物件 (Blob) 型態儲存使用者的大頭照，檔案類型的紀錄則是方便系統顯示檔案內容。

天氣資訊的部分利用網路資訊擷取的功能 (URLFetch) 將天氣狀態記錄在資料庫中，資料表如圖 5.4 所示。利用固定工作的排程功能 (Cron)，每兩個小時擷取的資料都先放在資料庫中，使用者閱讀網頁時，天氣的資訊才會從資料庫中取出顯示於網頁上。

使用者在閱讀公告時，會看到公告的日期、標題、內容及附件的檔案名稱，因此管理員新增公告時需填入標題、內容並加上附件（如果需

**圖 5.3　成員資料表**

```
Member
email     : String
picture   : Blob
mimeType  : String
```

**圖 5.4　天氣狀態資料表**

```
Weather
city      : String
condition : String
humidity  : String
icon      : String
temp      : String
timestamp : Date
```

要），而公告發行日期則會自動被記錄下來，資料表可參見圖 5.5。因為附加的檔案可能不只一項，因此用 List 來設計附加檔的型態。附加檔案表格內則有檔案名稱、資料內容，以及方便處理這個檔案所需的檔案類型資訊。

圖 5.5　公告資料表

```
Announcement
author      : String
title       : String
contents    : String
attachments : List<Attachment>
date        : Date
```

```
Attachment
filename : String
file     : Blob
mimeType : String
```

留言板的訊息包括日期、作者和留言內容，因此資料表也有這三項欄位，如圖 5.6 所示。當使用者瀏覽留言板時，清單上會顯示每一筆留言的這三個欄位資料；每當使用者留下新留言時，系統會將寄送電子郵件的工作連同使用者名字和留言內容排入佇列。

圖 5.6　留言板資料表

```
Message
author   : String
contents : String
date     : Date
```

## 5.2 頁面設計與功能開發

圖 5.1 的網頁應用程式服務設計主要可由數個網頁和 Servlet 程式組成，以下將介紹各個網頁的頁面和其功能。網頁檔案名稱有 index.jsp、user.jsp、main.jsp、upload_picture.jsp、view_announcement.jsp、post_announcement.jsp 和 guestbook.jsp，這些網頁的功能敘述如下：

- **index.jsp**：主網頁面，分兩個框架，左為使用者頁面，右為公告頁面或留言板頁面。

- **user.jsp**：使用者頁面，網頁上的連結包括登入、登出和上傳圖片連結，顯示的資訊包括使用者大頭照、名字和天氣狀態。
- **main.jsp**：顯示公告清單的頁面，左上方有搜尋公告功能，右上方則是一個留言板入口的連結，管理員登入後會有額外的功能顯示在頁面上，其中一個是新增公告，另一個是刪除公告。
- **upload_picture.jsp**：使用者登入後，點選上傳照片連結時會出現的網頁，可讓使用者上傳自己的大頭照。
- **view_announcement.jsp**：使用者點選公告清單的任一項公告後，系統會顯示該公告發表的標題、時間、內容和附件連結。
- **post_announcement.jsp**：管理員點選 main.jsp 頁面中的新增公告時，系統頁面便會轉向此頁面，讓使用者可填入標題、內容和附加檔案，此頁面並提供兩個以上的附加檔案功能。

- **guestbook.jsp**：留言板的頁面，上方有讓使用者輸入與送出留言的欄位和按鈕，下方則顯示目前留言清單。

以上是在這個範例中的頁面介紹，特別值得一提的是，由於本範例利用 Google 帳號做為認證機制，因此不需要另外製作一個帳號認證頁面，在點選登入連結之後，頁面會自動導向 Google 的帳號登入頁面，使用者正確登入後便會返回本範例的網頁頁面。

除了網頁頁面之外，本範例中大部分的功能都是利用 Google App Engine 的 API 和 JDO 來操作和使用此服務平台的資源，我們將這些功能寫成多個 Servlet 程式，分別有 UploadPictureServlet.java、PostAnnouncementServlet.java、AttachmentServlet.java、DeleteAnnouncementServlet.java、PostMessageServlet.java、MailServlet.java、UserPictureServlet.java 和 WeatherFetchServlet.java（詳細程式碼請參見書附光碟）。每個 Servlet 程式的功能敘述如下：

- **UploadPictureServlet.java**：提供上傳圖片的功能，會檢查圖片的副檔名，並限制上傳圖片格式為 JPEG、PNG 和 GIF。若使用者之前已經上傳過圖片了，那麼再次上傳的圖片則會取代舊的圖片，上傳後的圖片大小會被自動調整成 150 × 150 像素。

- **PostAnnouncementServlet.java**：管理員在 post_announcement.jsp 頁面填寫完成新增公告的內容之後，按下送出公告的按鈕，這個 Servlet 程式會先排除不安全的內容，並且檢查標題和內容是否為空白。若是都有填寫，則會完成送出的動作，並且將暫存資料清空，以確保使用者閱讀公告清單是最新的版本。

- **AttachmentServlet.java**：閱讀公告時，若使用者想下載此公告的某一個附件，在點選連結之後，這個 Servlet 程式會依照該公告的鍵值而從資料庫中讀出這個檔案，並依照該檔案類型正確顯示於目前的網頁上。

- **DeleteAnnouncementServlet.java**：當管理員想要刪除某項公告時，這個 Servlet 程式會取得這項公告的鍵值，並利用此一鍵值刪除公告的內容和之前附加的所有檔案，最後系統將公告的暫存資料清空，讓使用者不會誤以為這項公告還存在。

- **PostMessageServlet.java**：在留言板網頁 guestbook.jsp 填寫留言後，按下送出留言的按鈕後，這個 Servlet 程式會檢查內容是否為空白，接著處理對系統不安全的文字內容，然後將這個留言寫入資料庫。因為開發者設計使用者留言後會將資訊利用電子郵件告訴管理員，所以這個 Servlet 程式最後又呼叫一個排程的 API 將工作放入佇列，並將資訊傳遞給寄送電子郵件的 Servlet 程式。

- **MailServlet.java**：在收到佇列中的寄送電子郵件工作後，會使用 Google App Engine 提供的 Mail API 寄送電子郵件給管理員，告知管理員哪位使用者留了訊息在留言板上。

- **UserPictureServlet.java**：當使用者登入後，系統會檢查是否為第一次登入，否則就會尋找使用者上傳的大頭照並呈現在網頁上；若使用者並沒有上傳過大頭照，那麼系統就會放一張共用的大頭照。

- **WeatherFetchServlet.java**：這個 Servlet 程式從 Google 提供的城市天氣狀態中擷取出需要的資訊，其來源是一個 XML 檔，其中取出六項天氣資料表中的資料，最後在呈現在 user.jsp 中。

上述有些功能是利用網頁上的連結或是按鈕來驅使並作用。例如使用者登入後，會出現上傳大頭照的連結，點選之後出現的是上傳大頭照

的網頁 (upload_picutre.jsp)，這個網頁中的上傳按鈕便是一個功能，寫在檔案 UploadPictureServlet.java 中，所以剛才介紹的網頁、連結和功能彼此都有關聯，這些關係可參見圖 5.7。

這些關係整理並條列如下：

- 使用者在使用者頁面 (user.jsp) 點選登入連結進入 Google 帳號驗證頁面，隨後可自行點選登出連結。
- 使用者在公告清單頁面 (main.jsp) 點選單筆公告閱讀 (view_announcement.jsp) 與點選附件功能 (AttachmentServlet.java)。
- (管理員) 在公告清單頁面 (main.jsp) 點選新增公告連結進入填寫頁面 (post_announcement.jsp)，填寫完畢後按下送出公告的按鈕執行送出功能 (PostAnnouncementServlet.java)。
- (管理員) 在公告清單頁面 (main.jsp) 點選刪除某一筆公告，就會啟動刪除的功能 (DeletAnnouncementServlet.java)。
- 使用者在使用者頁面 (user.jsp) 登入後，點選上傳大頭照頁面的連結，進入該頁面後使用上傳大頭照功能 (UploadPictureServlet.java)。

圖 5.7　網頁與功能的鏈結關係

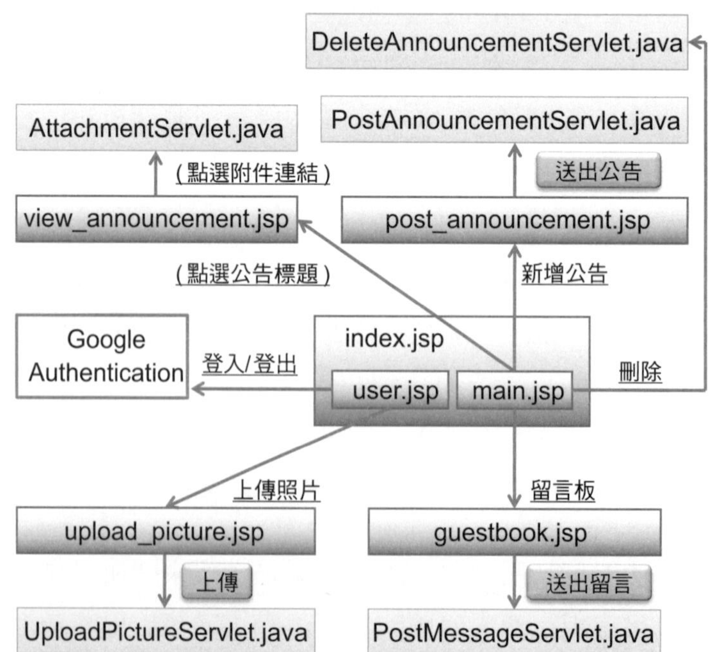

- 使用者在公告清單頁面 (main.jsp) 點選右上方的留言板連結進入該頁面 (guestbook.jsp)，填好留言後按下送出留言的按鈕，便會啟動送出功能 (PostMessageServlet.java)。值得一提的是，這個功能還附帶電子郵件傳送和工作排程功能，由於並非以點選的方式呈現，所以沒有出現在圖 5.7 中。

不過，開發者撰寫的功能有些並非以點選按鈕的方式來啟動，因此不會出現在圖 5.7 中，而這些功能另外參見圖 5.8。首先，使用者送出留言訊息後，電子郵件寄送功能 (MailServlet.java) 會在送出留言時被 API 排入佇列當中，等到佇列中的這個工作排到第一項之後，就會執行寄送電子郵件的服務。其次，使用者登入後，取得大頭照的功能 (UserPictureServlet.java) 便會自動地執行，不需要按任何按鈕或連結。最後，開啟本範例的網頁應用程式服務時，左框架的頁面會自動執行取得天氣狀態的功能 (WeatherFetchServlet.java)，並在頁面上顯示今天的天氣狀況。

在看過本範例的設計後，可以瞭解每個角色與服務之間的主從關係，以及每個行為的前後連動關係。因此，我們區別了三種類型的使用者在使用這個服務時的不同權限，並訂定適合的資料表來表示被儲存的資料內容，更將細部的服務分配到不同的網頁配置和功能設計。接著，將詳細說明網頁和功能所需的程式撰寫技巧。

筆者以上述的網頁和功能之關係為根據，依序介紹本範例的網頁 (.jsp) 和每個功能 (.java)。本範例的出發頁面是 index.jsp，這個擁有兩個框架的頁面放置了 user.jsp 和 main.jsp 兩個頁面，因此先從 user.jsp 頁面開始介紹。user.jsp 頁面主要負責使用者登入、登出、上傳大頭照、

圖 5.8　非點選驅動之功能

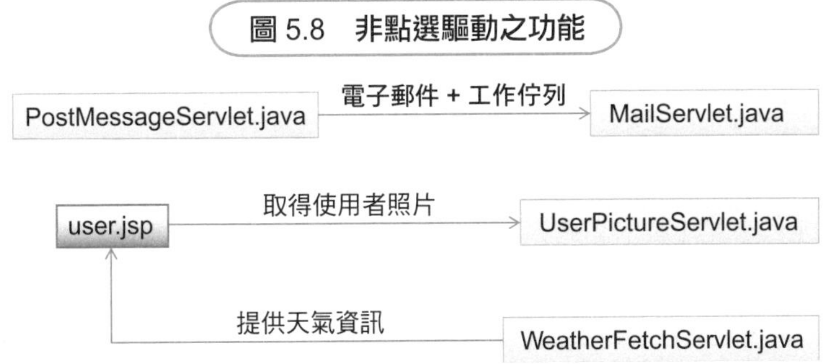

顯示使用者資訊和天氣概況等功能，部分程式碼如下：

```
if (user != null) {
    ...
    <a href="<%=userService.createLogoutURL("/") %>" target="_parent"> 登出 </a>
    ...
    <a href="/upload_picture.jsp" target="_parent"> 上傳照片 </a>
    ...
} else {
    ...
    <a href="<%=userService.createLoginURL("/") %>" target="_parent"> 登入 </a>
    ...
}
...
<img src="/userpicture"></img>
...
<%=user.getNickname()%>
...
Key key = KeyFactory.createKey("Weather", "URLFetchWeather");
Entity weather = null
...
weather = datastore.get(key);
```

一開始先用 if 判斷使用者是否已經利用 Google 帳號登入，若是已經登入，接下來的程式碼便顯示登出和上傳照片的連結 (upload_picture.jsp)。由於是利用 Google 帳號認證，之後可使用 createLogoutURL() 來做登出。若 if 判斷為使用者尚未登入，就會出現登入的連結。同樣地因為是使用 Google 帳號認證，因此使用 createLoginURL() 產生連至

Google 帳號登入頁面的連結。

而不論是登入或尚未登入，系統都會利用 userpicture 功能放上一張大頭照，其撰寫在 UserPictureServlet.java 中；接著在大頭照下方，則會利用 getNickname() 取得並顯示使用者的名字，或只顯示為匿名（尚未登入時）。此網頁最下方是天氣資訊，由於已經事先利用其他 Servlet 程式擷取並存放在資料庫中，因此可以利用 datastore.get() 讀取出事前儲存的資訊並放到網頁下方。

在上述的 user.jsp 中還包括了 upload_picture.jsp 頁面、UserPictureServlet.java 功能和 WeatherFetchServlet.java 功能，接下來將逐一介紹。upload_picture.jsp 的主要內容是一個上傳圖片的表格，部分程式碼如下：

```
<form action="/uploadpicture" method="post"
enctype="multipart/form-data">
   <input type="file" name="userPicture" size="30"><p />
   <input type="submit" value=" 上傳 ">
</form>
```

此網頁主要使用一個表格上的按鈕來處理大頭照的上傳動作，此一功能由 uploadpicture 這個 Servlet 程式提供，在上傳照片時會用 POST 的方式傳送資料。上述的 Servlet 程式撰寫在 UploadPictureServlet.java 中，功能分別是限制檔案類型、儲存使用者的圖片及改變大頭照大小，部分程式碼如下：

```
private List<String> allowedImageTypes = null;
...
allowedImageTypes = Arrays.asList("image/jpeg", "image/
png", "image/gif");
...
if (memberList.isEmpty()) {
...
member.setPicture(new Blob(TransformPicture(picture)),
```

```
        mimeType);
08. ...
09. Transform resize = ImagesServiceFactory.makeResize(150,
        150);
```

其中，第 3 行列出可接受的檔案格式，後續藉由比對檔案格式而可接受或拒絕使用者上傳的圖片。如果使用者上傳支援的圖片格式，便會從資料庫取出使用者資訊到 memberList 中，並透過 if (memberList.isEmpty()) 判斷該使用者是否上傳過大頭照（第 5 行），若否就在資料庫中新增大頭照，否則將做更新。不論新增或更新大頭照，都會利用 Google App Engine 提供的 API，將使用者上傳的大頭照之像素改成 150 × 150（第 9 行），再將結果回傳給 setPicture() 以更新圖片（第 7 行）。至此，上傳大頭照的動作就此結束，網頁頁面將導回服務的主畫面。

接著介紹 UserPictureServlet.java，那是一個將使用者大頭照顯示在網頁上的功能，部分程式碼如下：

```
01. if (user != null){
02.     ...
03.     if (!memberList.isEmpty()) {
04.         ...
05.         resp.getOutputStream().write(member.getPicture().
            getBytes());
06.         ...
07.     }
08. }
09. ...
10. resp.getOutputStream().write(GetNoPic());
```

當系統判斷有使用者登入時，會利用 memberList.isEmpty() 來確認使用者是否之前有上傳過大頭照（第 3 行），若有就將使用者的大頭照顯示於網頁上（第 5 行），否則會利用 GetNoPic() 取得公用圖片（第 10 行）。

另一個為 WeatherFetchServlet.java 功能，可用來取得外部天氣資訊並儲存到資料庫中。取得外部天氣是透過外部連結提供的資訊所完成，部分程式碼如下：

```
01. URL url = new URL("http://www.google.com/ig/api?weather=
    新竹市 &hl=zh-tw");
02. ...
03. DatastoreService datastore = DatastoreServiceFactory.get-
    DatastoreService();
04. Key key = KeyFactory.createKey("Weather", "URLFetch-
    Weather");
05. ...
06. Entity weather = null;
07. ...
08. weather = datastore.get(key);
09. ...
10. datastore.put(weather);
```

其中，第 1 行程式碼是一個新竹市天氣的連結資訊，下載後會得到一個包含天氣資訊的 XML 檔，接著應用程式解析這個 XML 以取得開發者設計之資料表所需的欄位資料，隨後宣告一個 DatastoreService 取得資料庫實體（第3行），找到儲存天氣資料的鍵值和相關欄位。接著，將這些欄位內的資料更新成最新擷取到的資料，並利用 datastore.put() 將天氣的資料存入資料庫中（第 10 行）。

以上為主網頁左框架的內容，而右框架則放置了 main.jsp 網頁，內容顯示搜尋欄位、目前的公告清單及留言板連結，部分程式碼如下：

```
if (searchKeyword != null) {
    ...
    <a href="main.jsp" target="_self"> 返回公告欄 </a>
    <span> 搜尋關鍵字：<%=searchKeyword%> </span>
    ...
```

```
05. }
06. ...
07. if (cache.containsKey("annou-cache") && searchKeyword
    == null) {
08.     list = (List<Map<String, String>>) cache.get("annou-
        cache");
09. } else {
10.     ...
11. }
12. ...
13. if (user != null && userService.isUserAdmin()) {
14.     ...
15.     <a href="deleteannouncement?annou-key=<%=each.
        get("key")%>"> 刪除 </a>
16.     ...
17.     <a href="post_announcement.jsp"> 新增公告 </a>
18. }
```

第 1 行先判斷有無搜尋的請求，若是有，則列出搜尋結果；如果沒有，則利用「if (cache.containsKey("annou-cache") && searchKeyword == null)」判斷暫存資料中是否有資料。這是為了減少每次顯示公告清單都要搜尋資料庫的資料使用量。如果有資料，那麼公告清單就會直接顯示內容；若沒有，則進入上述「if 判斷式的 else（第 9 行），在暫存資料中重新建立公告清單。第 13 行的「if (user != null && userService.isUserAdmin())」將判斷目前使用者身分是否為管理員，若是則會出現刪除和新增公告的連結。

如前所述，刪除公告的功能撰寫在 DeleteAnnouncementServlet.java 中，目的在把資料庫和清單中的該筆公告刪除，部分程式碼如下：

```
if (user == null || !userService.isUserAdmin()) {
    ...
}
```

```
04. Key key = KeyFactory.stringToKey(req.getParameter("annou-key"));
05. ...
06. query.setFilter("key == keyParam");
07. query.declareParameters(Key.class.getName() + " keyParam");
08. List<Announcement> announcements = (List<Announcement>) query.execute(key);
09. Announcement a = announcements.iterator().next();
10. pm.deletePersistent(a);
11. ...
12. cache.remove("annou-cache");
```

首先，利用一個 if 判斷式確認目前的使用者身分，若為管理員則可以繼續；接著取得欲刪除的公告之鍵值，並利用 deletePersistent() 將這筆公告從資料庫中刪除（第 10 行）。一旦刪除某一公告，暫存資料也會被清空，後續的動作是重新取得公告清單，但這並沒有撰寫在此項功能中。

此外，main.jsp 亦可連結到三個網頁，分別是閱讀公告 (view_announcement.jsp)、新增公告 (post_announcement.jsp) 和留言板 (guestbook.jsp)。view_announcement.jsp 的內容是取得被點選的公告之鍵值後顯示該筆公告內容，部分程式碼如下：

```
Key key = KeyFactory.stringToKey(request.getParameter("annou-key"));
PersistenceManager pm = PMF.get().getPersistenceManager();
Query query = pm.newQuery(Announcement.class);
query.setFilter("key == keyParam");
query.declareParameters(Key.class.getName() + "keyParam");
List<Announcement> announcements =
```

```
    (List<Announcement>) query.execute(key);
07. Announcement a = announcements.iterator().next();
08. ...
09. <a href="/attachment?attach-key=<%=KeyFactory.keyToString(each.getKey())%>"><%=each.getFilename()%></a>
```

第 1 行儲存了這項公告的鍵值，並利用後六行的程式碼查詢公告資料表，找出該筆資料的標題、內容和日期，供使用者閱讀公告內容。若是有附加檔案，使用者點選附加檔案連結時，最後一行程式碼會執行下載附加檔的 Servlet 程式，接下來將介紹本功能。

下載附加檔的 Servlet 程式撰寫在 AttachmentServlet.java 中，內容是根據公告的資料找出附加檔，部分程式碼如下：

```
Key key = KeyFactory.stringToKey(req.getParameter("attach-key"));
PersistenceManager pm = PMF.get().getPersistenceManager();
Query query = pm.newQuery(Attachment.class);
query.setFilter("key == keyParam");
query.declareParameters(Key.class.getName() + "keyParam");
List<Attachment> attachments = (List<Attachment>) query.execute(key);
Attachment a = attachments.iterator().next();
...
resp.setCharacterEncoding("utf-8");
resp.setContentType(a.getMimeType());
resp.addHeader("Content-Disposition", "filename=" + a.getFilename());
resp.getOutputStream().write(a.getFile().getBytes());
```

第 3 行宣告一個對附加檔案資料表進行的查詢，並在第 4 行至第 6 行設定查詢目標，之後找到這個附加檔案的內容，給予編碼、檔案型態等資料並顯示於網頁上，網頁瀏覽器就會自動根據這些訊息讓使用者打開這些附加檔案。若附加檔是圖檔，網頁瀏覽器會自動顯示在畫面上，如果是壓縮檔，瀏覽器會詢問使用者儲存位置。

main.jsp 的第二個網頁連結是管理員的新增公告權限。只有當管理員登入之後，main.jsp 頁面才會出現新增公告的連結。點選這個連結後將開啟 post_announcement.jsp 所呈現的頁面，其中包含填寫公告的標題、內容及想要附加檔案的連結，部分程式碼如下：

```
01. <form action="/postannouncement" method="post"
    enctype="multipart/form-data">
02.     <div style="display: inline"> 標題：</div>
03.     ...
04.     <div style="vertical-align: top; display: inline;"> 內容：
        </div>
05.     ...
06.     <a href="javascript:another_attachment()"> 增加附檔
        </a>
07.     ...
08.     <input type="submit" value=" 送出公告 "></input>
09. </form>
```

基本上，這個頁面提供一個表格，並附加一個按鈕，點擊之後會將表格中的資料利用 PostAnnouncementServlet.java 提供的功能執行新增公告的動作，因此第 1 行是利用 POST 的方式將資料送給 postannouncement 這個 Servlet 程式，而被送出的就是表格內其餘的程式碼，取得的資料包括公告標題、公告內容和附加一個或多個檔案的程式碼。其中，another_attachment() 是新增一個或多個附加檔的 javascript 函式。

撰寫 PostAnnouncementServlet.java 的目的是為了將新的公告資料存入資料庫中，同時清除暫存資料，部分程式碼如下：

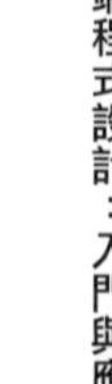



```
01. title = title.replace(“<”, “&lt;”).replace(“>”, “&gt;”);
02. contents = contents.replace(“<”, “&lt;”).replace(“>”, “&gt;”);
03. ...
04. pm.makePersistent(announcement);
05. ...
06. cache.remove(“annou-cache”);
```

在取得管理員輸入的公告標題和內容後，有安全議題的文字會在第 1 行和第 2 行替換掉，接著利用 makePersistent() 將標題和內容儲存後寫入資料庫中（第 4 行）。為了讓使用者能閱讀最新的公告清單，remove() 會清除暫存的公告清單（第 6 行），再由 main.jsp 將公告清單填入暫存資料中。

main.jsp 提供的第三個連結可連到留言板，這個網頁撰寫在 guestbook.jsp 中，其結構是上方有一個留言區塊和送出留言的按鈕，下方是留言清單以記錄每個人的留言資料，內容包括時間、名字和留言內容。與上個範例類似的地方是，這個部分同樣附加一個按鈕在表格上，因此送出留言時也會執行一個 Servlet 程式，部分程式碼如下：

```
<form action=“/postmessage” method=“post”>
    <input type=“text” name=“content” size=“60” />
    <input type=“submit” value=“ 送出留言 ” />
</form>
...
String query = “select from” + Message.class.getName() +
“order by date desc”;
...
for (Message msg : messages) {
    ...
    <div class=“col”><%=sdf.format(msg.getDate())%>
    </div>
    <div class=“col”><%=msg.getAuthor()%> :</div>
    <div class=“col”><%=msg.getContents()%></div>
```

```
13.     ...
14. }
```

第 1 行撰寫了這個表格利用 POST 的方法，將留言的內容送給 postmessage 這個 Servlet 程式，接著是對留言資料庫做查詢，並逐筆將留言資料條列出來，例如用 for each 的方式搭配 getDate()、getAuthor() 和 getContents()，將每一筆留言的時間、作者和內容列出。

上述的留言網頁將資料傳送給一個撰寫在 PostMessageServlet.java 中的 Servlet 程式，此一功能會檢查送出的留言內容是否為空白，若否會先排除系統安全問題，接著儲存作者。若是未登入的使用者留言，就會將作者資料以匿名取代，接著將這些資料存入資料庫中。由於最初的設計是將留言寫入資料庫後，把這個訊息利用電子郵件傳送給管理員，所以這個傳送工作會先被排到佇列中，並啟動郵件功能，部分程式碼如下：

```
01. if(content.equals(“”)){
02.     ...
03. }
04. content = content.replace(“<”, “&lt;”).replace(“>”, “&gt;”);
05. ...
06. pm.makePersistent(msg);
07. ...
08. Queue queue = QueueFactory.getDefaultQueue();
09. queue.add(TaskOptions.Builder.withUrl(“/mail”).
    method(Method.POST)
10.     .param(“message-content”, content)
11.     .param(“message-author”, author));
```

首先利用 if 判斷式檢查留言內容，若是空白則返回留言板，若否則使用 replace() 替換掉有安全疑慮的文字，接著將使用者的留言透過 makePersistent() 執行寫入資料庫。因為我們欲將有使用者留言的這件事情告訴管理員，因此第 9 行的 add() 會將啟動電子郵件寄送服務加入工作排程中，並將使用者的名字和留言內容透過 POST 的方式傳送給電子郵件寄送服務，其撰寫在 MailServlet.java 中。

MailServlet.java 這個 Servlet 程式使用到 Google App Engine 的 Mail API，將利用 POST 取得之使用者姓名和留言內容寄送給管理員，部分程式碼如下：

```
MailService mailService = MailServiceFactory.getMailService();
MailService.Message msg = new MailService.Message(
    "cloud.app.tester@gmail.com",
    "cloud.app.tester@gmail.com",
    author + " has posted a new message.",
    content);
...
mailService.send(msg);
```

首先取得一個郵件實體，宣告該服務的 Message 儲存了寄件人、收件人、郵件主旨和郵件內容，接著將這些訊息利用 send() 送出，如此一來管理員便會收到有使用者留言的消息。

截至目前，已經介紹了此一網頁應用程式的整體架構、網頁設計和各個功能，接著我們將程式部署到 Google App Engine 服務平台上，並將此服務取名為 cloud-app-tester-gae，以下將逐一說明每個頁面和功能所呈現的效果。

##  5.3 完成整合並使用應用程式

開啟瀏覽器並在網址列輸入 http://cloud-app-tester-gae.appspot.com/，便可開啟剛才部署的網頁頁面（圖 5.9），首先看到的是 index.jsp 所呈現的頁面，內有左框架的 user.jsp 頁面和右框架的 main.jsp 頁面。由於尚未登入，因此使用者名稱顯示為 Anonymous，大頭照為共用圖片，上方有一「登入」連結，點選後可看到 Google 帳號登入頁面，只

圖 5.9　網頁應用程式服務之主頁面

搜尋公告　搜尋　留言板

公告欄

2011-06-21 15:46:59　天氣炎熱，請注意補充水分
2011-06-21 15:43:41　期末送舊照片
2011-06-21 15:42:56　期末考
2011-06-21 15:41:39　畢業典禮照片
2011-06-21 15:38:58　第三篇公告
2011-06-18 19:48:14　title
2011-06-18 19:34:58　第一篇測試公告

資料來源：擷取自 http://cloud-app-tester-gae.appspot.com/。

要利用 Google 帳號登入便可使用本範例的服務。主頁面的左框架下方顯示剛才從資料庫中查詢到的天氣狀況，也是安排每兩個小時就擷取天氣資訊的結果，因此兩個小時後又能看到更新的天氣狀態。至於主頁面的右框架，則顯示了公告清單、搜尋公告的欄位和留言板的連結。

一般使用者登入後可看到上傳照片的連結，也可看到自己的名稱顯示在大頭照下方，如圖 5.10 所示。其中，圖 5.10(a) 是使用者還沒上傳照片時使用的公用圖片，圖 5.10(b) 是第一次上傳大頭照後的顯示圖示，圖 5.10(c) 則是第二次上傳大頭照當做更新的結果。後兩者分別是

圖 5.10　使用者大頭照：(a) 尚未上傳；(b) 第一次上傳；(c) 第二次上傳則視為更新

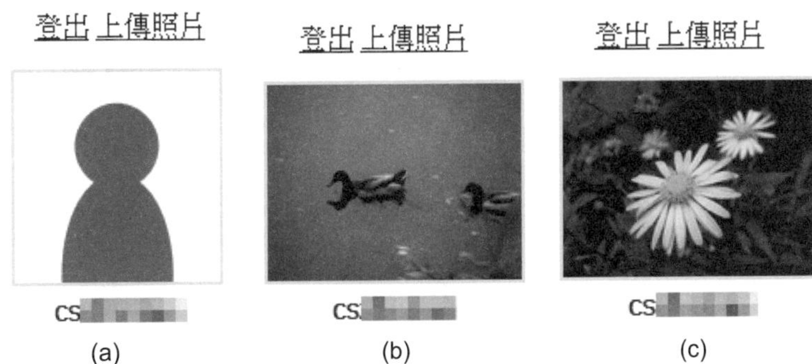


資料來源：擷取自 http://cloud-app-tester-gae.appspot.com/。

上傳 2048 × 1536 像素和 2816 × 2112 像素的照片後被縮小的結果。

主頁面的右框架中顯示了目前的公告清單，使用者點選後便可進入閱讀公告（圖 5.11），畫面上的資料是由資料庫依照公告的鍵值，自公告資料表中讀取出標題時間和內容的結果。

**圖 5.11　閱讀公告頁面**

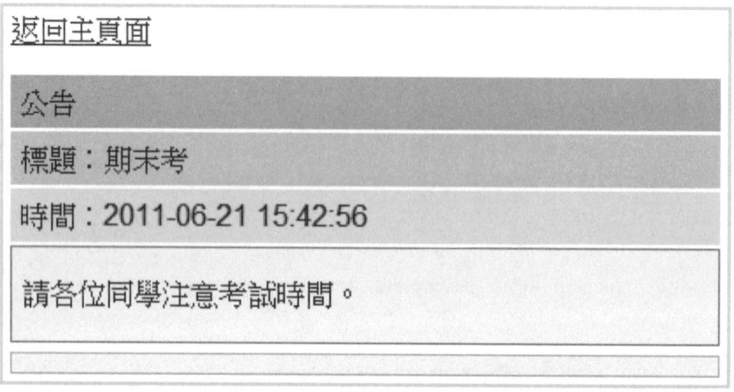

返回主頁面
公告
標題：期末考
時間：2011-06-21 15:42:56
請各位同學注意考試時間。


資料來源：擷取自 http://cloud-app-tester-gae.appspot.com/。

若要在主畫面中搜尋有關「期末」的公告，可於「搜尋公告」列中鍵入「期末」二字，按下「搜尋」即可看到所有含有「期末」二字的的公告時間和標題（圖 5.12）。

**圖 5.12　查詢公告結果頁面**

搜尋公告　搜尋　留言板

返回公告欄 搜尋關鍵字：期末

2011-06-21 15:43:41　期末送舊照片

2011-06-21 15:42:56　期末考

資料來源：擷取自 http://cloud-app-tester-gae.appspot.com/。

在主網頁中，使用者還可以點入右上方的留言板連結可進入留言板網頁，並且看到其他人的留言內容（圖 5.13）。若有使用者發表留言，管理員的電子郵件信箱將會收到這些使用者在服務中留言的通知訊息，如圖 5.14 所示。

圖 5.13　留言板內容頁面

返回主頁面

Google App Engine 真好用　送出留言

留言板

2011-06-21 17:26:02 Anonymous : Google App Engine 萬歲

2011-06-21 17:21:45 cs　: 把服務架設在Google App Engine很方

2011-06-21 17:18:38 cs　: 圖書館很多人

2011-06-21 17:18:26 cs　: 期末考加油

2011-06-21 17:17:19 cs　: 第一個留言板的留言

資料來源：擷取自 http://cloud-app-tester-gae.appspot.com/。

圖 5.14　管理員收到留言通知電子郵件

資料來源：擷取自 http://cloud-app-tester-gae.appspot.com/。

管理員登入服務後，可以進行刪除和新增公告的功能（圖 5.15），每一項公告左邊都有刪除連結，點選後便能刪除同列的公告。左下方則是一個導引管理員到新增公告頁面的連結，點選後管理員便能填寫公告標題、內容和附加多個檔案，如圖 5.16 所示。在此，我們填入簡單的標題和內容，並附上三個檔案。

返回公告網頁後即可發現公告清單已經進行更新（圖 5.17），這是因為管理員在發送公告後，系統會將暫存資料清除，重新讀取公告清單，讓使用者能讀到最新的公告，以減少系統存取資料庫的使用量。使用者點選管理員新增的公告後，可以看到剛才填寫的內容和附加檔案，

圖 5.15 管理員登入之公告管理畫面

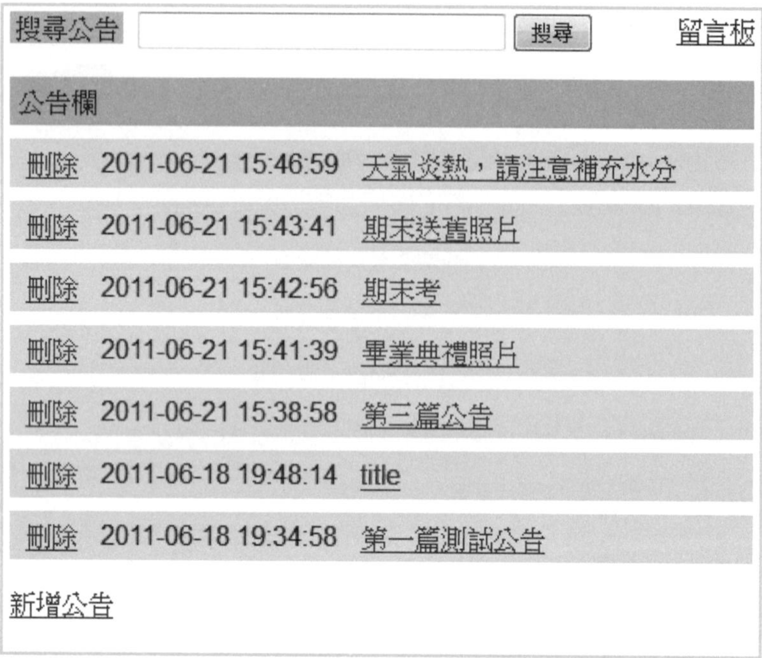

搜尋公告 [ ] 搜尋 留言板

公告欄

| | | |
|---|---|---|
| 刪除 | 2011-06-21 15:46:59 | 天氣炎熱，請注意補充水分 |
| 刪除 | 2011-06-21 15:43:41 | 期末送舊照片 |
| 刪除 | 2011-06-21 15:42:56 | 期末考 |
| 刪除 | 2011-06-21 15:41:39 | 畢業典禮照片 |
| 刪除 | 2011-06-21 15:38:58 | 第三篇公告 |
| 刪除 | 2011-06-18 19:48:14 | title |
| 刪除 | 2011-06-18 19:34:58 | 第一篇測試公告 |

新增公告

資料來源：擷取自 http://cloud-app-tester-gae.appspot.com/。

圖 5.16 管理員新增公告頁面

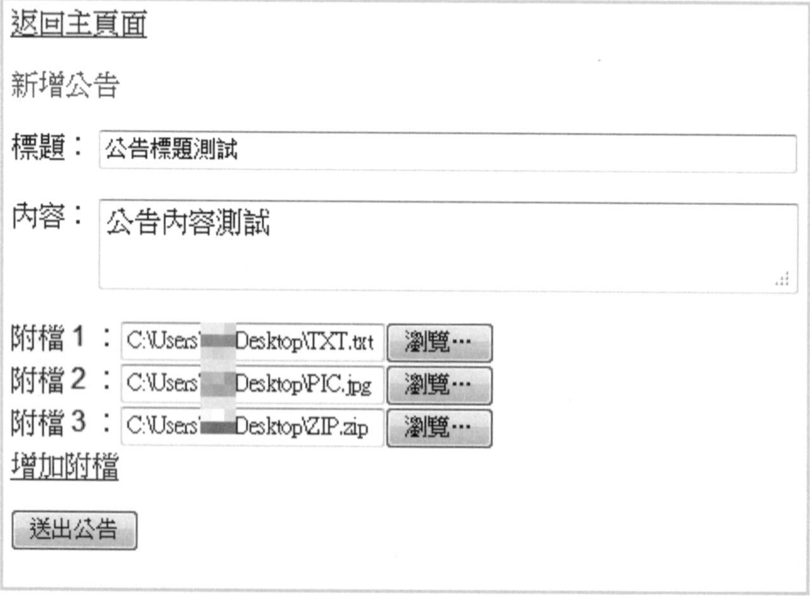

返回主頁面

新增公告

標題：公告標題測試

內容：公告內容測試

附檔 1：C:\Users\ Desktop\TXT.txt 瀏覽…

附檔 2：C:\Users\ Desktop\PIC.jpg 瀏覽…

附檔 3：C:\Users\ Desktop\ZIP.zip 瀏覽…

增加附檔

送出公告

資料來源：擷取自 http://cloud-app-tester-gae.appspot.com/。

圖 5.17　公告新增完畢之更新畫面

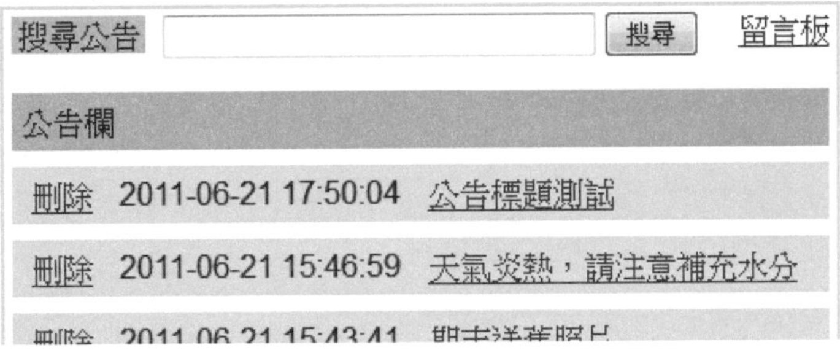

搜尋公告 [搜尋] 留言板

公告欄

刪除 2011-06-21 17:50:04 公告標題測試

刪除 2011-06-21 15:46:59 天氣炎熱，請注意補充水分

刪除 2011-06-21 15:43:41 期末送舊照片

資料來源：擷取自 http://cloud-app-tester-gae.appspot.com/。

圖 5.18　閱讀最新公告

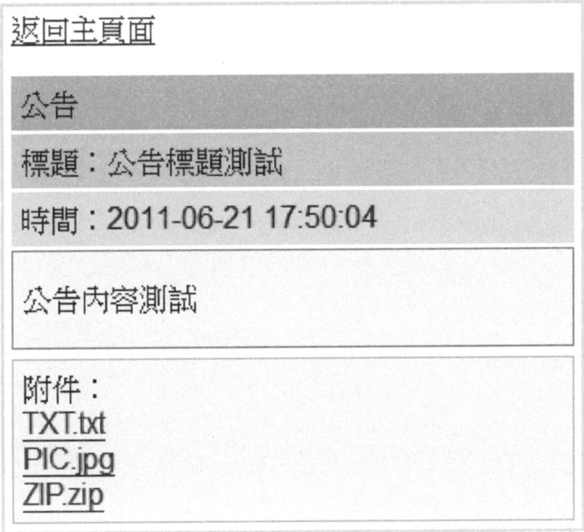

返回主頁面

公告

標題：公告標題測試

時間：2011-06-21 17:50:04

公告內容測試

附件：
TXT.txt
PIC.jpg
ZIP.zip

資料來源：擷取自 http://cloud-app-tester-gae.appspot.com/。

並可點選檔案連結進行下載，如圖 5.18 所示。

以上便是整個網頁服務的展示效果。本章一開始先對整個範例的架構做規劃，進而介紹相關頁面檔案的命名與程式碼，接著介紹在這些程式碼中所使用到之數個 Servlet 程式的功能與其檔案的命名，這些功能提供了服務所需的各種動作。讀者可以搭配圖 5.7 和圖 5.8 來瞭解頁面導引的方向和使用的功能之間的關係，更有助於瞭解如何在 Google App Engine 上撰寫網頁應用程式之服務。

## 習　題

1. 請比較本範例中固定擷取天氣狀態的工作排程和傳送留言的電子郵件工作排程在功能上的不同之處。
2. 試說明如何將暫存資料功能整合到留言板頁面中。
3. 試說明管理員新增公告時，如何將這個訊息利用電子郵件告知使用者。
4. 試說明本範例中每個頁面和 Servlet 的關聯。
5. 若由你來開發一個服務並部署在 Google App Engine 服務平台，試說明你會如何設計與撰寫這個服務。



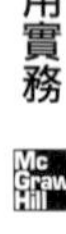

# MapReduce

第二篇

雲端運算環境透過虛擬化技術，整合分散式資源，形成一個龐大的虛擬資源池 (Resource Pool)，以提供各式的資訊服務。為實現大規模分散式運算及相關資料處理技術，Google 提出了雲端運算的概念，並開發出 MapReduce 技術來處理大量的數據資料；其後，Apache 亦提出一個開放源 Hadoop 專案，以期達到可靠、具延展性的分散式計算，其中 MapReduce 技術再度成為此專案中處理大量數據資料的程式模式及軟體架構。MapReduce 隱藏了平行運算的細節，並具有容錯、負載平衡等優點，因此本篇將先簡介何謂 MapReduce，接著說明 MapReduce 技術的運算原理及資料處理流程，最後則介紹 MapReduce 於雲端運算上的應用。

第六章

# 認識 MapReduce



近年來隨著網路技術的發展及個人電腦的普及，透過網路提供服務的大型企業面臨新的挑戰，它們必須有效率地處理與日俱增的數據資料，也需要考量系統管理、容錯、負載平衡及延展性等問題，而雲端運算正好具備了這些特性。因此，Google 發表了一套新的系統架構平台，其包含 MapReduce、Google File System 及 BigTable 等三種主要技術，以達到雲端運算的需求。其中，MapReduce 是一套新的平行程式架構，用來平行處理大量的數據資料，並縮短資料處理時間。在這個架構中，程式開發者只需依照 MapReduce 架構，其程式便可自動平行化，而且系統平台會自動處理檔案管理、容錯、負載平衡等議題，因而減少了程式開發的複雜度，讓程式開發者專心於開發雲端程式。

本章首先將介紹何謂 MapReduce，帶大家認識 MapReduce 架構，並說明其運作流程及如何達到平行化；接著介紹 MpaReduce 的功能與特性；最後分析 MapReduce 架構所適用的環境，以及如何使用 MapReduce 架構於雲端運算中。

# 6.1 何謂 MapReduce

當資訊科技愈來愈發達，數位化的數據資料也愈來愈龐大。例如，證券交易所每日交換的數據資料、臉書 (Facebook) 每日所累積的交換訊息、網際網路上存放的數據資料等，無不與日俱增。為此，Google 提出 MapReduce 的軟體架構，以平行處理大量的數據資料。隨著 MapReduce 架構的成功，Apache 及雅虎 (Yahoo) 在開發 Hadoop 專案時亦採用 MapReduce 的軟體架構，以期達到可靠、具延展性的分散式計算處理能力。

MapReduce 處理大量數據資料的運算方式，採用了類似分治法 (Divide-and-Conquer) 的觀念，亦即先將具大量運算需求的資料分解成多個資料片段 (Splits)，然後分別進行平行運算，最後再將這些平行運算後的結果進行彙整。在 MapReduce 的軟體架構中，一個問題所需處理的大量數據資料可以透過兩個步驟——Map（映射）和 Reduce（化簡）——進行處理，而整個 MapReduce 過程可以透過雲端運算的平台（例如 Hadoop）執行。在 Hadoop 架構中，客戶端 (Client) 運算節點將 MapReduce 程式配置到可以提供服務的運算節點，透過這些運算節點執行 Map 函式以處理個別資料片段，然後將 Map 函式處理的結果運送到執行 Reduce 函式的運算節點上做彙整，最後再輸出彙整後的最終結果，以達到大量平行處理的效果。如圖 6.1 所描述的例子，我們希望統

圖 6.1 MapReduce 概念圖

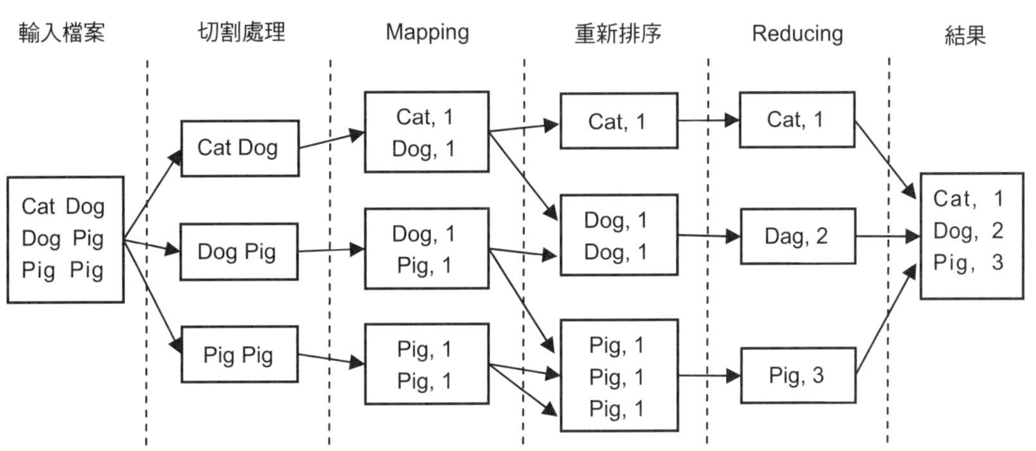

計一個數據資料檔案中各個字詞出現的次數，所以將待處理的數據資料檔案分成三份，先經 Map 步驟處理，處理完畢後重新排序，再透過 Reduce 步驟產生最後結果。

##  6.2 MapReduce 的基本原理

如前所述，MapReduce 的基本架構包含兩個步驟：Map 和 Reduce。在 Map 步驟中，會透過一個 Map 函式將一組鍵／值 (Key/Value) 映射到暫時產生的另一組中間鍵／值，而此一中間鍵／值將會傳送到 Reduce 函式。接著，透過 Reduce 函式將具有相同中間鍵的中間值彙整在一起，進而產生所需的結果。因此，可針對一個大型數據資料檔案統計某個關鍵字出現的次數，例如欲統計「google」這個字出現的次數，可以利用 10 個 Map 函式將此大型數據資料檔案分成數份，並分別送到這 10 個 Map 函式處理，然後將各份統計出來的次數透過 Reduce 函式彙整，進而統計出「google」這個字出現的次數。此一作法在資源充足的情況下，可以將處理時間大約縮短至十分之一左右。

利用函式類型撰寫的程式即可自動達到平行執行的目的。運算系統執行時，將會分配輸入數據資料、跨運算節點執行程式、處理運算節點失效，以及進行運算節點間的通訊傳遞，讓使用者可以不必擔心平行及分散式系統的處理細節，進而提升分散式計算系統的效能。

實務上，Google 係採用 GFS 檔案系統儲存資料，而 Hadoop 則是採用 Hadoop Distributed File System (HDFS) 檔案系統儲存資料。雖然兩者有所差異，但是所採取的 MapReduce 執行概念是相同的。如圖 6.2 所示，其過程如下：

1. 當使用者的程式呼叫 MapReduce 程式之後，MapReduce 開始分割待處理的數據資料，將之切割成數個資料片段，然後複製 MapReduce 程式到各個運算節點上。
2. 在這些被複製的 MapReduce 程式中，有一個運算節點（在 Google 架構中稱為 Master）會負擔起分配資料片段的工作，其他運算節點（在 Google 架構中稱為 Worker）則負責執行被分配的工作。因此，

圖 6.2　MapReduce 的基本原理運作圖

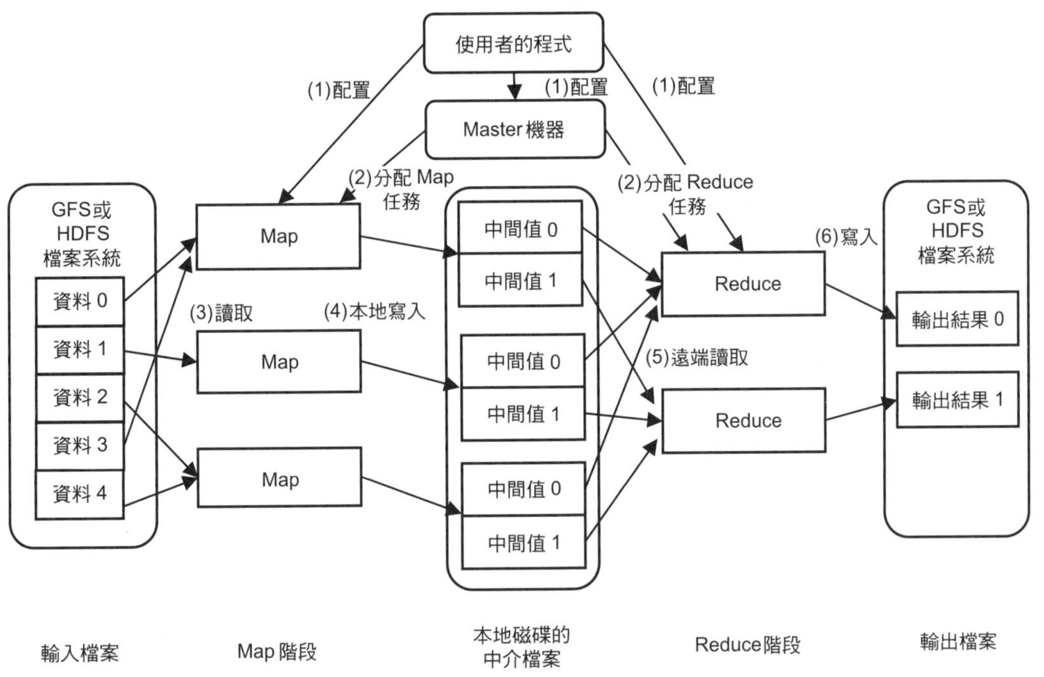

Master 分配 Map 與 Reduce 函式到有空閒的 Worker 上執行。

3. 被分配到 Map 工作的 Worker 會開始讀取相對應的資料片段，解析每一組鍵／值，然後透過 Map 函式產生一組中間鍵／值，並存放於記憶體之中。
4. 這些中間鍵／值會寫入該運算節點的硬碟中，然後通知執行 Reduce 步驟的 Worker。
5. 當一個執行 Reduce 的 Worker 收到通知之後，會利用遠端程序呼叫 (Remote Procedure Call, RPC) 讀取各個運算節點的硬碟中所存放之中間鍵／值。當 Reduce 的 Worker 讀取完全部所需的中間鍵／值，就利用中間鍵進行排序，將具有相同中間鍵的中間值彙整起來，並執行 Reduce 函式。
6. 將最後結果寫入檔案系統。

當所有的 Map 函式及 Reduce 函式都完成工作時，Master 負責將控制權交還給使用者程式，繼續執行其餘的工作。

在簡單介紹完 MapReduce 的工作原理後，我們將在下一節介紹 MapReduce 的特性。

## 6.3 MapReduce 的特性

MapReduce 架構可以透過各種系統架構實現，包括具有共享儲存設備的叢集運算系統、高效能多處理機運算系統，以及透過網路連結之分散式運算系統。有關 MapReduce 架構的各項特性及處理錯誤之機制說明如下。

**1. MapReduce 架構可以提供高度的可靠性運算**

MapReduce 架構將大量數據資料分割成資料片段，分配給各個運算節點進行平行運算，所以在各個資料片段沒有相依性的情況下，任何資料片段的處理失誤都不會影響其他資料片段的處理。在 MapReduce 架構中，每個運算節點會定期回報已完成的工作及狀態。如果其中某個運算節點超過預設時間未回報訊息，則被視為失誤，Master 會將此運算節點原先處理的資料片段分配到其他運算節點重新處理，藉此來確保高度可靠的運算。



**2. MapReduce 架構可以提供容錯機制**

由於 MapReduce 架構中會有大量的運算節點同時運作，難免會有部分運算節點失誤，導致無法執行所分配的工作，因此特別針對容錯機制設計一套處理策略。Master 會定期詢問各個 Worker 的狀態，如果超過預設時間未收到某些 Worker 的狀態，這些 Worker 就被視為失效，Master 便將它們負責的工作及資料片段分配到其他 Worker 重新執行。若是 Master 本身失效，處理方式會比較複雜。首先，MapReduce 架構會讓 Master 定期儲存執行狀況，當 Master 失效時，MapReduce 可以讓使用者檢查上一次儲存的狀況，並重新啟動 MapReduce 程式。

**3. MapReduce 架構可以降低網路傳輸的頻寬需求**

MapReduce 架構將大量的數據資料存放於分散式儲存系統中

（Google 將這些數據資料存放於 Google File System (GFS)），當 Master 分配 Map 函式到各個 Worker 時，會考量存取較近的資料片段，以便節省傳輸頻寬。同時，資料片段會先傳送到各個 Worker 的本地硬碟存放，以便進行後續處理；而透過本地讀取數據資料的方式，也可降低資料傳輸的頻寬需求。另外，GFS 亦將每個數據資料檔案分割成固定大小（在 GFS 中預設是 64 M）的區塊 (Chunk)，然後產生備份（在 GFS 中預設是三個備份）散布於各個運算節點，以便提供容錯功能。

**4. MapReduce 架構可以提供負載平衡**

MapReduce 架構中的某些運算節點可能會需要較長的時間完成工作，甚至少數異常的運算節點無法完成所負責的工作，結果拖累整體工作的完成時間。因此，當 MapReduce 即將結束工作時，Master 會檢視還有哪些工作尚未完成，並將還在某些運算節點處理中的工作分配給其他空閒的運算節點進行同步運算。如果正常的運算節點或重新被分配的備用運算節點完成工作，Master 就註記這個工作已執行完畢，以便加速整體工作的完成時間。雖然此種作法會增加運算資源的浪費，卻可以明顯縮短工作完成的時間。

## 6.4 從雲端看 MapReduce

2006 年，Google 首先提出雲端運算的概念；接著 2007 年，Google 與 IBM 合作，開始在美國包括卡內基美隆大學、麻省理工學院、史丹佛大學、加州大學柏克萊分校及馬里蘭大學等學校推廣雲端運算計畫。其中，MapReduce 架構可謂是雲端計算環境一個非常好用的工具，它提供了一般使用者處理大量數據資料的環境。後來，Hadoop 專案的成立更進一步使用 MapReduce 架構來實現大量數據資料的能力。基本上，MapReduce 架構比較適合批次作業的處理方式，因為其各個資料片段間並沒有資料相依性，所以可以提高 MapReduce 的處理效能，尤其是僅寫入一次、但需讀取多次數據資料的應用程式，更可突顯 MapReduce 架構的優勢。相較之下，針對連續更新數據資料內容的應用程式，MapReduce 就顯得力不從心。

目前 MapReduce 架構已大量被應用在雲端運算環境中，以處理大量數據資料。MapReduce 的應用層面非常廣泛，舉凡簡單的計數、大量數據資料的分析統計、大量資料的排序彙整、網頁反向連結索引、網頁存取紀錄的分析等皆可快速、有效率地處理。

在簡短介紹 MapReduce 的概念之後，以下章節將利用 Hadoop 專案的環境開發個人的 MapReduce 應用程式。在此之前，我們先在第七章介紹 Hadoop 專案的三個重要元素：Hadoop Distributed File System (HDFS)、Hadoop MapReduce 及 HBase，以便進一步瞭解 Hadoop 專案的環境。

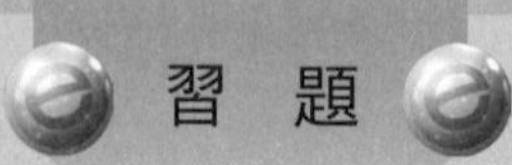

## 習　題

1. 試繪出 MapReduce 軟體架構的運作流程，並說明各步驟的功能。
2. 試說明 MapReduce 對於平行處理大量資料的好處。
3. 試說明 MapReduce 的容錯機制如何實現。
4. 試說明 MapReduce 在開發應用程式時須留意哪些事情。

第七章

# 認識 Hadoop



Google 提出多種雲端運算的技術，而其所提供的服務也使用這些技術來處理數據資料。然而，這些技術並沒有開放原始碼，Google 也未直接提供雲端平台的服務，使得這些雲端技術只能在 Google 內部運作，限制了企業及個人發展私有雲端運算平台的機會。這些問題直到 Apache Hadoop 專案的成立才獲得解套。Apache Hadoop 實作了 Google 相關概念的技術，包含使用 Hadoop Distributed File System (HDFS) 管理巨量檔案，並在 HDFS 上實作 MapReduce 架構及 HBase，以分別提供平行處理及資料庫管理。此外，Hadoop 專案中許多子計畫可以進一步改善效能，而且它還開放這些技術的原始碼，讓企業及一般使用者可以快速地架構私有雲端平台，並根據需求開發應用調整相關設定，以在其平台上開發服務，對雲端運算的普及有重大的貢獻。

本章將以 Apache Hadoop 為主，首先介紹 Hadoop 的由來及 Hadoop 的基本架構，接著說明 Hadoop 系統中 MapReduce、HDFS 及 HBase 的架構、特性與運作流程等。

## 7.1 何謂 Hadoop

Hadoop 的發起人為 Dong Cutting，為一位全文索引及檢索的專家，同時也是許多搜尋引擎的主要開發者。Hadoop 的發展可以追溯到由 Dong Cutting 所開發的 Lucene，那是一套開放原始碼的純 Java 應用程式介面，提供了全文索引及搜尋的功能。而後，Dong Cutting 使用 Lucene 函式庫又開發了另一套名為 Nutch 開放原始碼的網站搜尋引擎。當 Dong Cutting 開發 Nutch 時，便面臨處理大量數據資料的窘境。恰巧 2003 年起，Google 陸續發表 Google File System (GFS) 及 MapReduce 的文章，使得 Dong Cutting 開始嘗試將這些概念實作於 Nutch 中，以解決大量數據資料的處理問題。

Dong Cutting 首先在 2004 年時實作了分散式檔案系統 Nutch Distributed File System (NDFS)，並在 2005 年初實作了 MapReduce；而從 2005 年開始，Nutch 透過 NDFS 及 MapReduce 處理大量運算。2006 年，Dong Cutting 將 Nutch 中有關分散式計算 (Distributed Computing) 的部分獨立出來，稱之為 Hadoop，NDFS 也改名為 Hadoop Distributed File System (HDFS)。後來，雅虎對這些技術開始感興趣，在雅虎的資助下，Hadoop 迅速變成可以提供具延展性網站的一種技術。2008 年，雅虎利用超過一萬顆核心的叢集運算系統，在 Hadoop 上執行網頁搜尋、電子郵件及其他各種服務。此後，包括 eBay、臉書、趨勢科技 (TrendMicro)、亞馬遜 (Amazon) 在內的重量級企業，也開始採用 Hadoop 做為雲端運算環境，來開發各式應用。

目前，Hadoop 係由 Apache 軟體基金會 (Apache Software Foundation) 所管理，為一套開放原始碼專案 (Open Source Project)，其目標在於發展可靠、具延展性的分散式計算之開放原始碼軟體。Apache 的 Hadoop 架構允許利用一個簡單的程式撰寫模式，即可跨越叢集電腦進行分散式處理。此架構不僅可以在單一伺服器上運行，也可以在數千台電腦所形成的運算系統上執行。它更可以在應用程式層級提供偵測與處理錯誤的服務，達到高度的系統可靠性。

在大量數據資料的處理過程中，首先會遇到的狀況就是硬體失效。當我們為了處理大量數據資料而採用大量機器做同步處理時，因為機器數量增加，硬體失效的機率也隨之增加。為了避免機器失效造成資料遺失，通常會採用資料備份機制，透過冗餘資料的副本讓機器失效不會影響資料的可獲取性，例如磁碟陣列 (Redundant Array of Independent Disks, RAID) 就是採用類似作法。但是 Hadoop 卻有不同的作法，其透過 HDFS 解決此一問題。

另一個問題是多數的分析工作需要彙整大量的數據資料，這些數據資料從某一個硬碟讀出之後，需要再與其他硬碟的資料彙整合併。由於 MapReduce 內含一個程式撰寫模式，讓硬碟的讀取可轉換成鍵／值的計算，因此 Hadoop 可以提供一個可靠的共享儲存及分析系統。這個共享儲存系統為 HDFS，而分析系統即為 MapReduce。

基本上，MapReduce 較適合寫入一次但需多次讀取的應用，因此適用於處理批次作業與非即時系統，例如數據資料分析、網頁檢索、事件日誌處理與分析，或平行分散式處理的應用。此外，當需要處理的資料量增加為兩倍時，一般運算系統須花兩倍的時間完成工作；但是在 Hadoop 架構下，只需增加兩倍的處理機器數量，而可在原來的時間內將資料處理完畢。

綜上所述，Hadoop 具有以下特性：

1. 在數據資料沒有相依性的情況下，有效率地平行處理資料。
2. 透過自動維護資料副本的功能，提供容錯機制，讓錯誤發生時可自動回復。
3. 提供可靠的資料儲存及分析處理的能力。

## 7.2 Hadoop 架構

Hadoop 專案包含一些相關子專案，圖 7.1 顯示各個子專案之間的關係。以下分別簡單敘述各個子專案的內容。

- **Core**：核心部分包含一些分散式檔案系統，以及一般輸出入的重要元件與介面。
- **Avro**：一個有效率、跨越各種語言的遠端程序呼叫 (Remote Procedure

圖 7.1 Hadoop Ecosystem

| ZooKeeper | Avro | Pig | Chukwa | Hive |
|---|---|---|---|---|
| | | MapReduce | | |
| | | HBase | | |
| | | HDFS | | |
| | | Hadoop Core | | |

Call, RPC) 資料序列化系統。

- **MapReduce**：一個分散式資料處理模式及執行環境。
- **HDFS**：一個分散式檔案系統。
- **Pig**：處理大量資料集的資料流語言與執行環境。
- **HBase**：一個以列 (row) 為導向的分散式資料庫系統。
- **ZooKeeper**：一個分散式協同服務，可以提供分散式應用程式的原始指令。
- **Hive**：一個分散式資料倉儲系統，管理 HDFS 所儲存的資料，並提供以 SQL 為基礎的查詢語言。
- **Chukwa**：一個分散式資料收集及分析系統。

Hadoop 的原始概念主要來自 Google 所發表過的三篇文章，包含 2003 年 SOSP 會議中所發表的〈The Google File System〉、2004 年 OSDI 會議中所發表的〈MapReduce : Simplifed Data Processing on Large Cluster〉，以及 2006 年 OSDI 會議中所發表的〈Bigtable: A Distributed Storage System for Structured Data〉。因此，Hadoop 架構與 Google 所提出的架構非常類似，許多功能都有相對應的套件或子計畫。表 7.1 列出 Hadoop 與 Google 架構的比較。

基本上，Hadoop 可分為運算及儲存兩大部分，前者由 MapReduce 負責，後者則由 HDFS 負責。在運算部分，MapReduce 包含兩種類型的節點，即 JobTracker 與 TaskTracker。JobTracker 由一個運算節點負責，主要接收使用者所提交的工作要求、處理工作排程及分配工作給各

表 7.1　Hadoop 與 Google 架構的比較

| | Apache Hadoop | Google 架構 |
|---|---|---|
| 開發團隊 | Apache | Google |
| 贊助者 | 雅虎、亞馬遜 | Google |
| 資源 | 開放原始碼 | 開放文件 |
| 作業系統 | Linux / GPL | Linux |
| 搜尋引擎 | Nutch | Google |
| 程式撰寫模式 | Hadoop MapReduce | MapReduce |
| 檔案系統 | HDFS | GFS |
| 資料庫系統 | HBase | Bigtable |
| 特定領域的程式語言 | Hive, Pig | Sawzall |
| 協調服務 | ZooKeeper | Chubby |

個 TaskTrackers 執行，並於各個 TaskTrackers 回傳結果後彙整資料，再回傳給使用者。TaskTracker 則負責執行 JobTracker 所分配的工作，並將處理結果回傳給 JobTracker。至於儲存部分，HDFS 包含兩種類型的處理節點，即名稱節點 (NameNode) 及資料節點 (DataNode)。名稱節點由一個運算節點負責處理檔案管理、資料存取權限及副本管理策略等；資料節點則根據名稱節點的管理策略，負責儲存檔案副本及執行資料存取等動作。

以下各節將針對 MapReduce、HDFS 及 HBase 比較重要的部分進行介紹。

## 7.3 Hadoop MapReduce

Hadoop MapReduce是一個資料平行處理的程式設計模式，根據此模式開發程式，便可以自動在 Hadoop 上達到平行化，以便分析巨量的數據資料。雖然 Hadoop 架構是用 Java 所編寫，但開發 MapReduce 程式時卻不一定得用 Java 開發。Hadoop 為了讓使用者可以使用各種語言實作出 MapReduce，於是提供了 Hadoop Streaming。Hadoop Streaming

是一個 Unix 標準的資料流應用程式介面 (Stream API)，使用者可以利用各種程式語言撰寫讀取標準輸入與寫入標準輸出的 MapReduce 程式。Hadoop Pipes 是另一種 C++ 與 Hadoop MapReduce 的通訊介面，它利用 Socket 當作 TaskTracker 與執行 C++ Map 函式或 Reduce 函式程序間之溝通方式。此外，Hadoop 還可以執行用其他語言（如 Ruby、Python）所撰寫的 MapReduce 程式。以下將介紹如何在 Hadoop 環境中執行 MapReduce 程式。

如第六章所述，MapReduce 可以分兩個步驟進行：Map 及 Reduce，每一個步驟都以鍵／值配對做為輸入及輸出；另外，程式開發者還要指定 Map 函式及 Reduce 函式。使用者所提交的 MapReduce 程式稱為 Job，它包含輸入資料、MapReduce 程式及相關設定檔。Hadoop 將 Job 分割成數個 Task 以便執行，其中 Task 可分成兩種類型：Map Task 及 Reduce Task。另外，還有兩種類型的節點分別控制 Job 執行的過程，包含一個 JobTracker 及數個 TaskTracker。TaskTracker 負責各種 Task 的執行，並回報執行進度給 JobTracker；而 JobTracker 負責透過 Task 的排程管理，收集各個 Job 的進度狀況，以便協調所有在這個系統上所有 Job 的執行。如果一個 Task 失敗，JobTracker 可以重新安排這個失敗的 Task 到不同的 TaskTracker 以便重新執行。

基本上，執行 MapReduce 程式會經過下列步驟：

1. 使用者提交 MapReduce Job。
2. 透過一個 JobTracker 協調 Job 的進行。
3. 透過 TaskTracker 執行 Job 所分割出來的 Task。
4. 分散式檔案系統（即 HDFS）負責儲存 Job 所需的輸入檔案和運算後的結果。

以下將依序介紹 MapReduce 執行過程中一些需要留意的細節。

## 工作提交

Job 的設定主要是透過 Job 介面，其可以提交 Job、觀察執行進度、設定與取得 MapReduce 叢集的狀態等，而 Job 提交階段主要包含四個步驟：

1. 確認 Job 的輸入及輸出。
2. 處理 Job 輸入檔案的分割。
3. 複製 Job 的 jar 檔及相關設定到 HDFS 中 MapReduce 系統的目錄。
4. 提交工作到 JobTracker 並監控其狀態。

## Job 排程

Hadoop 預設使用一個先進先出排程器 (FIFO Scheduler) 來依序執行 Job，並且加入 Job 優先權的設定，亦即當排程器要選擇 Job 時，會選擇最高優先權的 Job。然而，目前先進先出排程器尚未支援此一搶占 (Preemption) 策略，所以擁有高優先權的 Job 可能仍然需等待正在執行，但優先權較低的 Job 執行完畢。

除此之外，Hadoop 亦提供公平排程器 (Fair Scheduler)，適用於多使用者的環境。公平排程器有點類似分時 (Time Sharing) 觀念，亦即期望每位使用者皆可公平地共享資源。使用公平排程器時，每位使用者都有一個獨立的資源池，資源會平等地分配到每位使用者的資源池中。因此，即使某使用者提交比其他使用者更多的 Job，資源池中的資源數量仍是公平分配的。此外，公平排程器也可以透過設定資源池的權重比例來分配資源；或者設定最小資源保證量，以保證每位使用者至少可使用的資源量。由於公平排程器支援搶占機制，因此假設某個資源池經過一段時間沒有被公平地共享資源，則會搶占其他工作的資源，且優先搶占剛執行不久的工作，一方面確保資源池中的資源滿足最小資源保證量，另一方面由於被搶占資源的工作剛執行不久，就算工作因被搶占而失敗，所浪費的運算時間也較少。

## 工作輸入

Hadoop 會將輸入的數據資料分割成固定大小的資料片段，我們稱之為 Split。Hadoop 針對每一個 Split 產生一個相對應的 Map Task（即使用者定義的 Map 函式）。因此，當各個 Split 的 Map Task 被同時平行處理時，不僅可以節省工作的執行時間，也可以讓效能較好的機器執行較多的 Task，以達到較佳的負載平衡。此外，Split 的大小對之後的處理也有影響。當 Split 比較細微時，可以達到比較好的負載平衡品質。但是，若 Split 過於細微，反而會增加管理這些 Split 的負擔，進而影響整體工作的執行時間。

Hadoop 也會考慮資料區域性最佳化 (Data Locality Optimization) 的問題。對於大部分的 Job 而言，輸入的數據資料是存放在 HDFS 上，因此當一個 Map Task 被執行時，會挑選靠近輸入資料所在位置進行配置。所以一個最佳的 Split 大小如果等同於 HDFS 資料塊 (Data Block) 大小（預設為 64 MB），就會達到最好的效果；若 Split 大於 HDFS 資料塊，就必須將 Split 所需資料從不同的資料塊取得，但這會引發網路通訊的負載，所以應該盡量避免。

## Map 階段

Job 的輸入檔案被分割為 Split 後，會在 Map 階段轉換成中間結果。因為 Map Task 所產生的數據資料僅為暫時的中間結果，所以通常會將這些暫時資料存放於執行該 Map Task 的 TaskTracker 本地硬碟，而不是存放到 HDFS，以免引發不必要的網路通訊負載。為了進一步改善效率，MapReduce 利用緩衝 (Buffering) 技術，亦即每個 Map Task 都有一個循環式記憶體緩衝器 (Circular Memory Buffer)，預設大小為 100 MB，當 Map 函式開始產生中間結果時，會先寫入記憶體緩衝器，並根據 Reduce Task 數量將中間結果分割成多個區段 (Partition)，而每一個區段會對應到最後將被送到的 Reduce Task 所在位置。

每一個 Map Task 所產生的中間結果可能包含多個鍵及其值，每一個鍵的所有值會儲存在單一區段中，而每一個區段允許儲存多個鍵及其相對應的值。基本上，每一個鍵會分配到哪一個區段通常是透用一個雜湊 (Hashing) 函數處理，而每個區段中的資料會先根據鍵值進行一次記憶體內部排序。

當記憶體緩衝器內的資料量達到某個門檻（預設為 80%），會將儲存內容「溢出」(Spill) 到本地硬碟，此時 Map Task 仍會持續寫入資料到記憶體緩衝器。但是，如果記憶體緩衝器滿了，Map Task 將暫停產生輸出，直到溢出完成。

因此，經過 Map 階段的中間結果已根據 Reduce Task 數量分段，並對鍵值先行排序，之後進行 Reduce 階段時，執行 Reduce Task 的 TaskTracker 才到執行 Map Task 的 TaskTracker 中讀取相對應的中間結果，以產生最後結果。整個 Map 階段請參見圖 7.2。

圖 7.2　Map 階段

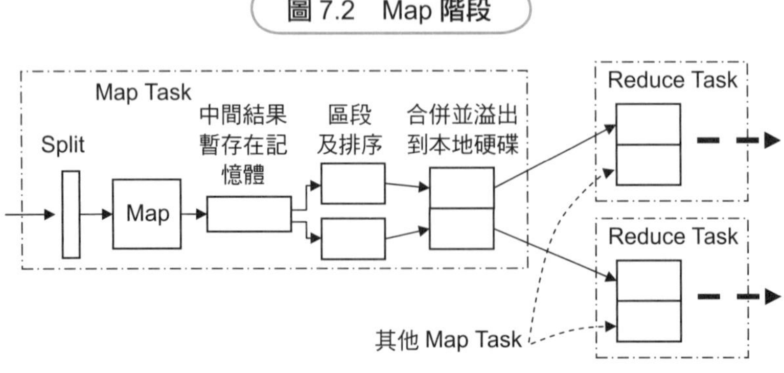

## 合併階段

因為 Map Task 的輸出在送到 Reduce Task 輸入的過程中，可能會耗費網路頻寬資源，因此 MapReduce 也提供一個 Combiner（合併）函式進行最佳化動作。如果 MapReduce 程式有指定 Combiner 函式，Map Task 在寫入硬碟之前可先進行合併，以減少最後寫入硬碟的資料量及讀取硬碟的次數。

以下舉例說明 Combiner 函式的處理過程。假設欲統計一星期中最大的海洋潮汐高低落差，我們利用兩個 Map Task 分別處理星期日到星期三及星期四到星期六這兩組數據資料，其鍵／值分別記錄（第幾星期, 每日最大高低落差）。第一個 Map Task 產生下列數據：(12, 30)、(12, 10)、(12, 15)、(12, 19)，而第二個 Map Task 產生下列數據：(12, 22)、(12, 18)、(12, 9)。若不透過 Combiner 函式，Reduce Task 就會處理 (12, [30, 10, 15, 19, 22, 18, 9]) 這些數據資料，然後產生 (12, 30) 此一結果。

但是，如果透過 Combiner 函式，可以分別針對兩個 Map Task 的輸出先行處理，分別產生 (12, 30) 及 (12, 22)，然後再送給 Reduce Task 處理。這時，Reduce Task 所需處理的數據資料就只剩下 (12, [30, 22])，不僅可以獲得相同結果，而且省下部分數據資料傳輸的頻寬需求，加快寫入硬碟的速度，並節省硬碟空間。當然，並非所有函式都可以採用這種方式，例如取算數平均或幾何平均的函式就不適用在這些情況下。

## Reduce 階段

Reduce 階段可分為 Shuffle 及 Reduce 兩個步驟。將 Map Task 產生的中間結果傳送到 Reduce Task 的過程，稱為 Shuffle。在 Shuffle 過程中，除了下載中間結果外，也進行排序與合併。

基本上，Reduce Task 能夠同時從多個（預設為 5 個）Map Task 下載中間結果。當 Map Task 數量較多時，可增加同時下載的 Map Task 數量來縮短總下載時間。而當下載中間結果時，可能會因為 Map Task 發生錯誤或網路問題，導致 Reduce Task 無法從某個 Map Task 取回中間結果，所以當 Reduce Task 等待一定時間（預設為 300 秒）後仍未完成下載，便會嘗試改由其他 Map Task 下載。因此，若架設 Hadoop 的叢集環境網路速度較慢時，可增加 Reduce Task 的等待時間，以避免因等待時間過短而造成誤判。

此外，Reduce Task 下載回來的中間結果還需要經過合併，因此 Reduce Task 也使用記憶體緩衝器來暫存下載的中間結果（預設緩衝器大小為記憶體 heap size 的 70%）。下載的中間結果會在記憶體緩衝器中逐漸累積，當存放在緩衝器的資料量超過門檻值（預設為 66%）時，便將這些資料合併並儲存到硬碟（在合併的過程中會同時維持鍵值的排序），而這些儲存到硬碟的資料量若到達一定程度，會再被合併成更大且排序過的資料。基本上，使用者可配合下載速度調整緩衝器大小及門檻值，以控制暫存的資料量。

Reduce Task 並不會針對資料區域性進行最佳化，因為它所需的資料必須由各個 Map Task 所在的 TaskTracker 本地硬碟送出。但是，Reduce Task 所產生的最後結果通常存放於 HDFS 中，以提升資料可靠度。圖 7.3 說明整個 MapReduce 資料流的關係。

圖 7.3　MapReduce 資料流

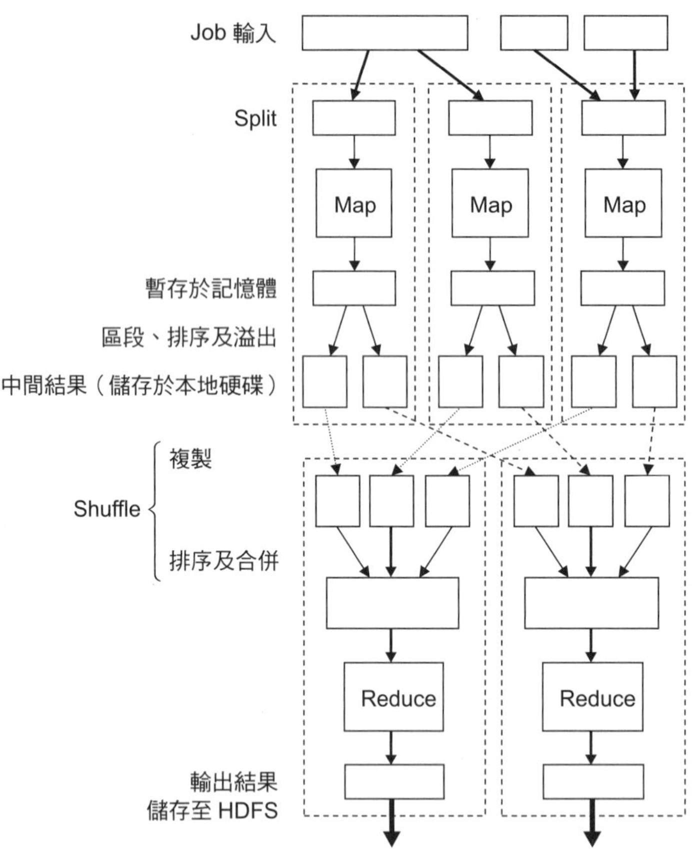


## 失敗

任何運算系統在執行過程都可能會碰到各種問題，例如程式碼的缺陷、程序失敗或機器故障等，而導致失敗 (Failure)。不過，Hadoop 已針對幾種可能的失敗進行處理，並嘗試完成使用者所交付的工作。以下分別介紹三種失敗的處理機制：Task 失敗、TaskTracker 失敗及 JobTracker 失敗。

- **Task 失敗 (Task Failure)**：Task 失敗最常見於當程序在執行使用者所撰寫的 Map 或 Reduce Task 時，發生執行異常 (Runtime Exception)。此時，發生異常的程序在結束前會回報異常給 TaskTracker，並記錄在使用者的日誌檔中。另一種 Task 失敗發生於程序不正常地突然結束；此時，TaskTracker 會注意到程序已經結束，並標記為失敗。

若 TaskTracker 發現某 Task 有一段時間（預設為 10 分鐘）沒有收到更新進度，便標記該 Task 失敗，然後其程序將自動被刪除。此外，TaskTracker 會定期發送「心跳」訊息 (Heartbeat message) 給 JobTracker，透過心跳訊息，TaskTracker 可回報 Task 執行狀態及詢問是否有 Task 可執行。當 JobTracker 藉由 TaskTracker 的心跳訊息發現 Task 已經失敗，此時 JobTracker 會重新進行 Task 的排程，並試著避免把 Task 重新排程到之前失敗過的 TaskTracker。若 Task 失敗超過一定次數（預設為 4 次，使用者可分別設定 Map Task 及 Reduce Task 的次數），便不再重新嘗試，視為 Job 失敗。當然，Hadoop 也允許一個 Job 中有某一比例的 Task 產生錯誤，而不會觸發 Job 失敗（使用者可分別設定 Map Task 及 Reduce Task 可容忍的比例最大值）。

- **TaskTracker 失敗 (TaskTracker Failure)**：若 TaskTracker 因當機而失敗或執行緩慢時，它將停止傳送心跳訊息給 JobTracker。此時，JobTracker 便會發現 TaskTracker 失敗，然後將此 TaskTracker 從排程清單中移除，不再分配 Task 給它。若某些未完成的 Job 其 Map Task 剛好分配在失敗的 TaskTracker 上，即使這些 Map Task 在該 TaskTracker 失敗之前就已經完成了，JobTracker 仍會取回這些已完成的 Map Task，這是因為它們存放的位置在失敗 TaskTracker 的本地端檔案系統，其中間結果可能無法被 Reduce Task 存取，此時即需重新執行這些 Map Task。除了上述的 Task 外，處理中的 Task 當然也會被重新排程執行，以獲得正確的輸出結果。此外，JobTracker 可以透過黑名單機制拒絕某些 TaskTracker 執行。例如，某個 TaskTracker 失敗的 Task 數量明顯高於系統 Task 失敗數量的平均值，則該 TaskTracker 將被列入黑名單。然而，黑名單中的 TaskTracker 並不是因為本身的失敗才被列入黑名單，所以還是可以透過重新啟動而離開 JobTracker 的黑名單。
- **JobTracker 失敗 (JobTracker Failure)**：在 Hadoop 0.20 版之前，Hadoop 沒有處理 JobTracker 失敗問題的機制，因此在這種情況下，Job 直接宣告失敗。但是這種失敗機率並不常發生，因為特定機器故障的機率很低。然而在 Hadoop 0.21 版之後，Hadoop 加入了查核點 (Checkpoint) 的機制，將發生過的事件記錄在檔案系統中，因此當

JobTracker 重新啟動後，便能從檔案系統中找回原先的紀錄，並恢復到重新啟動前的狀態。

##  7.4 Hadoop Distributed File System (HDFS)

當數據資料數量成長到超過單一機器可以負荷的大小時，勢必利用多台機器一起儲存這些龐大數量的數據資料。一個檔案系統所管理的儲存空間橫跨網路所連結的機器時，就稱之為分散式檔案系統。因為橫跨網路所連結的儲存空間一定比單一機器的儲存空間更複雜，因此分散式檔案系統遠比傳統的檔案系統難以管理。分散式檔案系統必須可以容忍節點失效，而不致於造成資料遺失。為此，Hadoop 參考 Google File System 針對分散式檔案系統設計了一個 HDFS。HDFS 是 Hadoop 的旗艦型檔案系統，提供具延展性、容錯、可靠性、高處理能力的儲存環境。此外，目前 Hadoop 下的各個子計畫皆與 HDFS 整合，擔任資料存放及備份的儲存空間。以下將介紹 HDFS 的設計概念、各項特性及操作方式。

由於 HDFS 的前身 NDFS 的設計是用來儲存網站搜尋引擎的資料，而這些數據資料除了數量龐大（例如數十億位元組 (Gigabytes) 到數兆位元組 (Terabytes) 不等）外，還具有單次寫入／多次讀取的特性，且 HDFS 著重於存取資料的高處理能力，而不是降低存取資料的延遲時間。因此，HDFS 較適合用於批次處理，而不是與使用者互動式的處理。此外，單次寫入／多次讀取的特性容易造成資料一致性的問題。為了減少此一問題，當某檔案在 HDFS 中被創建並寫入數據資料後，就不再改變其內容，而 MapReduce 及網站搜尋引擎所儲存的資料正好符合這種類型。相對而言，對於需快速資料存取的數據資料、大量的小檔案、多次寫入或更新內容的檔案類型，HDFS 就無法發揮效能了。

HDFS 具備跨異質性硬體及軟體平台的移植性。此外，HDFS 儲存的資料分散在不同機器上，所以應用程式必須透過網路進入多台機器讀取資料，因此容易造成網路壅塞。為此，HDFS 提供一個介面，讓應用程式將自己移動到資料存放的節點或附近，除了可減少網路負載，也可增加整體系統的處理能力。

## HDFS 之架構

圖 7.4 為 HDFS 架構圖。HDFS 採主從式 (Master/Slave) 架構，由一個名稱節點、一群資料節點，以及零或多個第二名稱節點所組成。以下分別介紹各節點的功能。

圖 7.4 HDFS 架構圖

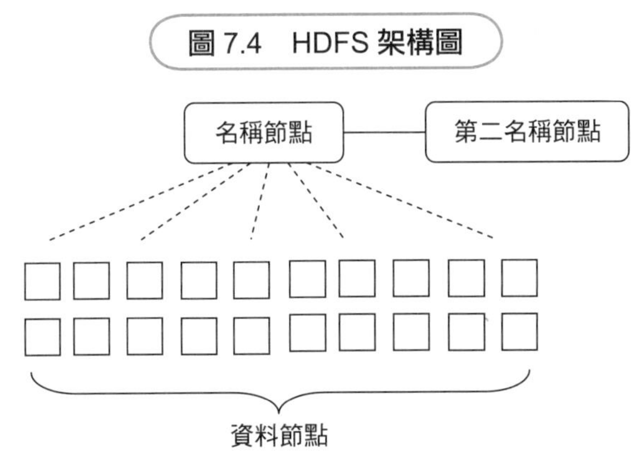

- **名稱節點**：整個 HDFS 中只有一個名稱節點，負責管理檔案系統的命名空間 (Namespace)、記錄所有檔案與目錄的元資料 (Metadata)、管理與儲存各項檔案屬性權限等資訊，以及記錄檔案的各個資料塊（HDFS 的基本儲存單位）置放於哪些資料節點上等。
- **資料節點**：處理使用者存取資料塊的請求，並定時回報資料塊之狀態給名稱節點。
- **第二名稱節點**：名稱節點的備援節點，定期備份名稱節點上的元資料，當名稱節點失效時，第二名稱節點便接替原名稱節點的位置，使 HDFS 能繼續正常運作，藉此避免單點失敗 (Single Point of Failure) 的問題。

HDFS 中的節點可同時扮演多種角色，例如一個節點可以同時為名稱節點、資料節點及第二名稱節點，但考慮到處理效率，每個節點還是專職某一種角色，特別是名稱節點與第二名稱節點更應該由不同節點來擔任。

## HDFS 之儲存架構及副本機制

HDFS 的基本儲存單位稱為資料塊（預設大小為 64 MB）。一般而言，HDFS 中的檔案會被切割成一個循序的資料塊串列。在這個資料塊串列中，除最後一個資料塊外，其他資料塊的大小都一樣。這些資料塊分別存放在不同的資料節點上，因此一個檔案可能大於單一硬碟所能提供的儲存空間。此外，HDFS 為了提供容錯能力，每一個資料塊還會產生多個（預設為三個）副本並存放於不同的資料節點，因此當其中一個節點無法提供某資料塊時，便可從其他位置讀取副本，讓使用者感覺不到任何異樣。實務上，使用者可以透過指定檔案的副本因子 (Replication Factor)，來調整 HDFS 所需維護的副本數量。

HDFS 也考慮到副本該儲存在哪些資料節點上。為了提高資料可靠性、可用性及降低網路頻寬的使用率，目前 HDFS 實作的副本放置策略朝機架感知 (Rack-Aware) 方式設計。例如，一般而言，HDFS 預設的副本因子為 3，即第一個副本放置在本地機架的其中一個節點，第二個副本放在不同機架的其中一個節點，而第三個副本則放在與第二個副本同一個機架但不同節點上。副本存放的位置對資料的讀取效率也有很大的影響。當使用者讀取資料時，HDFS 會優先提供最接近使用者節點的副本資料，以求最小化整體頻寬消耗及讀取延遲。例如，在一個資料中心內，若副本與使用者節點在同一個機架，則優先由本地端提供該副本。若 HDFS 架設在多個資料中心，則以使用者節點本地資料中心內的副本為第一優先。不過，HDFS 的副本放置策略目前仍然在改良中。

在 HDFS 中，名稱節點會記錄每一個檔案的元資料，包含檔案名稱、副本因子、資料塊位置等，以便管理大量的副本。但由於每個檔案會有多個副本，為了避免資料不一致，每個檔案不論任何時間只能有一個寫入。而資料節點使用資料塊狀態報告 (BlockReport) 記錄所有的資料塊狀態，並透過心跳訊息週期性地將資料塊狀態報告傳送給名稱節點。名稱節點再根據資料塊狀態報告調整元資料，並同時確認該資料節點是否正常運作。

HDFS 文件命名空間的設計與現存檔案系統相似，這是為了支援傳統的階層式檔案架構，方便使用者可以透過名稱節點進行創建、移除、移動及重新命名檔案等操作。此外，名稱節點也使用 EditLog 及 FsImage 來維護 HDFS 的命名空間。EditLog 是一個日誌檔，記錄所有檔案元資料的變動。FsImage 是一個二進制檔，記錄了整個系統的命名空間，包含資料塊與檔案的對映；基本上，由 FsImage 就可知道整個 HDFS 的目錄結構。EditLog 及 FsImage 都被存放在名稱節點本地端的檔案系統中。為了加快元資料的處理速度，名稱節點會透過壓縮元資料物件，將整個檔案系統命名空間及檔案資料塊映射 (BlockMap) 保存在記憶體。當啟動名稱節點時，會先從本地端硬碟讀取 FsImage 及 EditLog，並根據 EditLog 的紀錄調整 FsImage 在記憶體中的描述，再將更新後的內容存回硬碟，並刪減 EditLog 已處理的內容，因此透過 FsImage 及 EditLog 可建立查核點，並藉由查核點確保資料的正確性。

在資料節點方面，由於資料節點並不瞭解所存放的檔案內容為何，只是將 HDFS 檔案所分割後的資料塊儲存在本地端檔案系統中，但將所有檔案放在同一個目錄中並不是一個好作法，因為資料節點本地端的檔案系統不一定能有效率地處理同一個目錄中的大量檔案。因此，資料節點係採用啟發式 (Heuristic) 方法，決定每個目錄中要存放多少檔案及建立多少子目錄。當啟動資料節點時，首先會掃描本地端的檔案系統，接著產生 HDFS 檔案資料塊與本地檔案的對映清單，並回報給名稱節點。

## HDFS 之檔案存取

HDFS 中所有節點的溝通都是透過網路，而這些通訊協定均建立在 TCP/IP 協定上，使用者可透過某個 TCP 埠連結，並使用客戶端通訊協定 (Client Protocol) 與名稱節點溝通；資料節點則透過資料節點通訊協定 (DataNode Protocol) 與名稱節點溝通。一般而言，名稱節點不會啟動任何遠端程序呼叫，只會回應使用者及資料節點的遠端程序呼叫要求。

圖 7.5 為 HDFS 處理使用者存取要求的流程。第一步，使用者先將所要存取的資料名稱送至名稱節點。第二步，名稱節點回傳該資料的元資料（包含路徑、檔名、副本因子、資料塊位置等）給使用者。第三步，使用者根據元資料存取資料節點中的資料塊。

以下我們將先介紹檔案讀取及寫入的細部動作。

圖 7.5　HDFS 存取流程

(1) 檔案名稱
使用者
名稱節點
第二名稱節點
(2) 檔案元資料
(3) 存取資料
資料節點

## 1. 檔案讀取

當使用者讀取 HDFS 數據資料時，會依據圖 7.6 的流程讀取檔案。

當使用者打開一個希望讀取的檔案時，會透過一個 DistributedFileSystem 介面的 FileSystem 物件中之 open 方法（圖 7.6 步驟 1）。DistributedFileSystem 首先透過遠端程序呼叫要求名稱節點，以便決定檔案中前面幾個資料塊的位置。而對於每一個資料塊，名稱節點會回報具有所需資料塊副本之資料節點的位址（圖 7.6 步驟 2）。接著根據網路拓樸 (Topologies) 位置，這些資料節點會先行排序。如果使用者本身即為存放所需資料塊的資料節點，使用者就從本地端的資料節點讀取相關的資料塊；若使用者本身未存放所需資料塊，DistributedFileSystem

圖 7.6　HDFS 檔案讀取

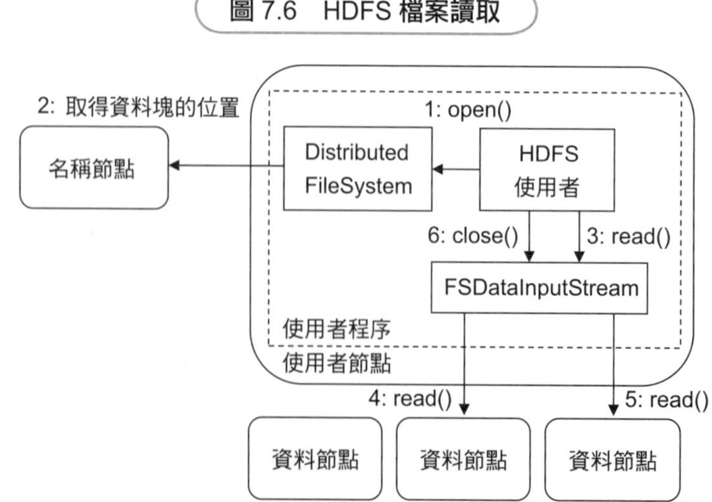

會回報一個 FSDataInputStream 給使用者，方便使用者可以從此資料流 (Stream) 讀取資料，FSDataInputStream 則會包裝成 DFSInputStream 以便管理資料節點及名稱節點的 I/O。

接著，使用者呼叫 read 方法開始讀取此資料流（圖 7.6 步驟 3）。因為 DFSInputStream 已知道所需檔案的前幾個資料塊存放之資料節點位址，所以可連上存放這個檔案中第一個資料塊的第一個（或最近的）資料節點，數據資料便可透過重複呼叫 read 方法從資料節點傳回給使用者（圖 7.6 步驟 4）。當此資料塊讀取結束時，DFSInputStream 將會關閉與此資料節點的連線，並且尋找存放下一個資料塊的最佳存取資料節點（圖 7.6 步驟 5）。重複以上步驟，即可取得所需的數據資料檔案。在使用者讀取此資料流的過程中，檔案中的資料塊會透過 DFSInputStream 建立與資料節點間的連結，然後依序讀取。除此之外，也會透過名稱節點取得下一批所需資料塊的資料節點位置。當使用者結束讀取動作時，便呼叫 close 方法關閉 FSDataInputStream（圖 7.6 步驟 6）。

在讀取過程中，若使用者與資料節點連結時發生通訊錯誤，HDFS 將會試著讀取下一個較靠近使用者的資料節點。使用者也會記錄曾發生過失敗的資料節點，下次便不再嘗試從此資料節點中讀取資料塊。

HDFS 設計之初，便考量到使用者可以直接連結到資料節點、直接存取資料，並透過名稱節點指出每一個資料塊最佳存取的資料節點。資料存取的連結散布於系統中的各個資料節點，因此 HDFS 可以同時提供大量使用者的資料存取。

**2. 檔案寫入**

基本上，使用者創建檔案時，不會立即將要求送到名稱節點，而是儲存在本地端的暫存檔案。執行寫入動作時，資料會自動轉向到這個暫存檔案；當暫存檔案累積的數量超過一個 HDFS 資料塊的大小時，使用者才與名稱節點聯繫，然後名稱節點再將此檔案名稱加入檔案系統，並分配資料塊存放資料。接著，名稱節點回應資料節點的 ID 及資料塊的配置位址，再將本地端暫存檔的資料塊更新到指定的資料節點上。當檔案關閉時，本地端暫存檔中所剩下未更新的資料會被傳送到資料節點上，並通知資料節點該檔案已關閉。

下面的範例將說明如何創建一個新檔案、寫入資料並關閉檔案，過程可參考圖 7.7。

首先，使用者透過呼叫 DistributedFileSystem 介面的 create 方法創建一個新檔案（圖 7.7 步驟 1）。DistributedFileSystem 接著透過遠端程序呼叫要求名稱節點，以便在檔案系統的命名空間中創建一個未具任何資料塊的新檔案（圖 7.7 步驟 2）。然後，名稱節點進行各項檢查以確定此檔案目前不存在於檔案系統中，且使用者具有創建此檔案的權限。如果上述的檢查皆通過，名稱節點就針對此新檔案建立一筆紀錄，否則檔案將會創建失敗並進入 I/O 異常 (IOException) 中。若檔案創建成功，DistributedFileSystem 會回傳一個 FSDataOutputStream 給使用者，以便寫入資料，同時透過 DFSOutputStream 管理資料節點及名稱節點間的通訊。

當使用者開始寫入資料時，DFSOutputStream 將資料切割成資料包 (Packet)，並寫入一個內部佇列，我們稱之為資料佇列 (Data Queue)，並由 DataStreamer 執行緒負責處理。DataStreamer 執行緒必須詢問名稱節點，以便挑選一些適合儲存副本的資料節點，並存放新的資料塊。這些被挑選出來的資料節點形成一個管線化 (Pipeline) 方式。假設副本數量為 3 時，這個管線就會有三個備用資料節點。接著，DataStreamer 執行緒會傳送資料包到管線的第一個資料節點存放，再轉送到管線的第

圖 7.7　HDFS 檔案之讀取與寫入

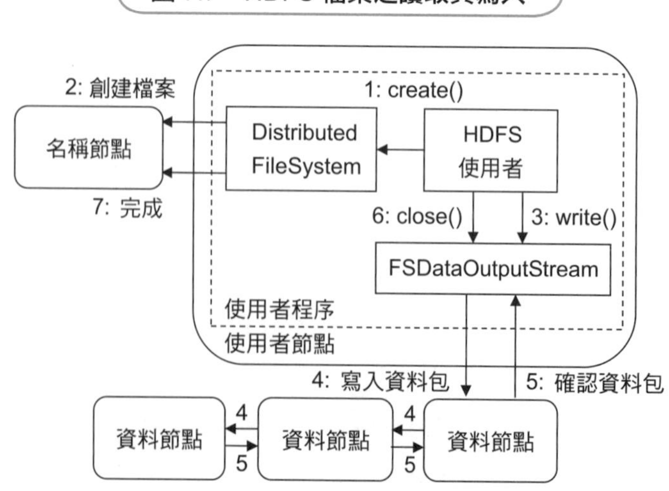

二個資料節點存放，接著存入第三個資料節點，以完成建立副本的動作（圖 7.7 步驟 4）。

DFSOutputStream 也利用一個內部佇列存放等待資料節點回應，以確認完成寫入動作的資料包，我們稱之為確認佇列 (Ack Queue)。對一個在確認佇列的資料包而言，只有管線中所有資料節點皆回應寫入完成，此資料包才會從確認佇列中移除（圖 7.7 步驟 5）。

在資料寫入過程中，若資料節點發生失敗，管線首先會關閉，然後在確認佇列中的所有資料包會被加入資料佇列前端，確保在失敗節點以後的資料節點不會遺失任何資料包。至於在良好資料節點上的目前資料塊，則重新設定與名稱節點聯繫的 ID。假若失敗資料節點稍後可以復原，即可刪除失敗資料節點上的部分資料塊。在失敗的資料節點被移除之後，剩餘的資料塊資料就寫入管線中剩下的兩個存活資料節點。接著，名稱節點通知此資料塊的副本數小於副本因子，並重新安排一個副本存放在另一個資料節點。

當然在資料塊寫入時，有可能發生多個資料節點失敗的情況。儘管發生的機率非常低，可是一旦發生，可以設定只要有多個（預設為 1）的資料節點被寫入資料，即可進行後續的複製動作。此資料塊會透過非同步複製方式進行複製，直到副本數量達到預定目標（預設值為 3 個）為止。

當使用者完成所有資料寫入後，使用者便呼叫 close 方法關閉資料流（圖 7.7 步驟 6）。此時會清空所有剩餘的資料包到資料節點的管線，然後等待回應，以便聯繫名稱節點檔案已完成寫入動作（圖7.7步驟7）。

## HDFS 之容錯機制

以下將針對 HDFS 中一些常見的失敗進行介紹，包含名稱節點失敗及資料節點失敗。

- **名稱節點失敗**：因為在 HDFS 中，名稱節點儲存了所有檔案資料塊的資訊（FsImage 及 EditLog），若名稱節點發生錯誤，HDFS 將無法運作。因此，HDFS 提供兩種方式來處理名稱節點錯誤。第一種是將名

稱節點上的 FsImage 及 EditLog 同步儲存到不同的硬碟分區，因此任何對 FsImage 及 EditLog 的更新都會造成其他 FsImage 及 EditLog 的同步更新。不過，這降低了名稱節點處理命名空間操作的效率，但目前這個效率的降低是可被接受的。第二種是使用第二名稱節點以定期下載名稱節點上的 FsImage 及 EditLogs，並將之合併而維持在一定的大小，同時也儲存名稱節點上最新的查核點，當名稱節點發生錯誤時，便可替代之。然而，在 Hadoop 0.21 版後，第二名稱節點改由檢查節點 (Checkpoint Node) 及備份節點 (Backup Node) 所取代。其中，檢查節點功能與第二名稱節點類似；而備份節點除了提供與檢查節點相同的功能，還使用記憶體來與名稱節點上的命名空間做即時更新，因此不需每次創建查核點時就得從名稱節點下載 FsImage 及 EditLog，大幅減少名稱節點同步更新備份資料的負擔。

- **資料節點失敗**：資料節點可能會因為設備故障、網路失效或軟體問題等因素，而無法與名稱節點正常聯繫；名稱節點則可藉由心跳訊息來判斷資料節點是否正常，當名稱節點未收到資料節點的心跳訊息，便認定該資料節點為死亡 (Dead)，並且不再傳送新的 I/O 要求到已死亡的資料節點。任何登錄在死亡資料節點上的資料塊都無法使用，而資料節點的死亡可能造成某些資料塊的副本數量小於指定的副本因子；因此，名稱節點會不斷地追蹤哪些資料塊需要重新產生副本。當某資料節點發生錯誤時，會選擇另一個包含該資料塊副本的資料節點進行存取。此外，HDFS 也會利用檢查碼 (Checksum) 來確保檔案內容無誤，亦即使用者創建一個 HDFS 檔案後，會先計算每個資料塊的檢查碼，並在相同的命名空間中將這些檢查碼儲存於不同的隱藏檔，當使用者檢索檔案內容時，可檢驗其檢查碼是否正確。

最後，雖然 HDFS 有很好的延展性，只需增加資料節點便能提高儲存空間，但若空間真的不足，還是可以透過下列兩種方式來釋放 HDFS 的儲存空間。第一是刪除還原用的暫存檔。HDFS 所提供的檔案還原功能可避免誤刪檔案，因此當刪除檔案時，並不會立即移除該檔案，而是先將檔案重新命名且移到 /trash 目錄中保留一定時間（預設為 6 小時），以便還原檔案。但是當保留時間一到，名稱節點便從 HDFS 命名空間中刪除該檔案，與該檔案相關的資料塊也會被釋放，而使用者刪除檔案後，需間隔一段處理時間 HDFS 才會釋放出相對應的空間。第二種方式是減少副本因子。名稱節點會選出要刪除哪些資料塊副本，並通知該資料節點刪除副本，以便釋放空間，但減少副本因子對系統的容錯能力可能會造成影響。

## 7.5 HBase

在雲端環境所使用的資料庫同樣也遇到巨量資料的挑戰。雖然過去已經發展出無數種資料庫的儲存及檢索策略與實作，但大部分的作法——特別是關聯式的各種變化形式——並不適合用來處理非常大規模的資料量，或是使用在分散式系統上。然而，當資料量愈來愈大時，資料庫系統勢必也得朝向多台機器的分散式架構發展。因此，許多資料庫供應商也開始思考如何從單一節點擴大其適用範圍，例如使用副本及分割的方法，或是將原本的關聯式資料庫修改為分散式架構。但是，這些大多只是在原本的資庫料系統上附加功能，反而造成安裝與後續維護的困難，或是需要更高的成本才能處理原本關聯式資料庫的操作（如 join、complex query、trigger、view 及 foreign-key 等）。因此，開始有人思考是否非得使用關聯式資料庫？

HBase 來自 2006 年 Google 所發表〈Bigtable: A Distributed Stroage System for Structured Data〉一文的概念，位於美國加州之 PowerSet 公司的 Chad Walters 和 Jim Kellerman 在 2007 年完成了相關雛型，並於當年 10 月隨著 Hadoop 0.15.0 版的發表開放第一個版本。2008 年，Hadoop 成為 Apache 的專案時，HBase 也成為其子專案之一。目前 HBase 已廣泛被企業使用，包括 WorldLingo、Streamy.com、OpenPlaces、雅虎及 Adobe 等。如同 Google 的 Big Table，HBase 從另一個觀點思考處理大量數據資料庫的問題。HBase 是一種分散式行導向 (Column-Oriented) 的資料庫，可以建立在自己的檔案系統或 HDFS 上，其只需集合多台一般電腦就能處理數十億列及上百萬行的資料量，並提供可靠的資料處理能力。此外，HBase 還可提供其他 Hadoop 的應用，即時地讀寫及隨機存取大量的數據資料集。雖然 HBase 並非關聯式資料庫，且不支援 SQL，卻可以處理一些關聯式資料庫不適合處理的數據資料。接著，我們將進一步介紹 HBase 的相關架構及概念。

Google 的 Big Table 是透過一張巨大的表格來儲存資料，而 HBase 便是此一概念的實作。一般而言，資料表格以列及行組成，透過兩者的交叉定位，即可得到表格中每一儲存格內的資料。當有資料寫入到儲存格時，HBase 會自動分配一個時間戳記，以分辨不同版本。至於儲存格內容，則存放一組純粹的位元組陣列。表格中列的鍵也是一組位元組陣列，其鍵值即為表格的主要鍵。所有表格的存取都是透過主要鍵完成，因此表格的行會透過列的鍵做排序（預設是以字元組順序排列），所以從字串到長整數 (Long) 的二元表示法，甚至是能序列化的資料結構，都能做為列的鍵值。列中的行被彙整成行家族 (Column Families)，而行的名稱係由行家族的字首 (Prefix) 及修飾語 (Qualifier) 組成，並以冒號 (:) 分隔。例如 scores:math，scores 為行家族的字首，而 math 為修飾語。行家族的字首需為可列印字元，而修飾語可以為任意字元組。同一個行家族的成員會擁有相同的字首，例如 scores:math 及 scores:history 都是 scores 這個行家族的成員。表格中要包含哪些行家族，必須在定義表格綱要時就指定完成，而其行家族成員則可依需求加入。例如，若表格中已存在 student 這個行家族，即使表格已經開始使用，使用者還是可以要求增加一個新的成員 student:id 及裡面所儲存的值。

隨著儲存的資料量愈來愈多，HBase 所維護的表格也愈來愈大。為了分散負載，表格會自動分割成數個子表格，稱之為 Region。Region 是 HBase 分散式儲存的基本單位，每個 Region 係由其第一個列到最後一個列之前（但不含最後一個列，即 (startKey, endKey]）及隨機產生的 Region 識別子來表示。剛開始時，表格僅包含一個 Region，但隨著資料量的成長，導致 Region 超過預設門檻值（預設為 256 MB）；又由於同一個列的所有行會存放在同一個 Region 上，因此超過門檻值的 Region 便從兩個不同列的邊界，分割成兩個差不多大小的 Region。在第一次分割發生前，所有的負載會由原來 Region 所在的伺服器承擔，而當 Region 的數量因分割而增加時，不同的 Region 會開始被分散到其他節點中。因此，如圖 7.8 原本由一個節點負責維護整個 HBase 表格，可透過 Region 的散布，讓每個節點（圖 7.8 中 HRegionServer）分擔維護部分表格內容的負載。

圖 7.8　Region 的分割及分散

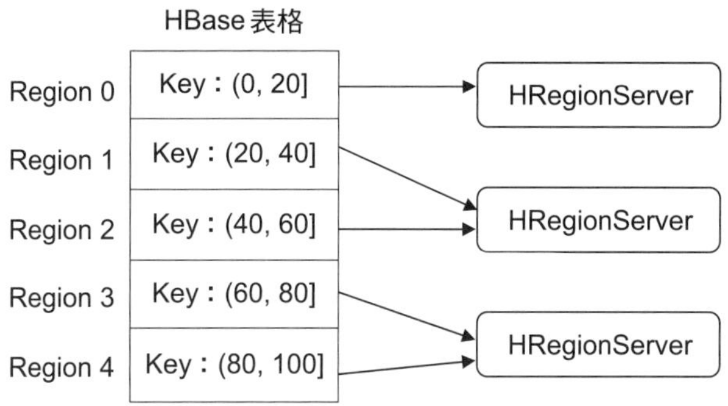

## HBase 之架構

HBase 採主從式 (Master/Slave) 架構，由一個 HMaster 節點負責協調多個 HRegionServer 節點，請參見圖 7.9。HMaster 節點負責的工作大致可分為三項。第一項為表格操作，亦即管理使用者對表格的操作，如資料的新增、刪除、修改及查詢等。第二項為 Region 分配，當新的 Region 被分割出來，便將 Region 分配給已註冊的 HRegionServer 之外，並藉由 Region 的分配來維持 HRegionServer 節點間的負載平衡。第三項為 HRegionServer 節點管理，亦即 HMaster 節點會監控所有 HRegionServer 節點的狀態。當有 HRegionServer 節點失敗時，會轉

圖 7.9　HBase 叢集

ZooKeeper
HBase
HMaster
HRegionServer　HRegionServer　· · ·　HRegionServer
HDFS

移該 HRegionServer 節點上的資料到其他 HRegionServer 節點上。而 HRegionServer 節點負責管理 HMaster 所分配的 Region，我們稱之為 HRegion。HRegionServer 節點也負責回報 HRegion 狀態給 HMaster。每個 HRegionServer 節點會被分配到多個（也可能沒有）HRegion，這些 HRegion 分別對應到表格的一部分，因此根據使用者對表格的操作要求，HRegionServer 節點會對檔案系統中相對應的 HRegion 進行存取。此外，當 HRegion 的資料量超過門檻值時，HRegionServer 節點也負責處理 HRegion 的分割，並通知 HMaster 節點有新 HRegion 產生，讓 HMaster 節點可以將原來的 HRegion 設為失敗，並分配新分割出來的 HRegion。

除了 HMaster 節點及 HRegionServer 節點外，HBase 的運作還需要 ZooKeeper 的配合。ZooKeeper 是一個集中式的服務機制，會存放 HBase 的綱要（包含有哪些表格及行家族）與所有 HRegion 的位置，以及監控 HRegionServer 的狀態等，來提供維護資源配置資訊、命名、分散式同步機制及群組服務等功能。因此，ZooKeeper 可為 HBase 提供穩定的服務及故障轉移機制。例如，圖 7.9 中雖然只有一個 HMaster 節點，但為了避免單點失敗的問題，實務上可以同時啟動多個 HMaster，但實際上只有一個 HMaster 節點真正在運作。當正在運作的 HMaster 節點失敗時，ZooKeeper 會根據 HMaster 節點清單，透過領袖競選 (Master Election) 機制選出另一個 HMaster 節點來接替運作，確保隨時都有一個 HMaster 節點在運作。

## Region 定位

以下將說明 Region 的定位關係（參見圖 7.10）。HBase 內部使用兩類特別的目錄表格，稱為 .META. 及 -ROOT-，來定位出 HBase 中某個指定列的位置。.META. 會記錄 HBase 中每一個表格內各個 Region 的存放位置，其列的鍵值為 HBase 中所有的 Region，由表格名稱、Region 的起始鍵 (startKey) 及 Region 的時間戳記所組成，而行則記錄該 Region 所存放的 HRegionServer 位置，因此透過 .META. 便可查詢到包含指定列的 Region 存在哪個 HRegionServer 上。然而，由於 HBase 中 Region 的數量龐大，所以 .META. 本身也會被分為多個 Region，而

圖 7.10　Region 定位流程

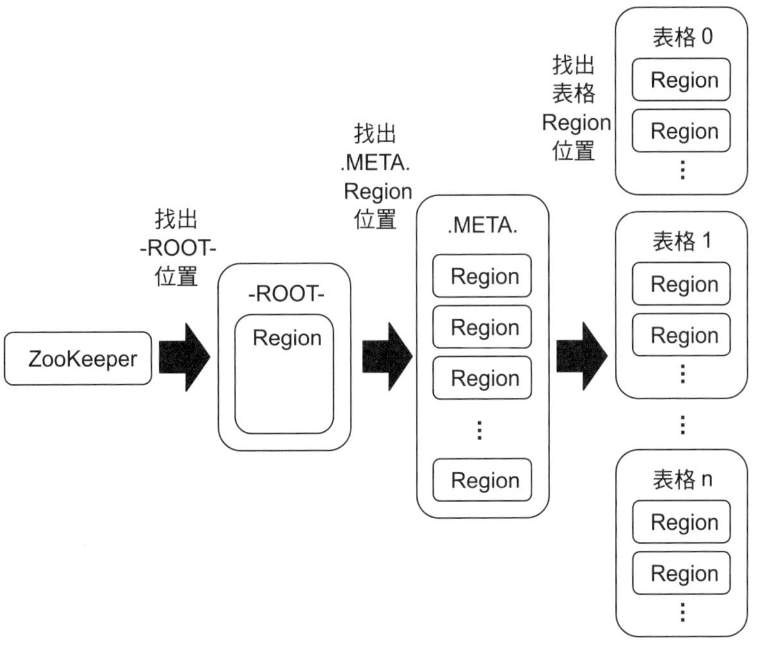

這些 .META. 的 Region 同樣被分散在不同的 HRegionServer 中，因此 HBase 又用另一張表格 -ROOT- 來記錄 .META. Region 存放的位置。

-ROOT- 的格式與 .META. 類似，只是列的鍵值為所有 .META. 的 Region，由 .META.、表格名稱、Region 的起始鍵、Region 的時間戳記及 .META. 的時間戳記所組成。-ROOT- 只有一個 Region，其存放的位置記錄在 ZooKeeper 中。因此，當使用者想要查詢某個列時，必須經過三層的搜尋：第一層先到 ZoopKeeper 查詢 -ROOT- 位置；第二層到 -ROOT- 位置處查詢 -ROOT-，就能找到包含該列相關資訊的 .META. Region 位置；第三層則到該位置查詢 .META.，即可找出包含該列的 Region 所存放之 HRegionServer。最後，使用者直接與存放該 Region 的 HRegionServer 節點互動。當 Region 狀態轉變時（例如分割、啟用／禁用、刪除及 Region 的重新分配），這些目錄表格也會隨之更新，因此叢集系統中所有 Region 都能保持在最新狀態。

由上文可知，查詢列並不需要透過 HMaster 節點，因而減少 HMaster 節點的負載。此外，為了節省每次列的操作都要經過三次搜尋的時間，使用者會暫存所有查詢過 -ROOT- 及 .META. 的 Region。之後，使用者不需要詢問 -ROOT- 及 .META. 表格，就可自行找出所需的 Region。使用者會持續使用暫存的項目直到發生錯誤為止；但當錯誤發生時（例如 Region 被移走），使用者便再次詢問 .META. 以便找到新位置。同樣地，若被徵詢的 .META. Region 被移動了，則重新徵詢 -ROOT-。

## HBase 之儲存架構

HBase 本身是不儲存任何數據資料的，數據資料實際上都是儲存在 HDFS 中。對 HBase 而言，雖然 Region 是最小的儲存單位，但對檔案系統而言，最小單位卻是行家族。這是因為資料的儲存及調整是以行家族為基準，而所有行家族的成員會被存放一起，因此若所有行家族的成員具有相同的 I/O 特性，對檔案系統會有比較好的存取效率，理所當然，行家族就成為資料儲存的最小單位。

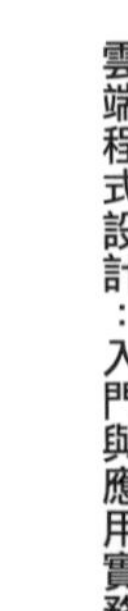


HBase 儲存在 HDFS 中的檔案格式可分為 HFile 及 HLog 兩種。HFile 是一種二進制格式的文件，但在說明 HFile 格式之前，需要先介紹 HStore。一個 HRegionServer 擁有多個 HRegion，而每個 HRegion 是由一或多個 HStore 所組成，且每個 HStore 會對應表格中的一個行家族。HStore 是以 HFile 的格式儲存在 HDFS 中，而 HStore 又包含一個 MemStore，以及零或多個 StoreFile。其中，MemStore 是一個已排序記憶體緩衝器 (Sorted Memory Buffer)，使用者寫入 HBase 的資料會先儲存至 MemStore 中。當存放於 MemStore 之資料量超過門檻值（預設為 64 MB）時，便會匯出一個 StoreFile。若 StoreFile 數量過多（預設為 3 個），HRegionServer 會根據時間戳記刪除過期的資料，將多個 StoreFile 合併變成一個。而當單一 StoreFile 的大小超過 HFile 的門檻值時（預設為 256 MB），會將原來的 HRegion 分割為兩個新的 HRegion，並將新的 HRegion 分配到其他的 HRegionServer 節點，以降低原來 HRegionServer 節點的負擔。

以下將針對 HFile 及 HLog 分別做介紹。

### 1. HFile

圖 7.11 顯示 HFile 格式，其中左邊為 HFile 的儲存格式，可分為六大部分；圖 7.11 中間則為每一部分的個別格式，包括 Data Block、Meta Block、File Info、Data/Meta Block Index 及 Trailer。

Data Block 段包含許多 Data Block，而 HBase 表格中的資料就是儲存在 Data Block 中，因此 Data Block 也是 HBase I/O 的基本單位。Data Block 由 DATABLOCKMAGIC 欄及一些 Record 欄所組成。其中，DATABLOCKMAGIC 欄可用來檢查資料是否損壞，而每一個 Record 欄則可記錄一組 KeyValue。Record 欄有固定的結構：KeyValue 的前兩欄分別表示鍵及值的長度，這兩個欄位的長度固定；之後是 Key 的相關欄位，包含列鍵相關訊息的欄位、行家族相關訊息的欄位、時間戳記欄，以及 Key Type 欄（記錄操作類型，例如 Put、Delete 等）；最後是 Value 欄。

第二部分為 Meta Block 段，由 METABLOCKMAGIC 欄及 Content 欄組成。Meta Block 是一種 Metadata 類型，被設計來管理大量鍵為字串的資料，而 HRegionServer 節點用 Meta Block 來儲存布隆過濾器 (BloomFilter)。

第三部分為 File Info，由 Map Size 欄及一些鍵／值欄組成。File Info 是另一種 Metadata 類型，是一個簡單 Map 且適合用在鍵與值都是字元組陣列的少量資料上，HRegionServer 節點用它來儲存一些 HFile 的基本訊息（如 Max SequenceId、Major Compaction Key 及 Timerange Info）。

第四部分及第五部分分別為 Data Block Index 及 Meta Block Index，由 INDEXBLOCKMAGIC 欄和一些 Record 欄所組成，而 Record 又由三個欄位所組成，分別記錄 Data/Meta Block 的起始位置、大小及第一個鍵，可做為 Data/Meta Block 的索引。

最後是 Trailer，它記錄了 File Info、Data Index 及 Meta Index 的起始位置，以及壓縮解碼器與 HFile 版本等資訊。

HFile 的欄位中，只有 File Info 及 Trailer 的長度是固定的，而 Data

圖 7.11　HFile 格式

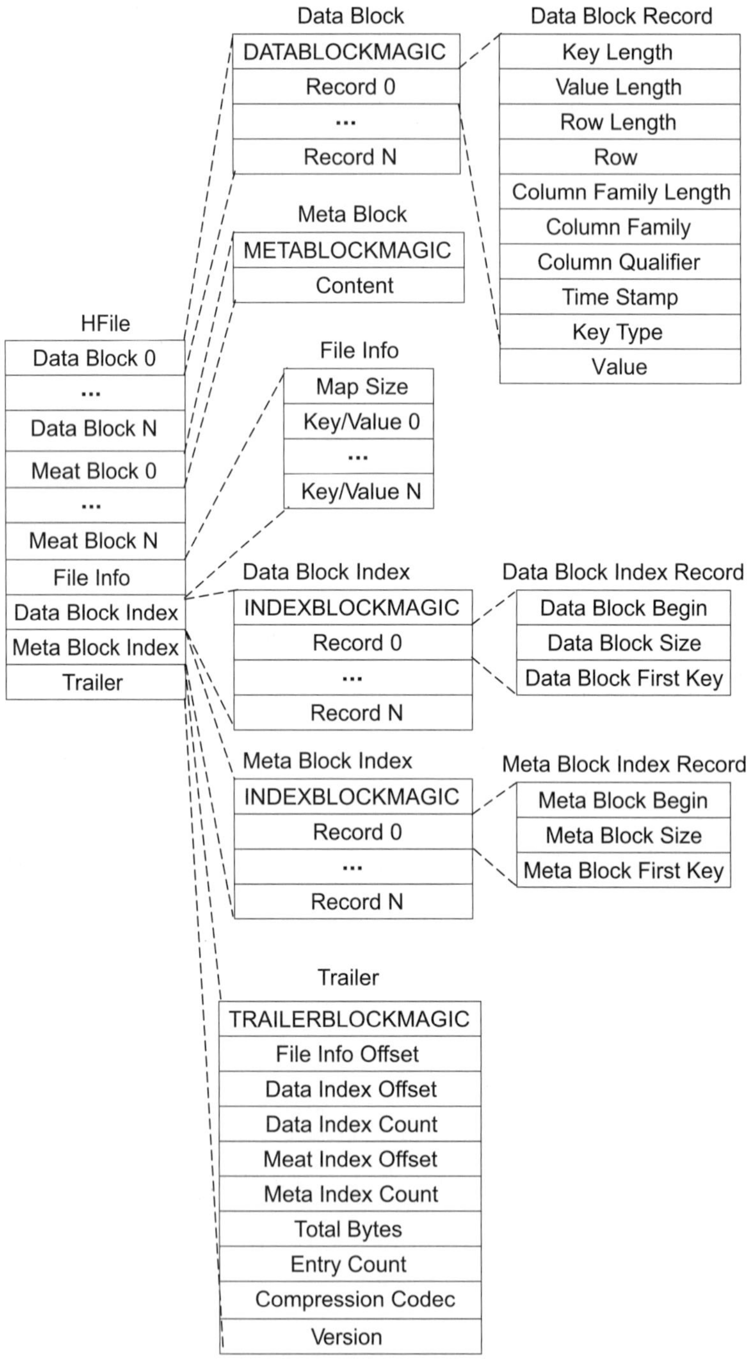

HFile
- Data Block 0
- ...
- Data Block N
- Meat Block 0
- ...
- Meat Block N
- File Info
- Data Block Index
- Meta Block Index
- Trailer

Data Block
- DATABLOCKMAGIC
- Record 0
- ...
- Record N

Data Block Record
- Key Length
- Value Length
- Row Length
- Row
- Column Family Length
- Column Family
- Column Qualifier
- Time Stamp
- Key Type
- Value

Meta Block
- METABLOCKMAGIC
- Content

File Info
- Map Size
- Key/Value 0
- ...
- Key/Value N

Data Block Index
- INDEXBLOCKMAGIC
- Record 0
- ...
- Record N

Data Block Index Record
- Data Block Begin
- Data Block Size
- Data Block First Key

Meta Block Index
- INDEXBLOCKMAGIC
- Record 0
- ...
- Record N

Meta Block Index Record
- Meta Block Begin
- Meta Block Size
- Meta Block First Key

Trailer
- TRAILERBLOCKMAGIC
- File Info Offset
- Data Index Offset
- Data Index Count
- Meat Index Offset
- Meta Index Count
- Total Bytes
- Entry Count
- Compression Codec
- Version

Block 及 Meta Block 可透過壓縮以減少網路傳輸或硬碟存取的資料量，因此整個 HFile 的長度並不固定。在讀取 HFile 時，會優先讀取

Trailer，並將 Data Block Index 存入記憶體中，接著便能在記憶體中找到包含指定鍵的資料塊，再透過 I/O 將整個資料塊存入記憶體中，最後找出指定的鍵。

## 2. HLog (WAL)

預寫式日誌 (Write-Ahead Log, WAL) 是當機器失敗時，用來復原資料的重要機制，與 MySql 中的 BinLog 類似，而 HLog 即為 HBase 中預寫式日誌的實作。如圖 7.12 所示，每個 HRegionServer 都會維護一個 HLog，當使用者進行一些會造成資料變更的操作（例如 put()、delete() 及 incrementColumnValue()）時，這些操作會被包裝在一組鍵值中，並送到 HRegionServer 節點。接著，HRegionServer 節點將這組鍵值送給相對應的 HRegion。而在這組鍵值進到 MemStore 之前，它會先被記錄在 HLog 中（此動作預設為啟動，也可關閉此動作以提升處理能力），

圖 7.12　HRegionServer 運作流程

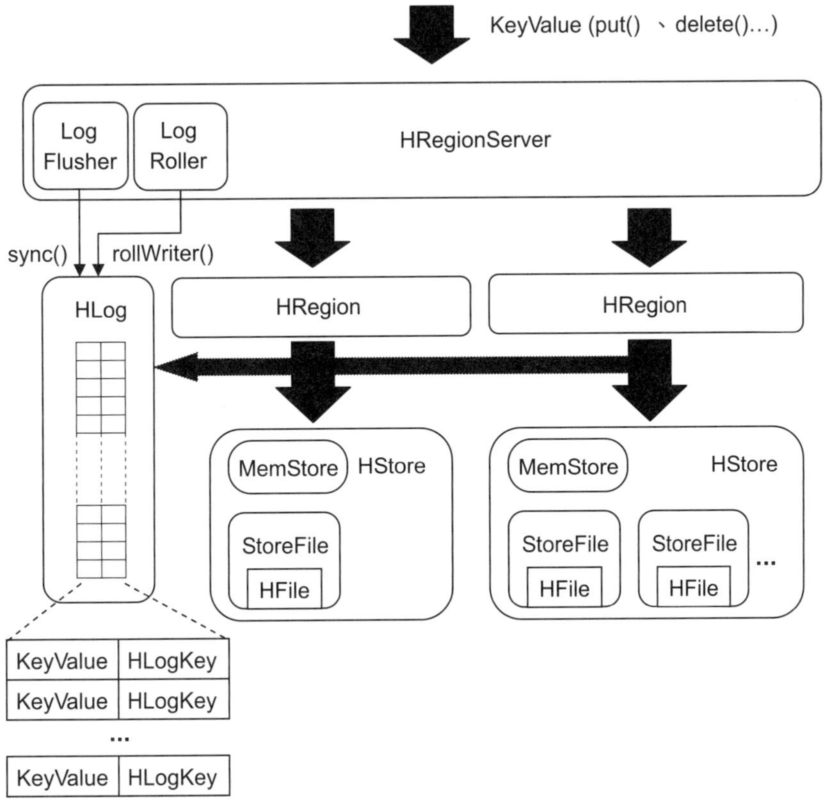

之後才寫入相對應的 MemStore，因此 HLog 能記錄使用者對資料的所有操作。

一個 HRegionServer 節點中的 HRegion 會共用同一個 HLog，因此 HRegion 在 HLlog 上的記錄順序並不一定。HLog 只是一個普通的 Hadoop Sequence File，而 Sequence File 是一種由二進制鍵／值對 (Binary Key/Value Pairs) 所組成的檔案。HLog 的鍵為 HLogKey，記錄了使用者所寫入資料的資訊，包含表格名稱、Region 名稱、寫入時間及序列號 (Sequence Number)。透過序列號，便可以得知使用者操作的先後順序。HLog 的值為使用者送來的鍵值，包含列資訊、行家族資訊、時間戳記及操作類型。透過鍵值中最後一欄 (Key Type) 所記錄的操作類型，便可知道使用者對該筆資料的操作為何。

由於 HLog 是儲存在 HDFS 中，所以 HLog 不會因機器失敗而遺失。當機器發生錯誤時，HLog 會根據所記錄的 Region 數量分割成多個子 HLog，這些子 HLog 則分別對應各自的 Region，並跟著 Region 被送到其他 HRegionServer 節點，由其他 HRegionServer 節點來處理這些子 HLog。因此，即使機器失敗，也不會影響到使用者對 HBase 的操作。

然而，由於 HBase 使用了記憶體緩衝器來提升效能，當資料寫入檔案系統之前，會先暫存在記憶體中，但這可能使 HLog 的紀錄產生誤差，即有些資料在記錄中已經寫入檔案系統，但實際上還在記憶體中。於是，HBase 透過 LogFlusher 來處理這個問題。LogFlusher 使用 HLog.optionalSync() 每隔一段時間（預設為 10 秒）便呼叫 HLog.sync() 來做同步處理。此外，HLog.doWrite() 也會呼叫 HLog.sync()，亦即當使用者在寫入資料時，會根據是否超過所設定的操作記錄數量（預設為 100）來呼叫 HLog.sync()。為了避免 HLog 檔案過大，HBase 會透過 LogRoller 每隔一段時間（預設為 1 小時）啟動一個新的日誌檔來記錄，但隨著時間增加會產生許多日誌檔而需要管理，因此 LogRoller 呼叫 HLog.rollWriter()，並根據序列號在現有的日誌檔之間找出舊的日誌檔，同時呼叫 HLog.cleanOldLogs() 加以清除。

本章第 7.3 節、第 7.4 節及第 7.5 節已針對 Hadoop MapReduce、HDFS 及 HBase 的幾項重點做介紹，但更詳細的說明及系統設定建議讀者參考 O'Reilly Media 公司所出版的《*Hadoop: The Definitive Guide*》，也可以上 Apache Hadoop 官方網站 (http://hadoop.apache.org/)，其中有 Hadoop 各子計畫的介紹及教學。

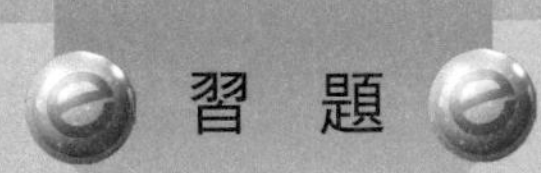

## 習題

1. 試說明 Hadoop 是哪些 Google 技術的實作。
2. 試說明 Hadoop 架構。
3. 試說明 Hadoop MapReduce 流程。
4. 試說明 HDFS 如何達成容錯。
5. 試說明 HBase Region 的定位流程。

第八章

# Hadoop 的設定與配置



本章介紹在 Linux 環境下安裝 Hadoop 及相關設定操作的過程。安裝過程主要透過終端機 (Terminal) 模式進行，因此需先瞭解一些 Linux 基本指令及 vi 文書編輯器操作指令等。以下所執行的指令或終端機顯示的畫面皆以白底黑字顯示，而編輯文件內容時則以灰底黑字顯示。若指令前面為「/hadoop#」，表示該指令需先進入 hadoop 目錄後再執行，而部分設定檔的內容可根據使用者環境的不同而改變，這些部分會以 [] 表示，例如 [ 主機名稱 ] 表示此處可輸入使用者自訂的主機名稱。

本章首先說明 Hadoop 所需的系統硬體需求，接著示範如何安裝不同模式的 Hadoop 環境（包含 HBase 的安裝），並在最後介紹一些 Hadoop 平台上常用的操作指令與網頁介面。

## 8.1 前置作業

Hadoop 可建立在 GNU/Linux 及 Win 32 平台之上，而本實作係以 GNU/Linux 為安裝平台。安裝 Hadoop 前需先安裝兩個套件，分別是

Java 及 OpenSSH。Hadoop 以 Java 撰寫而成，所以必須在 Java 的環境下運作；因此，系統需安裝 Java 6（或更新的版本）。本實作範例所使用的作業系統為 CentOS 5.5，而在安裝作業系統過程中，預設會安裝 OpenJDK 的 Java 套件，可由指令 java -version 進行查詢：

```
~# java -version
java version "1.6.0_17"
OpenJDK Runtime Environment (IcedTea6 1.7.5) (rhel-1.16.b17.el5-i386)
OpenJDK Client VM (build 14.0-b16, mixed mode)
```

雖然 Hadoop 可在 OpenJDK 上運作，但 OpenJDK 對某些應用並不支援，而且為了後續程式開發（參見本章後續內容），本範例的 Java 環境以 Oracle (Sun) Java JDK 為主。Oracle (Sun) Java JDK 可從 Oracle 官網 (http://www.oracle.com) 下載（如圖 8.1 所示）。

請根據作業系統類型及位元數選擇相對應的檔案下載，每種作業

**圖 8.1 下載 Oracle (Sun) Java JDK 畫面**

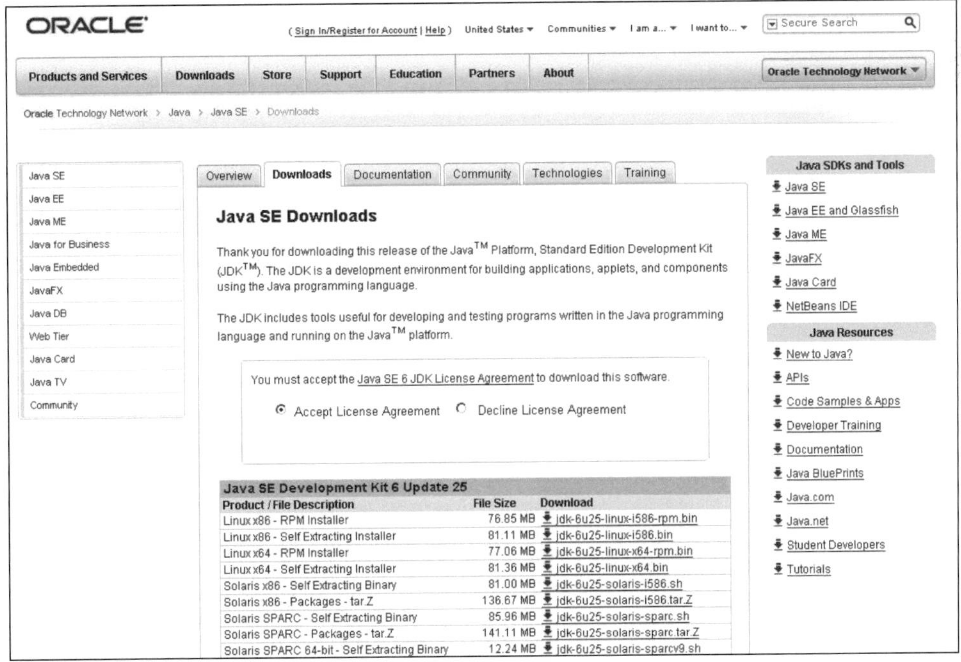


資料來源：擷取自 http://www.oracle.com。

系統都有兩種版本可供下載。本範例將 jdk-6u25-linux-i586.bin 下載至 /usr 後，將檔案改為可執行模式：

```
~# chmod +x jdk-6u25-linux-i586.bin
```

接著執行安裝檔：

```
~# ./jdk-6u25-linux-i586.bin
```

開始執行指令便可自動安裝，並在 /usr（放置安裝檔的目錄）中創建名為 jdk1.6.0_25 的目錄。接下來，使用指令 alternatives 讓 Oracle (Sun) Java JDK 代替 OpenJDK：

```
~# alternatives --install /usr/bin/java java /usr/jdk1.6.0_25/bin/java 20000
~# alternatives --install /usr/bin/javac javac /usr/jdk1.6.0_25/bin/javac 20000
```

最後再度確認 Java 環境是否安裝成功：

```
~# java -version
java version "1.6.0_25"
Java(TM) SE Runtime Environment (build 1.6.0_25-b06)
Java HotSpot(TM) Client VM (build 20.0-b11, mixed mode, sharing)
~#javac -version
Javac 1.6.0_25
```

至此 Java 環境已安裝完成。

由於 Hadoop 平台中，機器透過 SSH (Secure Shell) 彼此溝通，因此需利用下列指令安裝 OpenSSH 並啟動 SSH 服務。此外，也可安裝 rsync（為一個遠端資料同步工具），讓 LAN 或 WAN 內的主機快速同步資料。下載安裝完後啟動服務如下：

```
~# yum -y install openssh rsync
~# /etc/init.d/sshd restart
```

請注意，為了方便 Hadoop 的安裝，在下一節的安裝示範將直接使

用管理者 (Root) 權限操作。然而若讀者考慮到系統安全，建議新增另一使用者進行 Hadoop 的安裝。此外，由於 Hadoop 叢集內的節點透過網路互相溝通，因此防火牆的設定也需要注意。

## 8.2 Hadoop 的安裝設定

安裝 Hadoop 可分為三種模式：單機模式 (Local/Standalone Mode)、偽分散模式 (Pseudo-Distributed Mode) 及完全分散模式 (Fully-Distributed Mode)。前兩種是在單機環境中架設 Hadoop，其中單機模式是非分散式模式，就像是一支 Java 程序，很適合用來除錯；偽分散模式是在單機上執行多個獨立的 Hadoop 程序，進而模擬多個節點運行環境。至於完全分散模式則在叢集環境中架設 Hadoop，以發揮 Hadoop 分散式運算系統的效能。這三種模式包含了 Hadoop 中 HDFS 及 MapReduce 兩部分，接下來將在第 8.2.1 節介紹如何安裝單機模式及偽分散模式，第 8.2.2 節介紹完全分散模式的安裝方式，而第 8.2.3 節則介紹 HBase 的安裝。

### 8.2.1 Hadoop 單機安裝

#### 下載及安裝 Hadoop

首先下載 Hadoop 安裝檔案，使用者可到 Apache Hadoop 官網 (http://hadoop.apache.org/) 下載（參見圖 8.2）。

雖然 Hadoop 最新版為 Hadoop 0.21.0，但目前此版本仍不穩定，因此本實作範例以 Hadoop 0.20.2 為主，使用者可使用指令 wget 從其中一個鏡像站 (Mirror) 下載 hadoop-0.20.2.tar.gz：

```
~#wget http://apache.cs.pu.edu.tw//hadoop/common/hadoop-0.20.2/
hadoop-0.20.2.tar.gz
```

下載完畢後解壓縮：

```
~# tar zxvf hadoop-0.20.2.tar.gz
```

把解壓縮後所產生的 hadoop-0.20.2 目錄移至 /opt 目錄下，並將目錄更

圖 8.2　下載 Hadoop 畫面

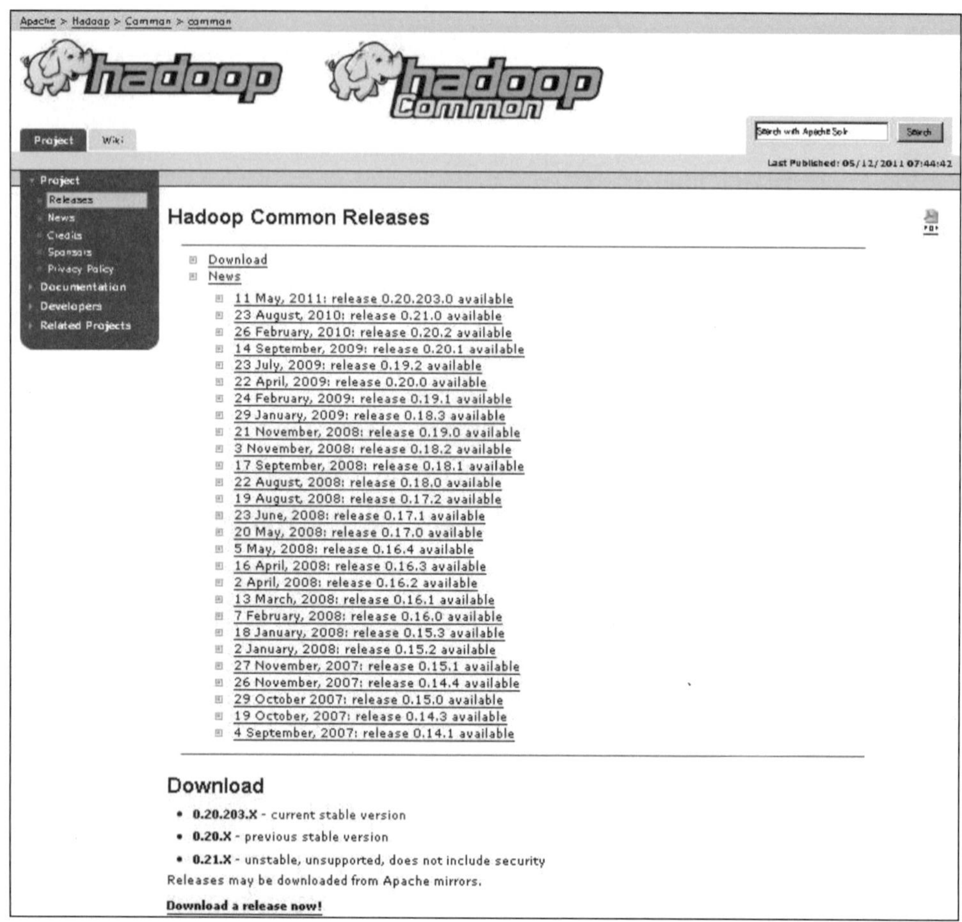


資料來源：擷取自 http://hadoop.apache.org。

名為 hadoop：

```
~# mv hadoop-0.20.2 /opt/hadoop
```

## 環境設定

接著設定 Hadoop 的環境變數。Hadoop 的環境變數可在 hadoop-env.sh 中設定。首先進入 hadoop 目錄，使用 vi 編輯 conf/hadoop-env.sh：

```
~# cd /opt/hadoop/
/hadoop# vi conf/hadoop-env.sh
```

在 hadoop-env.sh 中加入 JAVA_HOME 路徑 (export JAVA_HOME=/usr/jdk1.6.0_25)。此外，為避免因為 IPv6 協定所造成的錯誤，可先關閉 IPv6，或在 hadoop-env.sh 中加入 export HADOOP_OPTS=-Djava.net.preferIPv4Stack=true，優先使用 IPv4 解決此問題：

```
# Command specific options appended to HADOOP_OPTS when specified
export HADOOP_NAMENODE_OPTS="-Dcom.sun.management.jmxremote $HADOOP_NAMENODE_OPTS"
export HADOOP_SECONDARYNAMENODE_OPTS="-Dcom.sun.management.jmxremote $HADOOP_SECONDARYNAMENODE_OPTS"
export HADOOP_DATANODE_OPTS="-Dcom.sun.management.jmxremote $HADOOP_DATANODE_OPTS"
export HADOOP_BALANCER_OPTS="-Dcom.sun.management.jmxremote $HADOOP_BALANCER_OPTS"
export HADOOP_JOBTRACKER_OPTS="-Dcom.sun.management.jmxremote $HADOOP_JOBTRACKER_OPTS"
export JAVA_HOME=/usr/jdk1.6.0_25   ←在此加入 JAVA_HOME 路徑
export HADOOP_OPTS=-Djava.net.preferIPv4Stack=true  ←優先使用 IPv4
```

請留意，JAVA_HOME 路徑需根據實際存放位置修改。至此，已完成 Hadoop 單機模式的安裝，可用下列指令測試 Hadoop 的功能是否正常：

```
/hadoop# bin/hadoop
Usage: hadoop [--config confdir] COMMAND
where COMMAND is one of:
  namenode -format       format the DFS filesystem
  secondarynamenode      run the DFS secondary namenode
  namenode               run the DFS namenode
  datanode               run a DFS datanode
```

```
    dfsadmin              run a DFS admin client
    mradmin               run a Map-Reduce admin client
    fsck                  run a DFS filesystem checking utility
    fs                    run a generic filesystem user client
    balancer              run a cluster balancing utility
    jobtracker            run the MapReduce job Tracker node
    pipes                 run a Pipes job
    tasktracker           run a MapReduce task Tracker node
    job                   manipulate MapReduce jobs
    queue                 get information regarding JobQueues
    version               print the version
    jar <jar>             run a jar file
    distcp <srcurl> <desturl> copy file or directories recursively
    archive -archiveName NAME <src>* <dest> create a hadoop ar-
    chive
    daemonlog             get/set the log level for each daemon
 or
    CLASSNAME             run the class named CLASSNAME
Most commands print help when invoked w/o parameters.
```

若出現上面訊息，則表示安裝成功；若出現錯誤訊息，請檢查 conf/hadoop-env.sh 中 JAVA_HOME 路徑是否正確。

### 測試範例（單機模式）

於此，可以先執行 Hadoop 壓縮檔內所附的範例程式 hadoop-0.20.2-examples.jar，使用 grep 功能計算輸入文件中包含指定字串之每個字出現的次數。使用者可透過下列指令先創建一個名為 input 的目錄，並把 conf/ 中所有 xml 檔都複製到此 input 目錄中：

```
/hadoop# mkdir input
/hadoop# cp conf/*.xml input
```

接著，執行範例 hadoop-0.20.2-examples.jar。在此使用 grep 功能，過濾出所有輸入檔案中以「config」為字首的單字：

```
/hadoop# bin/hadoop jar hadoop-0.20.2-examples.jar grep input out-
put 'config[a-z.]+'
```

這個範例應該很快可以執行完畢，進而可利用下列指令查看結果：

```
/hadoop# cat output/*
13        configuration
4         configuration.xsl
1         configure
```

由上述結果可知，在 input 目錄內的所有文件，以「config」為字首的單字中，configuration 出現過 13 次、configuration.xsl 出現過 4 次，而 configure 出現過 1 次。在執行 hadoop-0.20.2-examples.jar grep 這個範例後，需把輸出目錄清除掉，否則再次執行此範例時會出現目錄已存在的錯誤，因此使用下列指令將 output 目錄刪除：

```
/hadoop# rm -rf output
```

## 偽分散模式設定

下面將介紹偽分散模式的設定。延續上面的步驟，修改 conf 目錄內的 core-site.xml、hdfs-site.xml 及 mapred-site.xml。首先修改 core-site.xml：

```
/hadoop# vi conf/core-site.xml
```

在 core-site.xml 內容的 <configuration> 與 </configuration> 之間插入：

```
<property>
    <name>fs.default.name</name>
    <value>hdfs://localhost:[ 名稱節點（NameNode）通訊埠 ]
    </value>
</property>
```

即：

```
<?xml version="1.0"?>
<?xml-stylesheet type="text/xsl" href="configuration.xsl"?>

<!-- Put site-specific property overrides in this file. -->

<configuration>
    <property>
        <name>fs.default.name</name>
        <value>hdfs://localhost:9000</value>
    </property>
</configuration>
```

接著修改 hdfs-site.xml：

```
/hadoop# vi conf/hdfs-site.xml
```

在 hdfs-site.xml 內容的 <configuration> 與 </configuration> 之間插入：

```
<property>
    <name>dfs.replication</name>
    <value>[ 副本數量 ]</value>
</property>
```

由於目前為單一節點，因此副本數量先設為 1。完成內容如下：

```
<?xml version="1.0"?>
<?xml-stylesheet type="text/xsl" href="configuration.xsl"?>

<!-- Put site-specific property overrides in this file. -->

<configuration>
    <property>
        <name>dfs.replication</name>
        <value>1</value>
    </property>
</configuration>
```

最後修改 mapred-site.xml：

```
/hadoop# vi conf/mapred-site.xml
```

在 mapred-site.xml 內容的 <configuration> 與 </configuration> 之間插入：

```
<property>
    <name>mapred.job.tracker</name>
    <value>localhost:[JobTracker 通訊埠 ]</value>
</property>
```

即：

```
<?xml version="1.0"?>
<?xml-stylesheet type="text/xsl" href="configuration.xsl"?>

<!-- Put site-specific property overrides in this file. -->

<configuration>
  <property>
    <name>mapred.job.tracker</name>
    <value>localhost:9001</value>
  </property>
</configuration>
```

## 設定 SSH 登入免密碼步驟

由於 Hadoop 系統中的主機都是透過 SSH 互相溝通，因此需設定 SSH 登入時免輸入密碼。首先，確認登入本地機器是否需要密碼（第一次登入會出現是詢問是否連結的訊息，輸入 yes 並按下 Enter 後便可繼續登入）：

```
~# ssh localhost
The authenticity of host 'localhost (127.0.0.1)' can't be established.
RSA key fingerprint is <your RSA key fingerprint>
Are you sure you want to continue connecting (yes/no)? yes   ←輸入 yes
```

```
Warning: Permanently added 'localhost' (RSA) to the list of known
hosts.
root@localhost's password:   ←要求輸入密碼
```

若出現要求輸入密碼，此時可按「Ctrl + C」，先跳出輸入密碼步驟。接下來使用下列指令完成登入免密碼：

```
~# ssh-keygen -t rsa -f ~/.ssh/id_rsa -P ""
~# cp ~/.ssh/id_rsa.pub ~/.ssh/authorized_keys
```

完成後再登入本地機器確認是否還需要密碼，便可發現不需輸入密碼即可登入，登入後輸入 exit 即可登出：

```
~# ssh localhost
Last login: Mon May 16 10:04:39 2011 from localhost
~# exit
```

### 啟動 Hadoop

經過上述步驟後，Hadoop 的環境設定大致完成，接著輸入指令 bin/hadoop namenode -format，以格式化名稱節點：

```
/hadoop# bin/hadoop namenode -format
11/05/16 10:20:27 INFO namenode.NameNode: STARTUP_MSG:
/************************************************************
STARTUP_MSG: Starting NameNode
STARTUP_MSG:   host = localhost/127.0.0.1
STARTUP_MSG:   args = [-format]
STARTUP_MSG:   version = 0.20.2
STARTUP_MSG:   build = https://svn.apache.org/repos/asf/hadoop/
common/branches/branch-0.20 -r 911707; compiled by 'chrisdo' o
n Fri Feb 19 08:07:34 UTC 2010
************************************************************/
11/05/16 10:20:27 INFO namenode.FSNamesystem:
fsOwner=root,root,bin,daemon,sys,adm,disk,wheel
```

```
11/05/16 10:20:27 INFO namenode.FSNamesystem:
supergroup=supergroup
11/05/16 10:20:27 INFO namenode.FSNamesystem:
isPermissionEnabled=true
11/05/16 10:20:27 INFO common.Storage: Image file of size 94 saved in
0 seconds.
11/05/16 10:20:28 INFO common.Storage: Storage directory /tmp/ha-
doop-root/dfs/name has been successfully formatted.
11/05/16 10:20:28 INFO namenode.NameNode: SHUTDOWN_MSG:
/************************************************************
SHUTDOWN_MSG: Shutting down NameNode at localhost/127.0.0.1
************************************************************/
```

若出現上列訊息，表示格式化完成。(請留意，如果 Hadoop 已經在執行運算中，若再次執行格式化指令，將會刪除原來的資料。) 接著，只需輸入指令 bin/start-all.sh 就可啟動名稱節點、第二名稱節點、資料節點、JobTracker 及 TaskTracker：

```
/hadoop# bin/start-all.sh
starting namenode, logging to /opt/hadoop/bin/../logs/hadoop-root-
namenode-Host01.out
localhost: starting datanode, logging to /opt/hadoop/bin/../logs/ha-
doop-root-datanode-Host01.out
localhost: starting secondarynamenode, logging to /opt/hadoop/bin/../
logs/hadoop-root-secondarynamenode-Host01.out
starting jobtracker, logging to /opt/hadoop/bin/../logs/hadoop-root-
jobtracker-Host01.out
localhost: starting tasktracker, logging to /opt/hadoop/bin/../logs/ha-
doop-root-tasktracker-Host01.out
```

### 測試範例 (偽分散模式)

同樣地，執行 hadoop-0.20.2-examples.jar grep 這個範例測試運行狀態。先利用指令 bin/hadoop fs -put 將 conf 目錄中的所有檔案放到

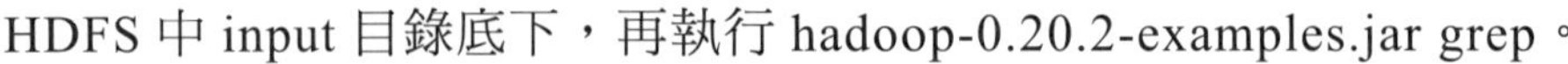

HDFS 中 input 目錄底下，再執行 hadoop-0.20.2-examples.jar grep。

```
/hadoop# bin/hadoop fs -put conf input
/hadoop# bin/hadoop jar hadoop-0.20.2-examples.jar grep input out-
put 'config[a-z.]+'
```

於此可發現執行時間明顯比單機模式久，這是因為偽分散模式在單機上模擬出多台主機，反而使系統執行時間延長。

### 8.2.2 Hadoop 叢集安裝

本節接著介紹如何安裝、配置及管理 Hadoop 叢集系統。在安裝 Hadoop 叢集之前，需先架設好叢集系統。此安裝範例使用的叢集環境如下：

| 主機名稱 | 角色 | IP |
|---|---|---|
| Host01 | 名稱節點 + JobTracker | 192.168.1.1 |
| Host02 | 資料節點 + TaskTracker | 192.168.1.2 |

由於後續很多操作是利用主機名稱表示，請留意 /etc/hosts 中主機名稱及 IP 是否正確。由上表可知，Host01 將擔任名稱節點，負責管理其他資料節點。但不論擔任名稱節點或資料節點，每台機器都需先安裝 Java 及 OpenSSH（參考第 8.1 節之前置作業），以下將介紹 Hadoop 叢集系統的安裝步驟。若已執行單機安裝流程的使用者，請執行下列步驟以清除之前的設定。先在 Hadoop 目錄中使用指令 bin/stop-all.sh 停止 Hadoop 運行，再使用指令 cd 回到根目錄，並透過指令 rm -rf 將 hadoop、.ssh 目錄及 tmp 目錄中的暫存檔刪除：

```
/hadoop# bin/stop-all.sh
/hadoop# cd
~# rm -rf /opt/hadoop
~# rm -rf ~/.ssh
~# rm -rf /tmp/*
```

## 下載及安裝 Hadoop

與單機安裝步驟相同，以下步驟都在 Host01 上操作。首先到官網下載 Hadoop 0.20.2 版並解壓縮，解壓縮後移動 hadoop-0.20.2 目錄到 /opt 目錄中並更名為 hadoop：

```
~# wget http://apache.cs.pu.edu.tw//hadoop/common/hadoop-0.20.2/
hadoop-0.20.2.tar.gz
~# tar zxvf hadoop-0.20.2.tar.gz
~# mv hadoop-0.20.2 /opt/hadoop
```

## 環境設定

此時有許多檔案需進行設定，包含 conf/hadoop-env.sh、conf/core-site.xml、conf/hdfs-site.xml、conf/mapred-site.xml、conf/masters 及 conf/slaves。首先設定 conf/hadoop-env.sh，進入 /opt/hadoop 目錄後，利用 vi 編輯器修改 conf/hadoop-env.sh 內容：

```
~# cd /opt/hadoop/
/hadoop# vi conf/hadoop-env.sh
```

在 hadoop-env.sh 中加入 JAVA_HOME 路徑：

```
# Command specific options appended to HADOOP_OPTS when
specified
export HADOOP_NAMENODE_OPTS="-Dcom.sun.management.
jmxremote $HADOOP_NAMENODE_OPTS"
export HADOOP_SECONDARYNAMENODE_OPTS="-Dcom.sun.man-
agement.jmxremote $HADOOP_SECONDARYNAMENODE_OPTS"
export HADOOP_DATANODE_OPTS="-Dcom.sun.management.jmxre-
mote $HADOOP_DATANODE_OPTS"
export HADOOP_BALANCER_OPTS="-Dcom.sun.management.jmxre-
mote $HADOOP_BALANCER_OPTS"
export HADOOP_JOBTRACKER_OPTS="-Dcom.sun.management.
jmxremote $HADOOP_JOBTRACKER_OPTS"
export JAVA_HOME=/usr/jdk1.6.0_25    ←在此加入 JAVA_HOME 路徑
```

再來設定 conf/core-site.xml，利用 vi 開啟：

```
/hadoop# vi conf/core-site.xml
```

在 conf/core-site.xml 裡的 <configuration> 及 </configuration> 之間加入：

```
<property>
    <name>fs.default.name</name>
    <value>hdfs://[ 名稱節點主機名稱 ]:[ 名稱節點通訊埠 ]
    </value>
</property>
<property>
    <name>hadoop.tmp.dir</name>
    <value>[ 暫存檔存放路徑 ]</value>
</property>
```

完成檔案內容如下：

```
<?xml version="1.0"?>
<?xml-stylesheet type="text/xsl" href="configuration.xsl"?>

<!-- Put site-specific property overrides in this file. -->

<configuration>
  <property>
    <name>fs.default.name</name>
    <value>hdfs://Host01:9000</value>
  </property>
  <property>
    <name>hadoop.tmp.dir</name>
    <value>/var/hadoop/hadoop-${user.name}</value>
  </property>
</configuration>
```

接著設定 conf/hdfs-site.xml，利用 vi 開啟 conf/hdfs-site.xml：

```
/hadoop# vi conf/hdfs-site.xml
```

在 conf/hdfs-site.xml 裡的 <configuration> 及 </configuration> 之間加入：

```
 <property>
<name>dfs.replication</name>
<value>[ 副本數量 ]</value>
 </property>
```

完成檔案內容如下：

```
<?xml version="1.0"?>
<?xml-stylesheet type="text/xsl" href="configuration.xsl"?>

<!-- Put site-specific property overrides in this file. -->

<configuration>
   <property>
      <name>dfs.replication</name>
      <value>2</value>
   </property>
</configuration>
```

接下來設定 conf/mapred-site.xml，利用 vi 開啟 conf/mapred-site.xml：

```
/hadoop# vi conf/mapred-site.xml
```

在 conf/mapred-site.xml 裡的 <configuration> 及 </configuration> 之間加入：

```
<property>
    <name>mapred.job.tracker</name>
    <value>[JobTracker 主機名稱 ]:[JobTracker 通訊埠 ]
    </value>
</property>
```

完成檔案內容如下：

```
<?xml version="1.0"?>
<?xml-stylesheet type="text/xsl" href="configuration.xsl"?>

<!-- Put site-specific property overrides in this file. -->

<configuration>
    <property>
        <name>mapred.job.tracker</name>
        <value>Host01:9001</value>
    </property>
</configuration>
```

然後設定 conf/masters，利用 vi 開啟 conf/masters：

```
/hadoop# vi conf/masters
```

開啟 conf/masters 後，可看到預設為 locahost，而 masters 中記錄的是第二名稱節點。此時，可根據使用者環境指定為另一台主機或設定多台主機，利用主機名稱或 IP 都可以。但在此範例中不使用第二名稱節點，因此把這個檔案的內容清空即可。

再來設定 conf/slaves，利用 vi 開啟 conf/slaves：

```
/hadoop# vi conf/slaves
```

開啟後預設也是 localhost，記錄在 conf/slaves 內的主機將成為資料節點及 TaskTracker，因此需將名稱節點填入 conf/slaves 中。由於在此範例中 Host01 只負責管理，因此把 conf/slaves 中的 localhost 刪除，改為 Host02 即可。若打算讓名稱節點同時扮演資料節點的角色，也可把名稱節點的主機名稱加入此檔案中。

### 將 Hadoop 目錄複製到其他主機上

設定完畢的 Hadoop 目錄需複製到每台資料節點上，也可透過共享式檔案系統（如 NFS）共用同一個目錄。使用指令 scp 將 Host01 的

Hadoop 目錄複製到 Host02：

```
~# scp -r /opt/hadoop Host02:/opt/
```

### 設定兩台主機 SSH 登入免密碼

與單機安裝時相同，只需多一個步驟，即利用指令 scp 把公鑰傳給其他主機：

```
~# ssh-keygen -t rsa -f ~/.ssh/id_rsa -P “”
~# cp ~/.ssh/id_rsa.pub ~/.ssh/authorized_keys
~# scp -r ~/.ssh Host02:~/
```

接著測試是否登入免密碼：

```
~# ssh Host02          ←從 Host01 登入 Host02
~# ssh Host01          ←從 Host02 登入 Host01
~# exit                ←離開 Host01
~# exit                ←離開 Host02（即又回到原來的 Host01）
```

### 啟動 Hadoop

與單機安裝相同，先格式化名稱節點：

```
/hadoop# bin/hadoop namenode -format
```

可看到下列訊息：

```
11/05/16 21:52:13 INFO namenode.NameNode: STARTUP_MSG:
/************************************************************
STARTUP_MSG: Starting NameNode
STARTUP_MSG:   host = Host01/127.0.0.1
STARTUP_MSG:   args = [-format]
STARTUP_MSG:   version = 0.20.2
STARTUP_MSG:   build = https://svn.apache.org/repos/asf/hadoop/
common/branches/branch-0.20 -r 911707; compiled by ‘chrisdo’ on Fri
Feb 19 08:07:34 UTC 2010
```

```
***********************************************************/
11/05/16 21:52:13 INFO namenode.FSNamesystem: fsOwner=root,root,
bin,daemon,sys,adm,disk,wheel
11/05/16 21:52:13 INFO namenode.FSNamesystem:
supergroup=supergroup
11/05/16 21:52:13 INFO namenode.FSNamesystem:
isPermissionEnabled=true
11/05/16 21:52:13 INFO common.Storage: Image file of size 94 saved in
0 seconds.
11/05/16 21:52:13 INFO common.Storage: Storage directory /var/ha-
doop/hadoop-root/dfs/name has been successfully formatted.
11/05/16 21:52:13 INFO namenode.NameNode: SHUTDOWN_MSG:
/***********************************************************
SHUTDOWN_MSG: Shutting down NameNode at Host01/127.0.0.1
***********************************************************/
```

接著啟動 Hadoop：

```
/hadoop# bin/start-all.sh
starting namenode, logging to /opt/hadoop/bin/../logs/hadoop-root-
namenode-Host01.out
Host02: starting datanode, logging to /opt/hadoop/bin/../logs/hadoop-
root-datanode-Host02.out
starting jobtracker, logging to /opt/hadoop/bin/../logs/hadoop-root-
jobtracker-Host01.out
Host02: starting tasktracker, logging to /opt/hadoop/bin/../logs/ha-
doop-root-tasktracker-Host02.out
```

至此已完成 Hadoop 叢集系統（也就是完全分散模式）的架設，接著可用指令 bin/hadoop dfsadmin -report 查看 HDFS 的狀態。最上面顯示整個 HDFS 的資訊，接著為每個資料節點的個別資訊：

```
/hadoop# bin/hadoop dfsadmin -report
Configured Capacity: 9231007744 (8.6 GB)
Present Capacity: 3865870586 (3.6 GB)
DFS Remaining: 3865772032 (3.6 GB)
DFS Used: 98554 (96.24 KB)
DFS Used%: 0%
Under replicated blocks: 17
Blocks with corrupt replicas: 0
Missing blocks: 0

-------------------------------------------------
Datanodes available: 1 (1 total, 0 dead)

Name: 192.168.1.2:50010
Decommission Status : Normal
Configured Capacity: 9231007744 (8.6 GB)
DFS Used: 98554 (96.24 KB)
Non DFS Used: 5365137158 (5 GB)
DFS Remaining: 3865772032(3.6 GB)
DFS Used%: 0%
DFS Remaining%: 41.88%
Last contact: Mon May 16 22:15:03 CST 2011
```

## 測試範例（完全分散模式）

同樣使用 hadoop-0.20.2-examples.jar grep 範例。先在 HDFS 上創建一個 input 目錄，再將 hadoop 目錄中 conf 目錄內的檔案全放上去，接著便執行 hadoop-0.20.2-examples.jar grep 範例：

```
/hadoop# bin/hadoop fs -mkdir input
/hadoop# bin/hadoop fs -put conf/* input/
/hadoop# bin/hadoop jar hadoop-0.20.2-examples.jar grep input out-
put 'config[a-z.]+'
```

等待執行完畢後，使用指令 bin/hadoop fs -cat 查詢執行結果：

```
/hadoop# bin/hadoop fs -cat output/part-00000
19  configuration
6   configuration.xsl
1   configure
```

hadoop-0.20.2-examples.jar 範例除了 grep 的功能外，還有許多其他功能可測試，使用指令 bin/hadoop jar hadoop-0.20.2-examples.jar 即可查詢。使用者可嘗試使用 hadoop-0.20.2-examples.jar 範例的其他功能來測試 Hadoop 的運作是否正常：

```
/hadoop# bin/hadoop jar hadoop-0.20.2-examples.jar
```

## 8.2.3 HBase 叢集安裝

本節將介紹如何安裝 HBase 叢集系統。安裝 HBase 有下列三項需求：

1. **先安裝 Hadoop 叢集系統並啟動**：由於 HBase 必須在 Hadoop 上執行，而且許多軟體版本要求都與 Hadoop 相同（例如 Java 需第 6 版或更新版、OpenSSH 等），因此若先安裝好 Hadoop 叢集系統並啟動相關服務，即可滿足這些條件。
2. **HBase0.20 版以後的叢集安裝需搭配 ZooKeeper**：ZooKeeper 是 Apache Hadoop 子計畫之一，主要目的在於提供高效率且可靠的協同工作系統，並透過領袖選舉機制，確保系統中有一個 Master 負責管理。安裝 HBase 叢集系統有兩種作法：第一種可先安裝好 ZooKeeper 後，再設定 HBase 於 ZooKeeper 上執行；另一種則利用 HBase 內建的 ZooKeeper。在本節範例中，是利用 HBase 內建的 ZooKeeper 做為示範。
3. **使用 NTP 校對叢集系統內所有主機時間**：HBase 叢集系統內的機器必須有相同的系統時間。雖然可以容忍一點誤差，但誤差過大時會造成運作時的錯誤。

本節實作的範例環境係沿用第 8.2.2 節所架設的系統環境。叢集系統中有兩個節點，分別為 Host01 及 Host02；Host01 將成為 HBase 中的 HMaster節點，而 Host02 為 HRegionServer。接下來開始介紹安裝流程。

### 下載及安裝 HBase

首先到 HBase 的官網 (http://hbase.apache.org/) 下載 HBase 壓縮檔（如圖 8.3 所示）。

圖 8.3　下載 HBase

資料來源：擷取自 http://hbase.apache.org/。

目前可下載的最新版本為 hbase-0.90.2.tar.gz，解壓縮後放到 /opt 目錄內並更名為 hbase，最後進入 hbase 目錄中：

```
~# wget http://apache.cs.pu.edu.tw//hbase/hbase-0.90.2/hbase-
0.90.2.tar.gz
~# tar zxvf hbase-0.90.2.tar.gz
~# mv hbase-0.90.2 /opt/hbase
~# cd /opt/hbase/
```

### 環境設定

利用 vi 編輯 conf/hbase-env.sh：

```
/hbase# vi conf/hbase-env.sh
```

並將下列內容加入到 conf/hbase-env.sh 裡：

```
export JAVA_HOME=/usr/jdk1.6.0_25/
export HBASE_MANAGES_ZK=true
export HBASE_LOG_DIR=/tmp/hadoop/hbase-logs
export HBASE_PID_DIR=/tmp/hadoop/hbase-pids
```

編輯 conf/hbase-site.xml 內容，並設定 HBase 的一些相關參數：

```
/hbase# vi conf/hbase-site.xml
```

接著加入：

```
<property>
        <name>hbase.rootdir</name>
        <value>[HBase 在 HDFS 上的工作目錄 ]</value>
    </property>
    <property>
        <name>hbase.cluster.distributed</name>
        <value>[ 是否為分散式 ]</value>
    </property>
    <property>
        <name>hbase.zookeeper.property.clientPort</name>
        <value>[ZooKeeper client 通訊埠 ]</value>
    </property>
    <property>
        <name>hbase.zookeeper.quorum</name>
        <value>[ZooKeeper 中所有節點的主機名稱 ]</value>
    </property>
    <property>
```



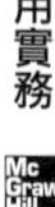

```
            <name>hbase.zookeeper.property.dataDir</name>
            <value>[ZooKeeper 快照儲存路徑 ]</value>
        </property>
        <property>
            <name>hbase.tmp.dir</name>
            <value>[ 暫存檔存放路徑 ]</value>
        </property>
        <property>
            <name>hbase.master </name>
            <value>[HBase Master 主機名稱 ]:[HBase Master 通訊
            埠 ]</value>
    </property>
```

其檔案內容如下：

```
<?xml version="1.0"?>
<?xml-stylesheet type="text/xsl" href="configuration.xsl"?>
<!--
/**
 * Copyright 2010 The Apache Software Foundation
 *
 * Licensed to the Apache Software Foundation (ASF) under one
 * or more contributor license agreements.  See the NOTICE file
 * distributed with this work for additional information
 * regarding copyright ownership.  The ASF licenses this file
 * to you under the Apache License, Version 2.0 (the
 * "License"); you may not use this file except in compliance
 * with the License.  You may obtain a copy of the License at
 *
 * http://www.apache.org/licenses/LICENSE-2.0
 *
 * Unless required by applicable law or agreed to in writing, software
 * distributed under the License is distributed on an "AS IS" BASIS,
```

```
 * WITHOUT WARRANTIES OR CONDITIONS OF ANY KIND, either
express or implied.
 * See the License for the specific language governing permissions
and
 * limitations under the License.
 */
-->
<configuration>
    <property>
        <name>hbase.rootdir</name>
        <value>hdfs://Host01:9000/hbase</value>
    </property>
    <property>
        <name>hbase.cluster.distributed</name>
        <value>true</value>
    </property>
    <property>
        <name>hbase.zookeeper.property.clientPort</name>
        <value>2222</value>
    </property>
    <property>
        <name>hbase.zookeeper.quorum</name>
        <value>Host01,Host02</value>
    </property>
    <property>
        <name>hbase.zookeeper.property.dataDir</name>
        <value>/tmp/hadoop/hbase-data</value>
    </property>
    <property>
        <name>hbase.tmp.dir</name>
        <value>/var/hadoop/hbase-${user.name}</value>
    </property>
    <property>
```

```
        <name>hbase.master </name>
        <value>Host01:60000</value>
    </property>
</configuration>
```

接著利用 vi 編輯 conf/regionservers：

```
/hbase# vi conf/regionservers
```

regionservers 中記錄的是 HRegionServer，因此將所有 HRegionServer 主機的主機名稱（或 IP）加入 regionservers 即可（也可以加入 HMaster 節點）。由於此範例只有一台 HRegionServer 主機 (Host02)，所以在 regionservers 中只填入一行主機名稱：

```
Host02
```

接著，複製 Hadoop 的設定檔至 hbase 目錄內的 conf/ 中：

```
/hbase# cp /opt/hadoop/conf/core-site.xml conf/
/hbase# cp /opt/hadoop/conf/mapred-site.xml conf/
/hbase# cp /opt/hadoop/conf/hdfs-site.xml conf/
```

因為 HBase 也使用 HDFS 儲存資料，因此需保持此協議的一致性，故將 hbase 目錄中的 lib/hadoop-core-0.20-append-r1056497.jar 檔刪除，並複製 hadoop 目錄中的 hadoop-0.20.2-core.jar 到 hbase 目錄中的 lib 目錄做為替換：

```
/hbase# rm lib/hadoop-core-0.20-append-r1056497.jar
/hbase# cp /opt/hadoop/hadoop-0.20.2-core.jar ./lib/
```

### 將 hbase 目錄複製到其他主機上

使用指令 scp，接著將設定好的 hbase 目錄複製到其他 HRegion-Server 節點：

```
/hbase# scp -r /opt/hbase Host02:/opt/hbase
```

### 啟動 HBase

使用指令 bin/start-hbase.sh 啟動 HBase：

```
/hbase# bin/start-hbase.sh
Host02: starting zookeeper, logging to /tmp/hadoop/hbase-logs/hbase-root-zookeeper-Host02.out
Host01: starting zookeeper, logging to /tmp/hadoop/hbase-logs/hbase-root-zookeeper-Host01.out
starting master, logging to /tmp/hadoop/hbase-logs/hbase-root-master-Host01.out
Host02: starting regionserver, logging to /tmp/hadoop/hbase-logs/hbase-root-regionserver-Host02.out
```

如果沒有出現錯誤訊息，則表示 HBase 啟動成功。接著，測試 HBase 是否能正常運作。先執行指令 bin/hbase shell，進入 HBase 控制台後輸入 list。若可正常執行，則表示 HBsae 安裝完成：

```
/hbase# bin/hbase shell
HBase Shell; enter 'help<RETURN>' for list of supported commands.
Type "exit<RETURN>" to leave the HBase Shell
Version 0.90.2, r1085860, Sun Mar 27 13:52:43 PDT 2011

hbase(main):001:0> list     ←輸入 list 並按下 Enter
TABLE
0 row(s) in 0.3950 seconds

hbase(main):002:0>
```

## 8.3 Hadoop 的基本操作

本節將介紹一些常用的 Hadoop 基本操作，其中一部分在第 8.2 節安裝 Hadoop 時已經介紹過，本節只是再進行整理與補充。

## Hadoop 相關操作

- **啟動 Hadoop**：輸入指令 bin/start-all.sh。

```
/hadoop# bin/start-all.sh
```

- **關閉 Hadoop**：輸入指令 bin/stop-all.sh。

```
/hadoop# bin/stop-all.sh
```

- **查詢 Hadoop 版本**：輸入指令 bin/hadoop version。

```
/hadoop# bin/hadoop version
Hadoop 0.20.2
Subversion https://svn.apache.org/repos/asf/hadoop/common/bran-
ches/branch-0.20 -r 911707
Compiled by chrisdo on Fri Feb 19 08:07:34 UTC 2010
```

- **查詢 HDFS 狀態**：輸入指令 bin/hadoop dfsadmin -report。

```
/hadoop# bin/hadoop dfsadmin -report
```

- **查詢節點身分**：使用 Java 的小工具 jps 查詢節點身分。名稱節點及資料節點都可以使用此指令。在 Host01 輸入指令 /usr/jdk1.6.0_25/bin/jps，可看到 Host01 的節點身分為 JobTracker、名稱節點及 HMaster。

```
~# /usr/jdk1.6.0_25/bin/jps
27511 Jps
22640 JobTracker
22518 NameNode
27404 HMaster
```

在 Host02 輸入指令 /usr/jdk1.6.0_25/bin/jps，可看到 Host02 的節點身分為資料節點、TaskTracker、HQuorumPeer 及 HRegionServer。

```
/hadoop# /usr/jdk1.6.0_25/bin/jps
28769 DataNode
28858 TaskTracker
2055 Jps
1874 HQuorumPeer
1949 HRegionServer
```

### HDFS 相關操作

由於 Hadoop 建立在 HDFS 上，所以常用指令通常屬於 HDFS 的操作。

- **格式化名稱節點**：輸入指令 bin/hadoop namenode -format。（注意！在 Hadoop 運行中，若再執行格式化指令，會造成資料的刪除。）

```
/hadoop# bin/hadoop namenode -format
```

- **列出 HDFS 根目錄中的檔案**：輸入指令 bin/hadoop fs -ls，可列出根目錄中所有的檔案資訊。

```
/hadoop# bin/hadoop fs -ls
```

- **列出指定目錄內的檔案**：輸入指令 bin/hadoop fs -ls [ 目錄路徑 ]，可列出指定目錄中所有檔案及子目錄的資訊。

```
/hadoop# bin/hadoop fs -ls /user/root/input
```

- **建立新的目錄**：輸入指令 bin/hadoop fs -mkdir [ 新建目錄之路徑及名稱 ]，可根據指定的路徑及名稱在 HDFS 上新建目錄。

```
/hadoop# bin/hadoop fs -mkdir /user/root/tmp
```

- **上傳檔案到 HDFS**：輸入指令 bin/hadoop fs -put [ 本地端檔案或目錄 ] [HDFS 上的目標目錄 ]，可將本地端的檔案或目錄上傳至 HDFS。

```
/hadoop# bin/hadoop fs -put conf/* /user/root/tmp
```

- **查看 HDFS 上的檔案內容**：輸入指令 bin/hadoop fs -cat [ 檔案路徑 ]，顯示 HDFS 上指定檔案的內容。

```
/hadoop# bin/hadoop fs -cat /user/root/tmp/core-site.xml
```

- **下載 HDFS 內的檔案**：輸入指令 bin/hadoop fs -get [HDFS 上的檔案 ] [ 本地端儲存位置 ]，可將 HDFS 上指定的檔案下載至本地端。

```
/hadoop# bin/hadoop fs -get /user/root/tmp/core-site.xml /opt/ha-
doop/
```

- **刪除 HDFS 上的檔案**：輸入指令 bin/hadoop fs -rm [ 檔案路徑 ]，可刪除 HDFS 上所指定的檔案。

```
/hadoop# bin/hadoop fs -rm /user/root/tmp/core-site.xml
```

- **刪除 HDFS 上的目錄**：輸入指令 bin/hadoop fs -rmr [ 目錄路徑 ]，可刪除 HDFS 上所指定的目錄。

```
/hadoop# bin/hadoop fs -rmr /user/root/tmp
```

- **其他 HDFS 的指令及用法**：可透過指令 bin/hadoop fs 來查詢。

```
/hadoop# bin/hadoop fs
Usage: java FsShell
           [-ls <path>]
           [-lsr <path>]
           [-du <path>]
           [-dus <path>]
           [-count[-q] <path>]
           [-mv <src> <dst>]
           [-cp <src> <dst>]
           [-rm [-skipTrash] <path>]
           [-rmr [-skipTrash] <path>]
           [-expunge]
           [-put <localsrc> ... <dst>]
           [-copyFromLocal <localsrc> ... <dst>]
           [-moveFromLocal <localsrc> ... <dst>]
           [-get [-ignoreCrc] [-crc] <src> <localdst>]
           [-getmerge <src> <localdst> [addnl]]
           [-cat <src>]
           [-text <src>]
           [-copyToLocal [-ignoreCrc] [-crc] <src> <localdst>]
           [-moveToLocal [-crc] <src> <localdst>]
           [-mkdir <path>]
           [-setrep [-R] [-w] <rep> <path/file>]
```

```
        [-touchz <path>]
        [-test -[ezd] <path>]
        [-stat [format] <path>]
        [-tail [-f] <file>]
        [-chmod [-R] <MODE[,MODE]... | OCTALMODE> PATH...]
        [-chown [-R] [OWNER][:[GROUP]] PATH...]
        [-chgrp [-R] GROUP PATH...]
        [-help [cmd]]

Generic options supported are
-conf <configuration file>    specify an application configuration file
-D <property=value>    use value for given property
-fs <local|namenode:port>    specify a namenode
-jt <local|jobtracker:port>    specify a job tracker
-files <comma separated list of files>    specify comma separated
files to be copied to the map reduce cluster
-libjars <comma separated list of jars>    specify comma separated
jar files to include in the classpath.
-archives <comma separated list of archives>    specify comma sepa-
rated archives to be unarchived on the compute machines.

The general command line syntax is
bin/hadoop command [genericOptions] [commandOptions]
```

### MapReduce 相關操作

在 Hadoop 中使用者所提交的 MapReduce 程式又被稱為 Job，而透過指令 bin/hadoop job 可執行一些與 Job 相關的操作。

- **列出所有 Job 資訊**：輸入指令 bin/hadoop job -list all，能夠列出所有 Job 的資訊。

```
/hadoop# bin/hadoop job -list all
5 jobs submitted
States are:
        Running : 1        Succeded : 2      Failed : 3        Prep : 4
JobId   State  StartTime   UserName          Priority          SchedulingInfo
job_201105162211_0001  2   1305555169692     root   NORMAL     NA
job_201105162211_0002  2   1305555869142     root   NORMAL     NA
job_201105162211_0003  2   1305555912626     root   NORMAL     NA
job_201105162211_0004  2   1305633307809     root   NORMAL     NA
job_201105162211_0005  2   1305633347357     root   NORMAL     NA
```

- **查詢 Job 狀態**：輸入指令 bin/hadoop job -status [JobID]，便能夠查看指定 Job 的狀態。

```
/hadoop# bin/hadoop job -status job_201105162211_0001
```

- **查詢 Job 歷史紀錄**：輸入指令 bin/hadoop job -history [ 輸出目錄 ]，能夠查詢 Job 執行的歷史紀錄。

```
bin/hadoop job -history /user/root/output

Hadoop job: job_201105162211_0007
=====================================
Job tracker host name: Host01
job tracker start time: Mon May 16 22:11:01 CST 2011
User: root
JobName: grep-sort
JobConf: hdfs://Host01:9000/tmp/hadoop/hadoop-root/mapred/system/
job_201105162211_0007/job.xml
Submitted At: 17- 五月 -2011 20:37:44
Launched At: 17- 五月 -2011 20:37:44 (0sec)
Finished At: 17- 五月 -2011 20:38:07 (22sec)
Status: SUCCESS
=====================================
……以下省略
```

- **停止 Job**：輸入指令 bin/hadoop job -kill [JobID]，能夠停止正在執行的程序。

```
/hadoop# bin/hadoop job -kill job_201105162211_0006
```

- **執行 jar 檔**：若將 MapReduce 程式包裝成 jar 檔，便可透過指令 bin/hadoop jar [jar 檔案路徑 ] [ 程式主類別 ] [ 程式參數 ]，將 MapReduce 程式提交到 Hadoop，並在 Hadoop 環境中執行。

```
/hadoop# bin/hadoop jar hadoop-0.20.2-examples.jar grep input out-
put 'config[a-z.]+'
```

- **其他 Job 相關指令**：可透過指令 bin/hadoop job 查詢。

```
/hadoop# bin/hadoop job
Usage: JobClient <command> <args>
        [-submit <job-file>]
        [-status <job-id>]
        [-counter <job-id> <group-name> <counter-name>]
        [-kill <job-id>]
        [-set-priority <job-id> <priority>]. Valid values for priorities
are: VERY_HIGH HIGH NORMAL LOW VERY_LOW
        [-events <job-id> <from-event-#> <#-of-events>]
        [-history <jobOutputDir>]
        [-list [all]]
        [-list-active-trackers]
        [-list-blacklisted-trackers]
        [-list-attempt-ids <job-id> <task-type> <task-state>]

        [-kill-task <task-id>]
        [-fail-task <task-id>]

Generic options supported are
-conf <configuration file>    specify an application configuration file
-D <property=value>    use value for given property
-fs <local|namenode:port>    specify a namenode
```

```
-jt <local|jobtracker:port>    specify a job tracker
-files <comma separated list of files>    specify comma separated
files to be copied to the map reduce cluster
-libjars <comma separated list of jars>    specify comma separated
jar files to include in the classpath.
-archives <comma separated list of archives>    specify comma sepa-
rated archives to be unarchived on the compute machines.

The general command line syntax is
bin/hadoop command [genericOptions] [commandOptions]
```

**HBase 相關操作**

以下透過創建學生成績表格的過程，介紹幾個常用的 HBase 基本指令。

| name | student ID | course : math | course : history |
|---|---|---|---|
| John | 1 | 80 | 85 |
| Adam | 2 | 75 | 90 |

對 HBase 而言，此表格包含了一個名為 student ID 的行及一個名為 course 的行家族，而 course 又包含了 math 及 history 兩個成員，接下來便開始建立這張表格。

- **進入 HBaes 控制台**：在 hbase 目錄中執行指令 bin/hbase hsell，即可進入 HBase 控制台。

```
/hbase# bin/hbase shell
HBase Shell; enter 'help<RETURN>' for list of supported commands.
Type "exit<RETURN>" to leave the HBase Shell
Version 0.90.2, r1085860, Sun Mar 27 13:52:43 PDT 2011

hbase(main):001:0>
```

以下皆是在 HBase 控制台中的操作。

- **創建表格**：輸入指令 create '[ 表格名稱 ]', '[ 行名稱 1]', '[ 行名稱 2]',……即可創建表格。此範例建立一張名為 scores 的表格，而 scores 包含兩行，分別為 studentid 及 course。

```
hbase(main):001:0> create 'scores', 'studentid', 'course'
0 row(s) in 1.8970 seconds
```

- **列出 HBase 中所有表格**：輸入指令 list，即可列出目前 HBase 中所有的表格。

```
hbase(main):002:0> list
TABLE
scores
1 row(s) in 0.0170 seconds
```

- **查詢表格結構**：輸入指令 describe '[ 表格名稱 ]'，即可查看指定表格的結構。

```
hbase(main):003:0> describe 'scores'
DESCRIPTION
                                      ENABLED
 {NAME => 'scores', FAMILIES => [{NAME => 'course', BLOOM-
FILTER => 'NONE', REPLICATION_SCOPE => '0', C true
 OMPRESSION => 'NONE', VERSIONS => '3', TTL => '2147483647',
BLOCKSIZE => '65536', IN_MEMORY => 'false
 ', BLOCKCACHE => 'true'}, {NAME => 'studentid', BLOOMFILTER
=> 'NONE', REPLICATION_SCOPE => '0', COMP
 RESSION => 'NONE', VERSIONS => '3', TTL => '2147483647',
BLOCKSIZE => '65536', IN_MEMORY => 'false',
 BLOCKCACHE => 'true'}]}
1 row(s) in 0.0260 seconds
```

- **在表格中新增資料**：輸入指令 put '[ 表格名稱 ]', '[ 列名稱 ]', '[ 行名稱 ]', '[ 值 ]'，便能夠在指定表格中加入一列新的資料，此範例在表格 scores 中加入一列名為 John 的資料，且其 studentid 欄位的值為 1。

```
hbase(main):004:0> put 'scores', 'John', 'studentid:', '1'
0 row(s) in 0.0600 seconds
```

接著在 John 這一列中依序加入 course:math 值為 80，以及 course:history 值為 85。

```
hbase(main):005:0> put 'scores', 'John', 'course:math', '80'
0 row(s) in 0.0100 seconds

hbase(main):006:0> put 'scores', 'John', 'course:history', '85'
0 row(s) in 0.0080 seconds
```

同樣加入另一列 Adam 的資料，其中 studentid 值為 2、course:math 值為 75，而 course:history 值為 90。

```
hbase(main):007:0> put 'scores', 'Adam', 'studentid:', '2'
0 row(s) in 0.0130 seconds

hbase(main):008:0> put 'scores', 'Adam', 'course:math', '75'
0 row(s) in 0.0100 seconds

hbase(main):009:0> put 'scores', 'Adam', 'course:history', '90'
0 row(s) in 0.0080 seconds
```

- **查詢指定列的資料**：輸入指令 get '[ 表格名稱 ]', '[ 列名稱 ]'，可查詢表格中指定列的資料，此範例查詢表格 scores 中 John 這一列的資料。

```
hbase(main):010:0> get 'scores', 'John'
COLUMN                CELL
 course:history       timestamp=1305704046378, value=85
 course:math          timestamp=1305703949662, value=80
 studentid:t          imestamp=1305703742527, value=1
3 row(s) in 0.0440 seconds
```

- **查詢表格中所有資料**：輸入指令 scan '[ 表格名稱 ]'，即可查詢指定表格中所有的資料。此範例查詢表格 scores 中所有的資料。

```
hbase(main):011:0> scan 'scores'
ROW            COLUMN+CELL
 Adam          column=course:history, timestamp=1305704304053,
               value=90
 Adam          column=course:math, timestamp=1305704282591,
               value=75
 Adam          column=studentid:, timestamp=1305704186916,
               value=2
 John          column=course:history, timestamp=1305704046378,
               value=85
 John          column=course:math, timestamp=1305703949662,
               value=80
 John          column=studentid:, timestamp=1305703742527,
               value=1
2 row(s) in 0.0420 seconds
```

- **查詢指定行中所有資料**：輸入指令 scan '[ 表格名稱 ]', {COLUMNS => '[ 行家族名稱 ]'}，可查詢表格中所指定行的所有數據。此範例為查詢表格 scores 中 courses 的所有資料。

```
hbase(main):011:0> scan 'scores', {COLUMNS => 'course:'}
ROW            COLUMN+CELL
 Adam          column=course:history, timestamp=1305704304053,
               value=90
 Adam          column=course:math, timestamp=1305704282591,
               value=75
 John          column=course:history, timestamp=1305704046378,
               value=85
 John          column=course:math, timestamp=1305703949662,
               value=80
2 row(s) in 0.0250 seconds
```

- **查詢多個行資料**：輸入指令 scan '[ 表格名稱 ]', {COLUMNS => ['[ 行名稱 1]', '[ 行名稱 2]',……]}，可查詢表格中多個指定行的資料。此範例為查詢表格 scores 中 studentid 及 course: 的所有資料。

```
hbase(main):012:0> scan 'scores', {COLUMNS =>
['studentid','course:']}
ROW          COLUMN+CELL
 Adam        column=course:history, timestamp=1305704304053,
             value=90
 Adam        column=course:math, timestamp=1305704282591,
             value=75
 Adam        column=studentid:, timestamp=1305704186916,
             value=2
 John        column=course:history, timestamp=1305704046378,
             value=85
 John        column=course:math, timestamp=1305703949662,
             value=80
 John        column=studentid:, timestamp=1305703742527,
             value=1
2 row(s) in 0.0290 seconds
```

- **刪除表格**：若要刪除一張表格，必須在刪除一張表格之前，先使用指令 disable '[ 表格名稱 ]'，將該表格關閉，再透過指令 drop '[ 表格名稱 ]'，即可刪除該表格。

```
hbase(main):003:0> disable 'scores'
0 row(s) in 2.1510 seconds

hbase(main):004:0> drop 'scores'
0 row(s) in 1.7780 seconds
```

### 網頁介面

除了透過指令操作或查看 Hadoop 狀態外，Hadoop 也提供網頁監控介面，讓使用者查詢 HDFS 的名稱節點及 MapReduce 的 JobTracker 狀態，並可即時觀察 HDFS 的容量與 MapReduce Job 的運作情況等，方便系統管理者監控大量資源。若使用者使用本機端的圖形化介面，可啟動瀏覽器，並在網址列輸入 http://localhost:50070，即可看到名稱節點的狀態（參見圖 8.4）。

圖 8.4　網頁介面——名稱節點

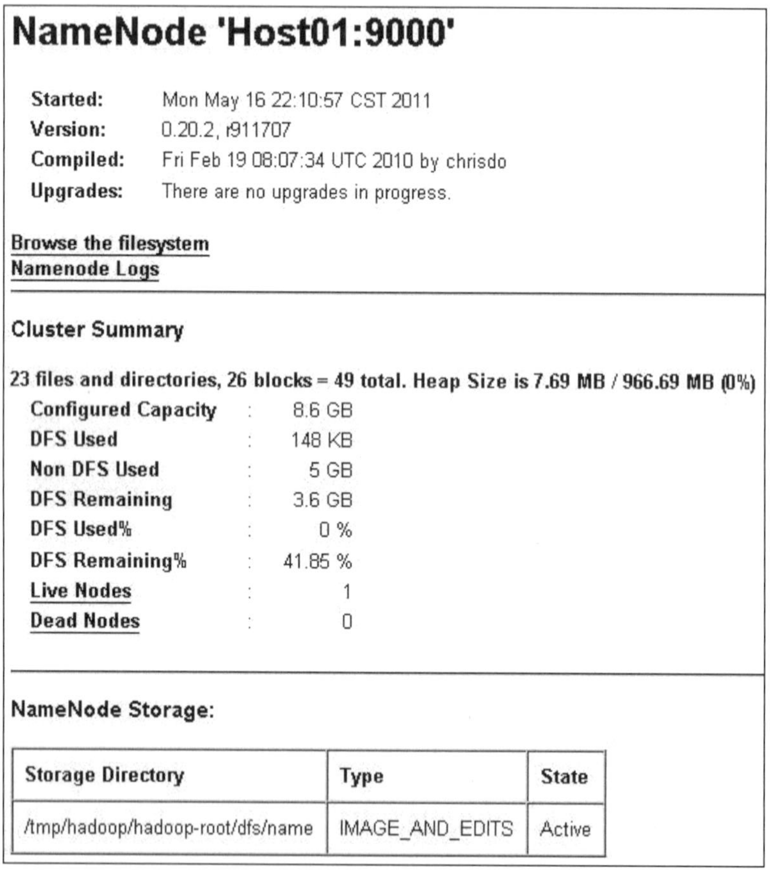

## NameNode 'Host01:9000'

| | |
|---|---|
| **Started:** | Mon May 16 22:10:57 CST 2011 |
| **Version:** | 0.20.2, r911707 |
| **Compiled:** | Fri Feb 19 08:07:34 UTC 2010 by chrisdo |
| **Upgrades:** | There are no upgrades in progress. |

Browse the filesystem
Namenode Logs

**Cluster Summary**

**23 files and directories, 26 blocks = 49 total. Heap Size is 7.69 MB / 966.69 MB (0%)**

| | | |
|---|---|---|
| **Configured Capacity** | : | 8.6 GB |
| **DFS Used** | : | 148 KB |
| **Non DFS Used** | : | 5 GB |
| **DFS Remaining** | : | 3.6 GB |
| **DFS Used%** | : | 0 % |
| **DFS Remaining%** | : | 41.85 % |
| **Live Nodes** | : | 1 |
| **Dead Nodes** | : | 0 |

**NameNode Storage:**

| Storage Directory | Type | State |
|---|---|---|
| /tmp/hadoop/hadoop-root/dfs/name | IMAGE_AND_EDITS | Active |

另外，輸入 http://localhost:50030 即可看到 JobTracker 的狀態（參見圖 8.5）。

圖 8.5　網頁介面──JobTracker

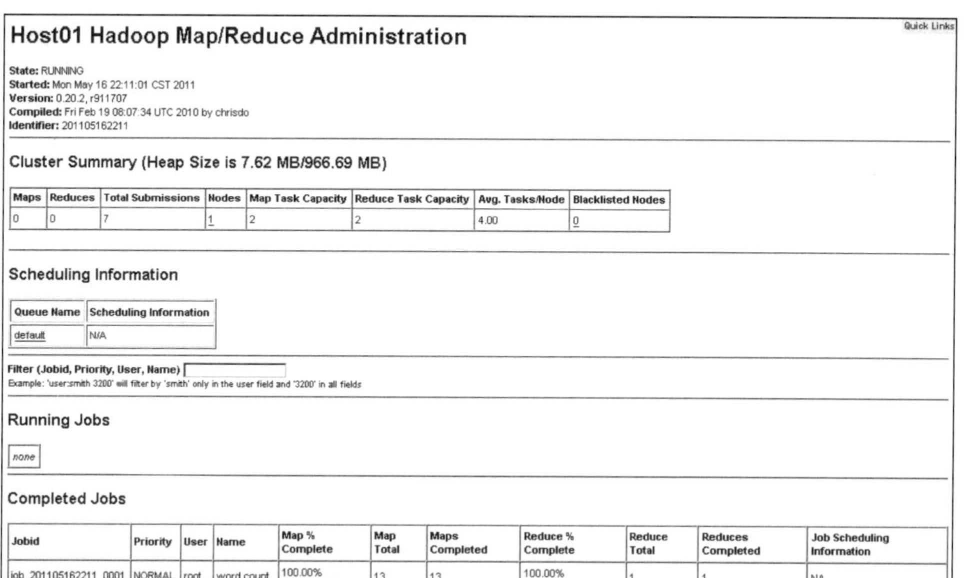

# Host01 Hadoop Map/Reduce Administration

Quick Links

**State:** RUNNING
**Started:** Mon May 16 22:11:01 CST 2011
**Version:** 0.20.2, r911707
**Compiled:** Fri Feb 19 08:07:34 UTC 2010 by chrisdo
**Identifier:** 201105162211

## Cluster Summary (Heap Size is 7.62 MB/966.69 MB)

| Maps | Reduces | Total Submissions | Nodes | Map Task Capacity | Reduce Task Capacity | Avg. Tasks/Node | Blacklisted Nodes |
|---|---|---|---|---|---|---|---|
| 0 | 0 | 7 | 1 | 2 | 2 | 4.00 | 0 |

## Scheduling Information

| Queue Name | Scheduling Information |
|---|---|
| default | N/A |

Filter (Jobid, Priority, User, Name)
Example: 'user:smith 3200' will filter by 'smith' only in the user field and '3200' in all fields

## Running Jobs

none

## Completed Jobs

| Jobid | Priority | User | Name | Map % Complete | Map Total | Maps Completed | Reduce % Complete | Reduce Total | Reduces Completed | Job Scheduling Information |
|---|---|---|---|---|---|---|---|---|---|---|
| job_201105162211_0001 | NORMAL | root | word count | 100.00% | 13 | 13 | 100.00% | 1 | 1 | NA |

HBase 也提供了網頁介面供管理者查看 HMaster 狀態。啟動 HMaster 主機上的瀏覽器，並連結至 http://localhost:60010/，即可看到 HMaster 的狀態（如圖 8.6 所示）。

圖 8.6　網頁介面──HMaster

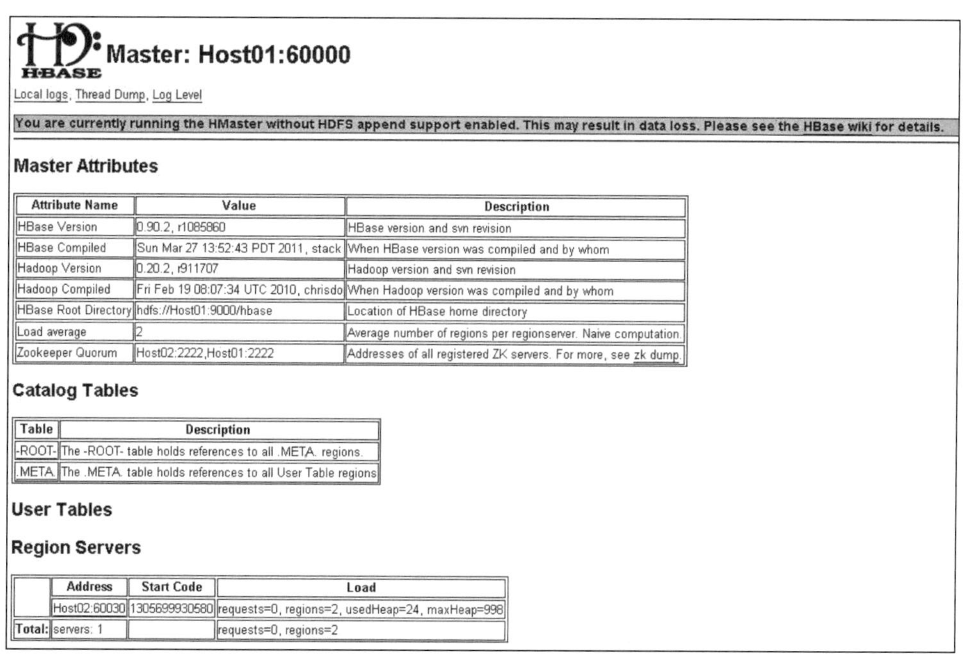

# Master: Host01:60000

HBASE

Local logs, Thread Dump, Log Level

You are currently running the HMaster without HDFS append support enabled. This may result in data loss. Please see the HBase wiki for details.

## Master Attributes

| Attribute Name | Value | Description |
|---|---|---|
| HBase Version | 0.90.2, r1085860 | HBase version and svn revision |
| HBase Compiled | Sun Mar 27 13:52:43 PDT 2011, stack | When HBase version was compiled and by whom |
| Hadoop Version | 0.20.2, r911707 | Hadoop version and svn revision |
| Hadoop Compiled | Fri Feb 19 08:07:34 UTC 2010, chrisdo | When Hadoop version was compiled and by whom |
| HBase Root Directory | hdfs://Host01:9000/hbase | Location of HBase home directory |
| Load average | 2 | Average number of regions per regionserver. Naive computation. |
| Zookeeper Quorum | Host02:2222,Host01:2222 | Addresses of all registered ZK servers. For more, see zk dump. |

## Catalog Tables

| Table | Description |
|---|---|
| -ROOT- | The -ROOT- table holds references to all .META. regions. |
| .META. | The .META. table holds references to all User Table regions |

## User Tables

## Region Servers

| | Address | Start Code | Load |
|---|---|---|---|
| | Host02:60030 | 1305699930580 | requests=0, regions=2, usedHeap=24, maxHeap=998 |
| Total: | servers: 1 | | requests=0, regions=2 |

若要查看 HRegionServer 狀態，可啟動 HRegionServer 主機上的瀏覽器，並連結至 http://localhost:60030/，即可看到 HRegionServer 的狀態（參見圖 8.7）。

若要查看 ZooKeeper 狀態，則啟動 HMaster 主機上的瀏覽器，並連結至 http://localhost:60010/zk.jsp，即可看到 ZooKeeper 的狀態（參見圖 8.8）。

Hadoop 提供了多種的指令與網頁介面，方便使用者管理 Hadoop，讀者可先熟悉 Hadoop 及 HBase 的基本操作，以便之後進行 MapReduce 程式的開發。

圖 8.7　網頁介面——HRegionServer

HBASE Region Server: Host02:60020

Local logs, Thread Dump, Log Level

Region Server Attributes

| Attribute Name | Value | Description |
|---|---|---|
| HBase Version | 0.90.2, r1085860 | HBase version and svn revision |
| HBase Compiled | Sun Mar 27 13:52:43 PDT 2011, stack | When HBase version was compiled and by whom |
| Metrics | request=0.0, regions=2, stores=2, storefiles=2, storefileIndexSize=0, memstoreSize=0, compactionQueueSize=0, flushQueueSize=0, usedHeap=28, maxHeap=998, blockCacheSize=983280, blockCacheFree=208404240, blockCacheCount=2, blockCacheHitCount=22, blockCacheMissCount=2, blockCacheEvictedCount=0, blockCacheHitRatio=91, blockCacheHitCachingRatio=91 | RegionServer Metrics: file and heap sizes are in megabytes |
| Zookeeper Quorum | Host02:2222,Host01:2222 | Addresses of all registered ZK servers |

Online Regions

| Region Name | Start Key | End Key | Metrics |
|---|---|---|---|
| -ROOT-,,0.70236052 | | | stores=1, storefiles=2, storefileSizeMB=0, memstoreSizeMB=0, storefileIndexSizeMB=0 |

圖 8.8　網頁介面──HBase ZooKeeper Dump

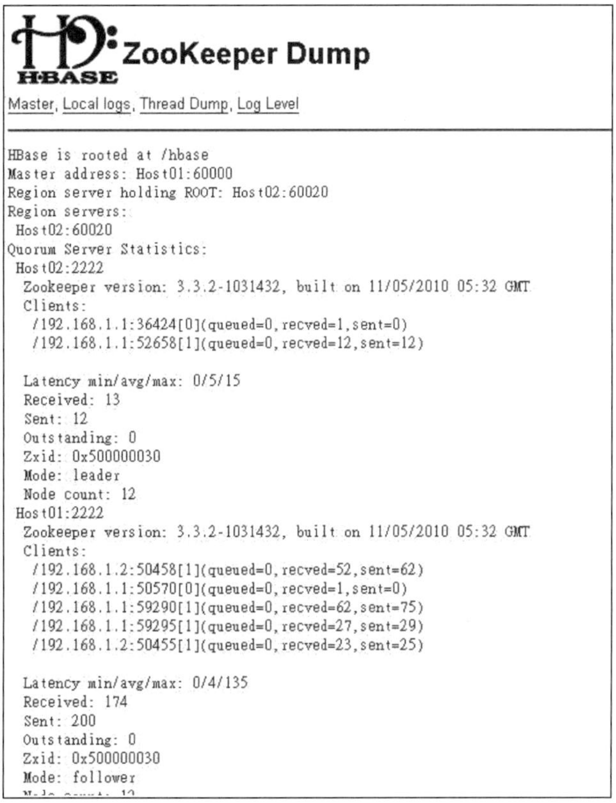

**ZooKeeper Dump**

Master, Local logs, Thread Dump, Log Level

```
HBase is rooted at /hbase
Master address: Host01:60000
Region server holding ROOT: Host02:60020
Region servers:
 Host02:60020
Quorum Server Statistics:
 Host02:2222
  Zookeeper version: 3.3.2-1031432, built on 11/05/2010 05:32 GMT
  Clients:
   /192.168.1.1:36424[0](queued=0,recved=1,sent=0)
   /192.168.1.1:52658[1](queued=0,recved=12,sent=12)

  Latency min/avg/max: 0/5/15
  Received: 13
  Sent: 12
  Outstanding: 0
  Zxid: 0x500000030
  Mode: leader
  Node count: 12
 Host01:2222
  Zookeeper version: 3.3.2-1031432, built on 11/05/2010 05:32 GMT
  Clients:
   /192.168.1.2:50458[1](queued=0,recved=52,sent=62)
   /192.168.1.1:50570[0](queued=0,recved=1,sent=0)
   /192.168.1.1:59290[1](queued=0,recved=62,sent=75)
   /192.168.1.1:59295[1](queued=0,recved=27,sent=29)
   /192.168.1.2:50455[1](queued=0,recved=23,sent=25)

  Latency min/avg/max: 0/4/135
  Received: 174
  Sent: 200
  Outstanding: 0
  Zxid: 0x500000030
  Mode: follower
```

## 習　題

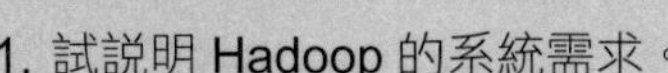

1. 試說明 Hadoop 的系統需求。
2. 試比較 Hadoop 在單機模式、偽分散模式及完全分散模式的差別。
3. 試說明完全分散模式的安裝流程。
4. 試說明上傳檔案至 HDFS 需使用哪些指令。
5. 試說明如何透過網頁觀察 Hadoop 平台的運作。

第九章

# 使用 Hadoop 實作 MapReduce



MapReduce 具有基本的程式撰寫架構，根據此架構便可快速地開發雲端程式。雖然在開發過程中，系統平台會自動處理許多平行化問題，但若要進一步提升運算效率，需要瞭解 MapReduce 架構中每一個元件功能及細部的運作流程。此外，根據不同的應用需求，MapReduce 程式中也會針對檔案系統 (HDFS) 及資料庫 (HBase) 進行存取操作。因此，本章將針對 MapReduce 的程式設計架構、開發流程，以及對 HDFS 與 HBase 的相關操作做介紹。

雲端運算的目在於提供各種應用服務；對使用者而言，最直接接觸到雲端運算的部分就是這些應用服務。因此，除了思考底層的系統架構之外，還需要開發各種上層的應用服務，以因應各種雲端服務需求。

對程式開發者而言，簡單且方便的雲端程式開發環境有助於程式的撰寫。因此，本章首先會透過撰寫一個簡單的MapReduce程式，介紹如何在 Hadoop 平台上設定整合開發環境 (Integrated Development Environment, IDE)，以方便程式開發者編輯程式與除錯；接著介紹 MapReduce 程式的基本架構，並根據此基本架構開發一個簡單的 MapReduce 程式；

最後，在此 MapReduce 程式中加入 HDFS 與 HBase 的操作，以增加 MapReduce的應用空間，並有效地利用Hadoop平台資源做為本章總結。

##  9.1 MapReduce Programming

### 9.1.1 開發環境設定

Hadoop 程式開發環境可分為兩種：一種是不透過 IDE，另一種是透過 IDE。不論哪種開發方式，都必須建立在 Hadoop 系統上。以下操作環境將建立在第 8.2 節所架設完成的 Hadoop 系統上，相關路徑請參考第 8.2 節的設定。若相關設定有不同處（如安裝路徑、通訊埠等），在進行下列操作時需依實際情況進行修改。

**不使用 IDE 環境**

首先設定環境變數，使用 vi 編輯器開啟 /etc/profile，並加入 Hadoop 的 CLASSPATH：

```
~# vi /etc/profile
CLASSPATH=/opt/hadoop/hadoop-0.20.2-core.jar   ←加入這兩行
export CLASSPATH
```

透過指令 source 讓上一步所設定的環境變數生效，或者重新登入也可以:

```
~# source /etc/profile
```

使用指令 javac 編譯撰寫好的 Java 程式：

```
~# javac [ 程式名稱 ].java
```

若編譯後只有一個中介碼 (Bytecode) 檔案（即只有一個 class 檔）時，可使用下列指令格式將程式提交到 Hadoop 上執行：

```
/hadoop# bin/hadoop [ 程式名稱 ] [ 參數 0] [ 參數 1] ...
```

若有多個中介碼檔案，則需要使用指令 jar 將這些中介碼檔案包裝成 jar 檔：

```
~# jar cvf [jar 檔名稱 ].jar [ 程式名稱 ].class
```

接著，使用下列指令格式在 Hadoop 上執行包裝好的 jar 檔：

```
/hadoop# bin/hadoop jar [jar 檔名稱 ].jar [ 主函式名稱 ] [ 參數 0] [ 參數 1] ...
```

雖然不使用 IDE 一樣可以開發 MapReduce 程式，但因為 MapReduce 程式需用到許多物件導向語法，利用 vi 編輯器會增加開發的難度，因此建議使用者使用 IDE 開發 MapReduce 程式，以達到事半功倍的效果。

## 使用 IDE (Eclipse)

因為 IDE 必須在圖形化介面下操作，因此 Linux 系統上需先安裝圖形化套件，接下來的操作都是在圖形化介面中執行。本節使用 Eclipse 軟體開發整合平台做為開發程式的 IDE，使用者可先到 Eclipse 官網 (http://www.eclipse.org) 下載 Eclipse 安裝檔（參見圖 9.1）。

圖 9.1 下載 Eclipse

資料來源：擷取自 http://www.eclipse.org。

此範例下載版本是 Eclipse Classic 3.6.2，下載完後解壓縮，並將解壓縮後的目錄移到 /opt/eclipse（可直接透過圖形介面操作，或者透過終端機使用下列指令來完成）。首先，在桌面點擊右鍵，接著選擇 Open Terminal 開啟終端機（參見圖 9.2）。

圖 9.2　開啟終端機

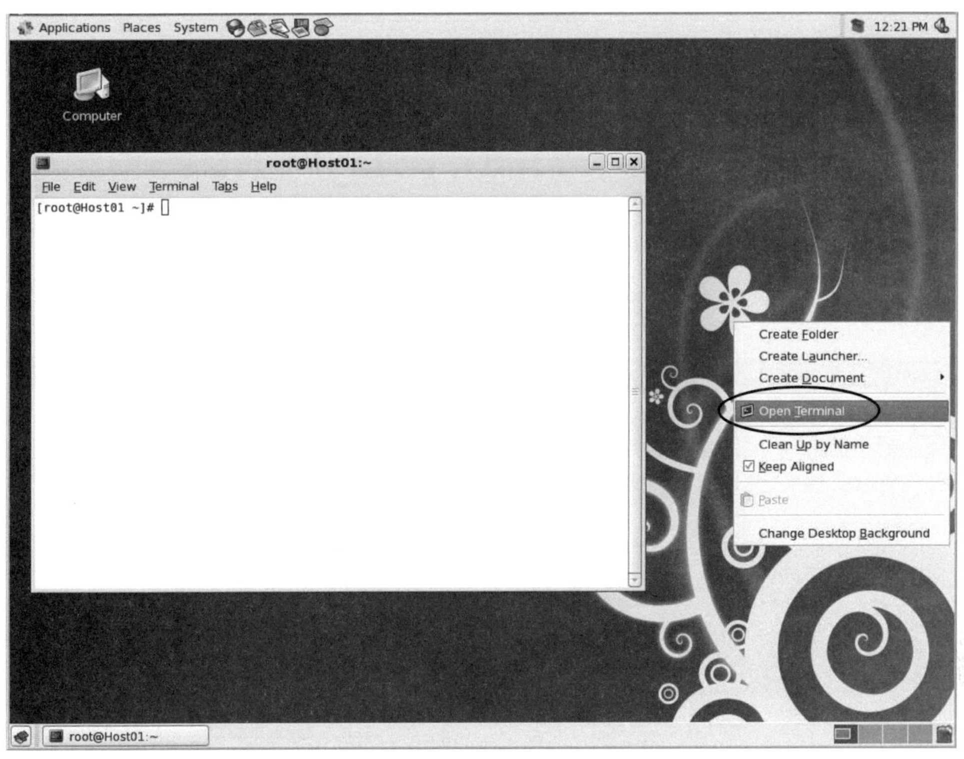

接著，透過指令 wget 下載 Eclipse 壓縮檔，並使用指令 tar 解壓縮所下載的 Eclipse 壓縮檔，解壓縮後會產生 eclipse 目錄，最後將 eclipse 目錄移到 /opt 目錄中即可：

```
~# wget http://ftp.cs.pu.edu.tw/pub/eclipse/eclipse/downloads/
drops/R-3.6.2-201102101200/eclipse-SDK-3.6.2-linux-gtk.tar.gz
~# tar zxvf eclipse-SDK-3.6.2-linux-gtk.tar.gz
~# mv eclipse /opt/
```

使用指令 ln 建立 /usr/local/bin/ 與 Eclipse 執行檔的連結：

```
~# ln -sf /opt/eclipse/eclipse /usr/local/bin/
```

將 /opt/hadoop 目錄裡的 hadoop-0.20.2-eclipse-plugin.jar 複製到 eclipse/plugin 目錄：

```
~# cp /opt/hadoop/contrib/eclipse-plugin/hadoop-0.20.2-eclipse-plugin.jar /opt/eclipse/plugins/
```

接下來便可啟動 Eclipse：

```
~# eclipse &
```

啟動 Eclipse 後，可以開始設定相關參數。以下操作都是在 Eclipse 上執行。啟動後，Eclipse 會先詢問工作目錄的位置（如圖 9.3 所示），直接使用預設值即可。

圖 9.3　設定 Workspace 位置

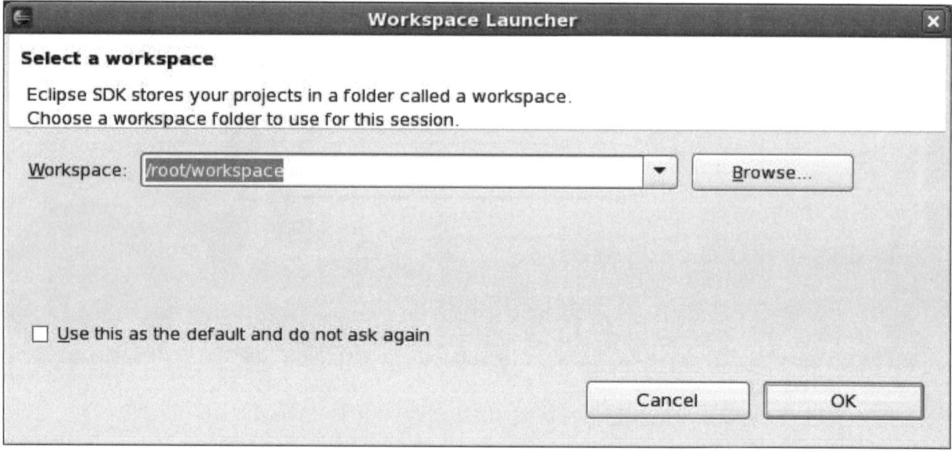


第一次使用 Eclipse 會出現歡迎畫面，點擊圖中箭頭處即可關閉（參見圖 9.4）。

接著新增 Map/Reduce 專案，依序點選 File → New → Project...，參見圖 9.5。

點選 Project... 後會出現 New Project 視窗，選擇 Map/Reduce Project 後，按「Next」（參見圖 9.6）。

圖 9.4 Eclipse 歡迎畫面

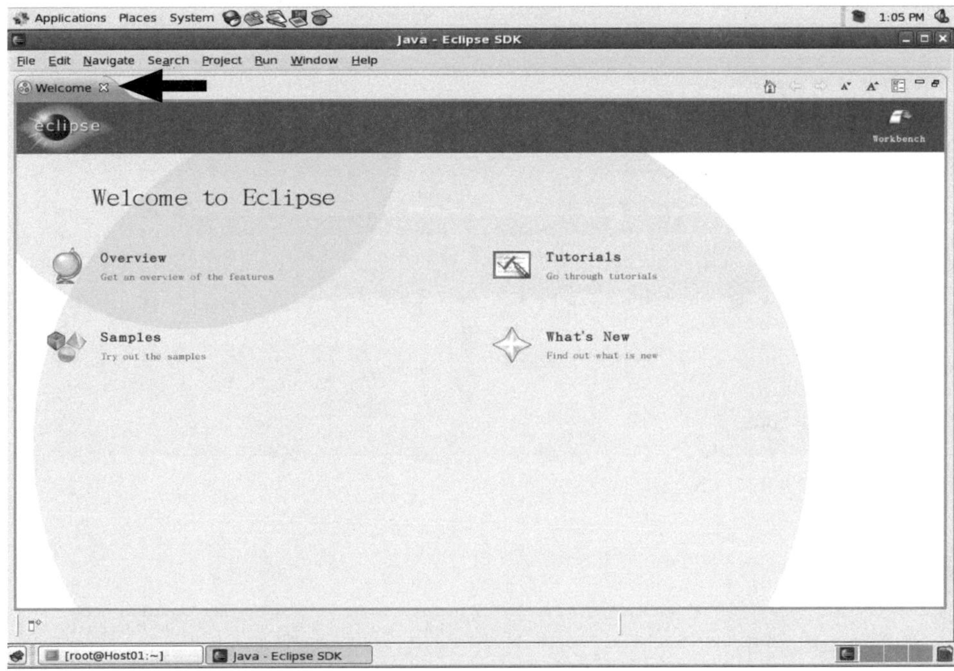


圖 9.5 新增專案

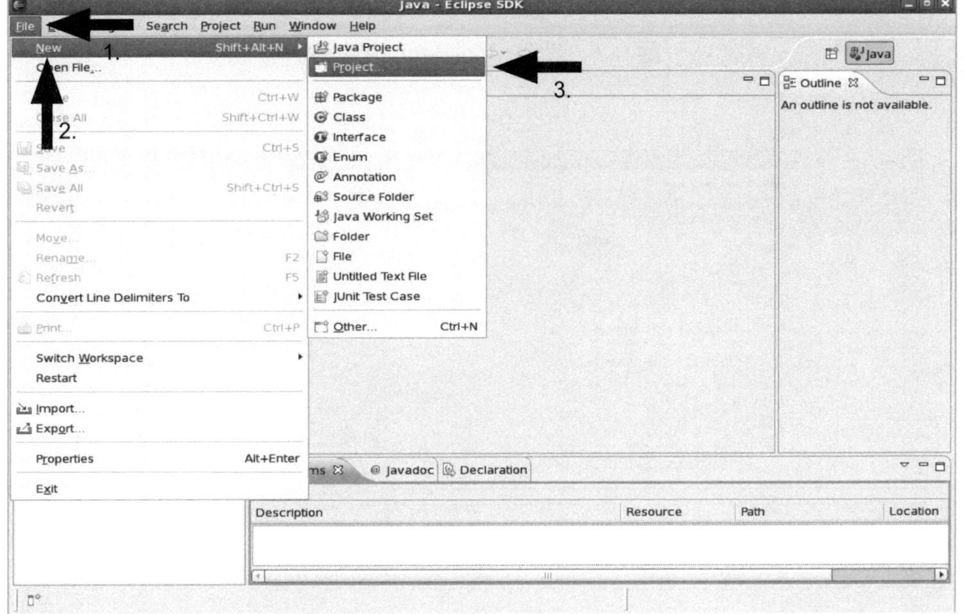

圖 9.6　新增 Map/Reduce 專案

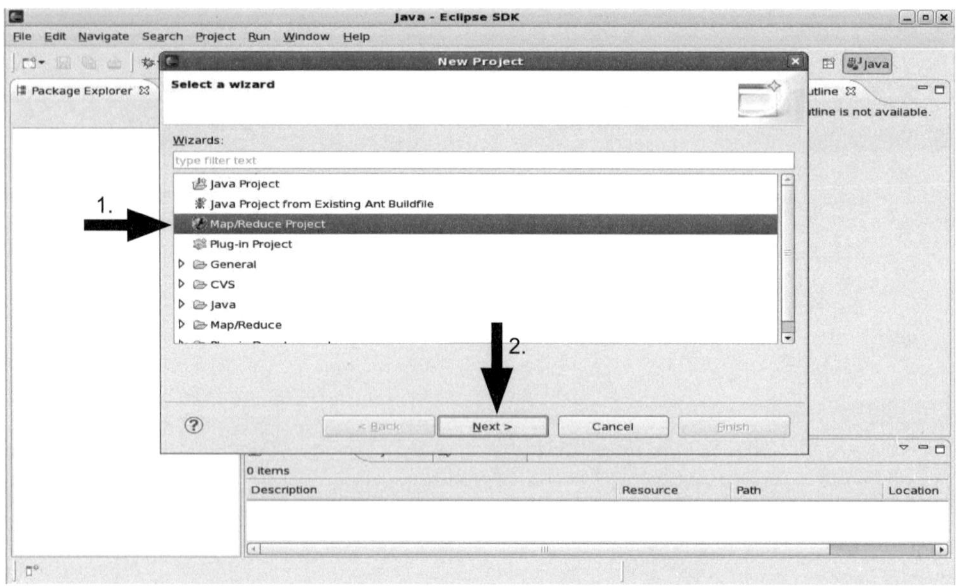


之後會出現 New MapReduce Project Wizard 視窗。如圖 9.7 所示，先在 Project name 欄中輸入專案名稱（此範例專案命名為 HadoopLab），再點擊箭頭 2. 所標示處，以設定 Hadoop 的安裝目錄。

圖 9.7　設定 Map/Reduce 專案

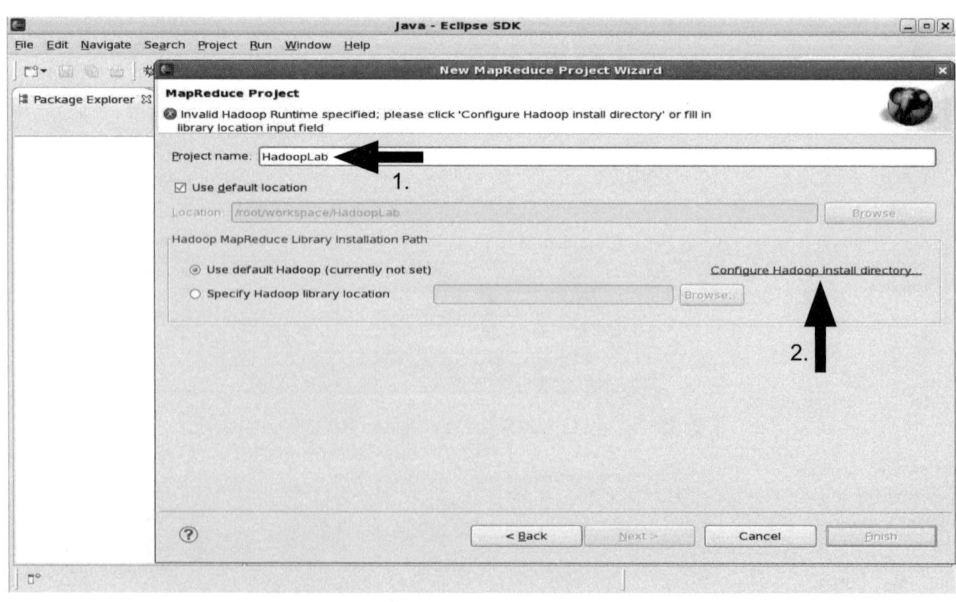

使用者可直接在 Hadoop installation directory 欄位中輸入 Hadoop 安裝路徑 (/opt/hadoop)，或點擊右方的 Browse 後再選擇亦可，輸入完後點擊「OK」(參見圖 9.8)，即可回到圖 9.7 的主畫面。

圖 9.8　設定 Hadoop 目錄路徑

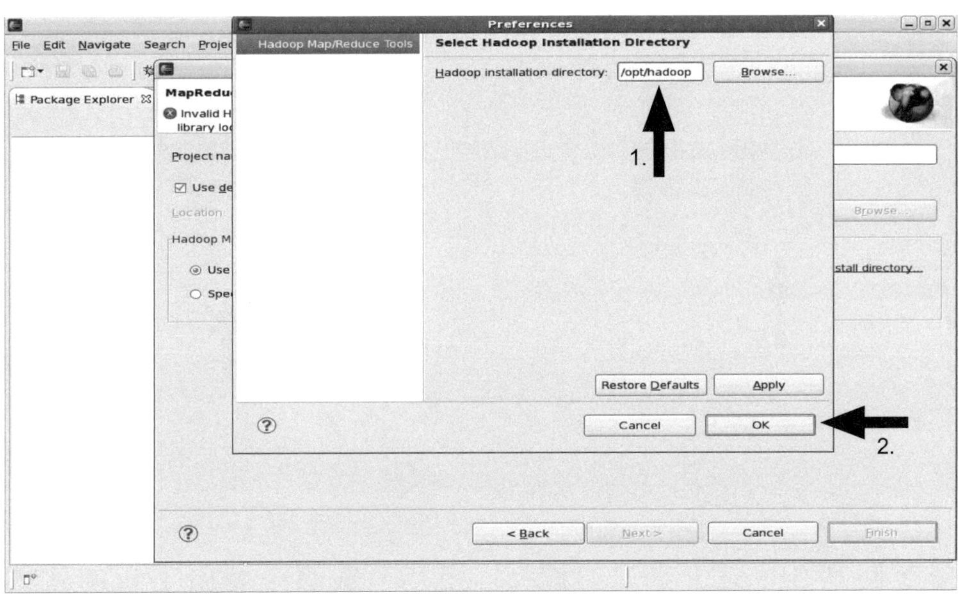


由圖 9.9 圈起處可發現，原本在圖 9.7 中出現的錯誤訊息不見了，最後按下「Finish」即可完成專案的創建。

圖 9.9　完成 MapReduce 專案創建

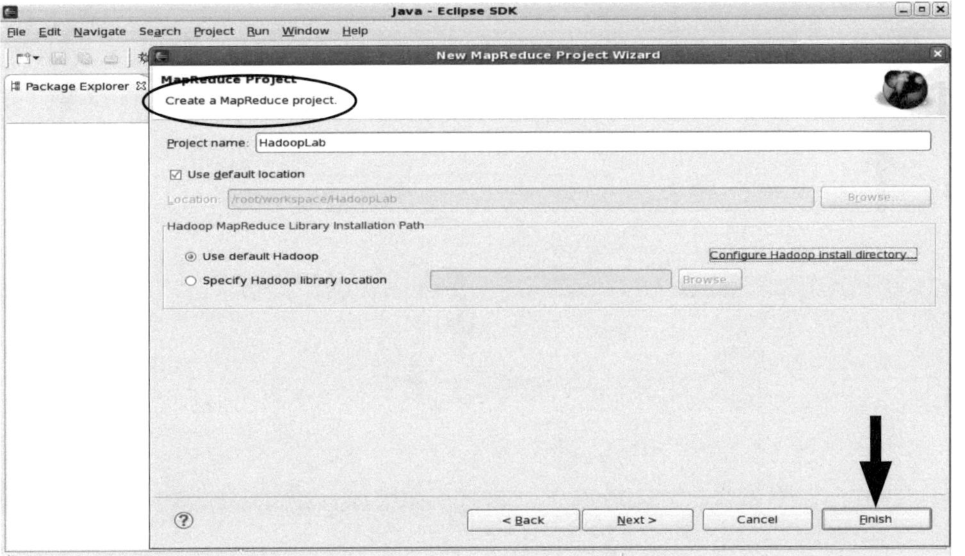

接著，出現一個視窗詢問是否開啟 Map/Reduce perspective（如圖 9.10 所示），勾選「Remember my decision」後點擊「Yes」。

圖 9.10　開啟 Map/Reduce perspective

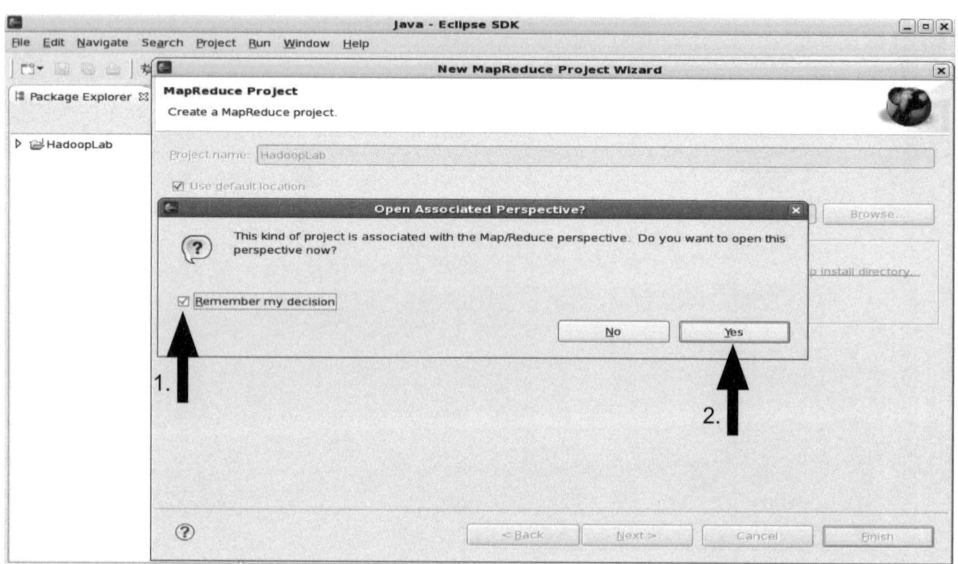


接著回到 Eclipse 介面，如圖 9.11 所示，畫面中多出了新創建的 HadoopLab 專案（箭頭 1）、DFS Locations（箭頭 2）、Map/Reduce Locations（箭頭 3）及 Map/Reduce perspective（箭頭 4）。

圖 9.11　完成新增 Map/Reduce 專案

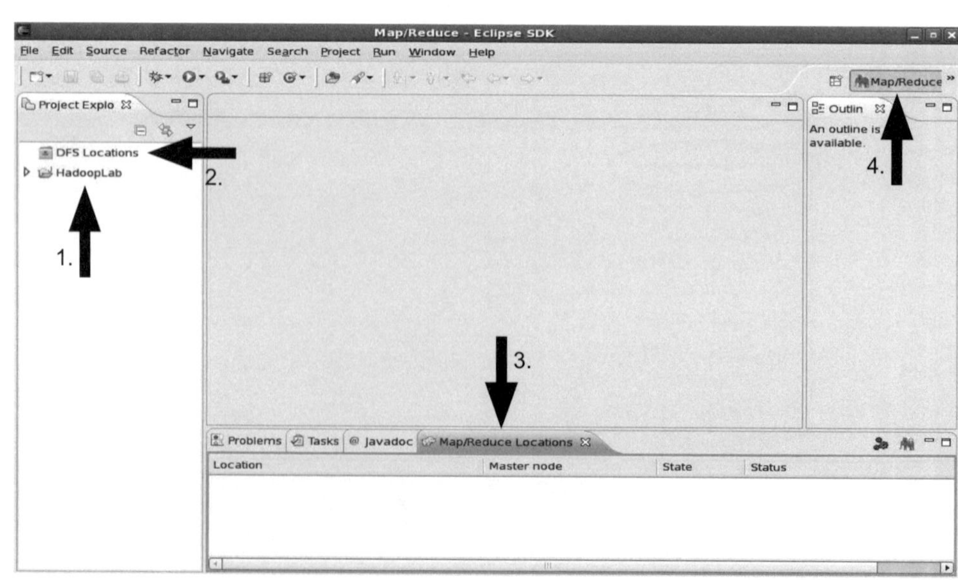

若使用者沒有在圖 9.10 的操作時開啟 Map/Reduce perspective，也可依照圖 9.12 的箭頭順序選擇 Window → OpenPerspective → Other 來開啟。

圖 9.12　開啟其他 perspective

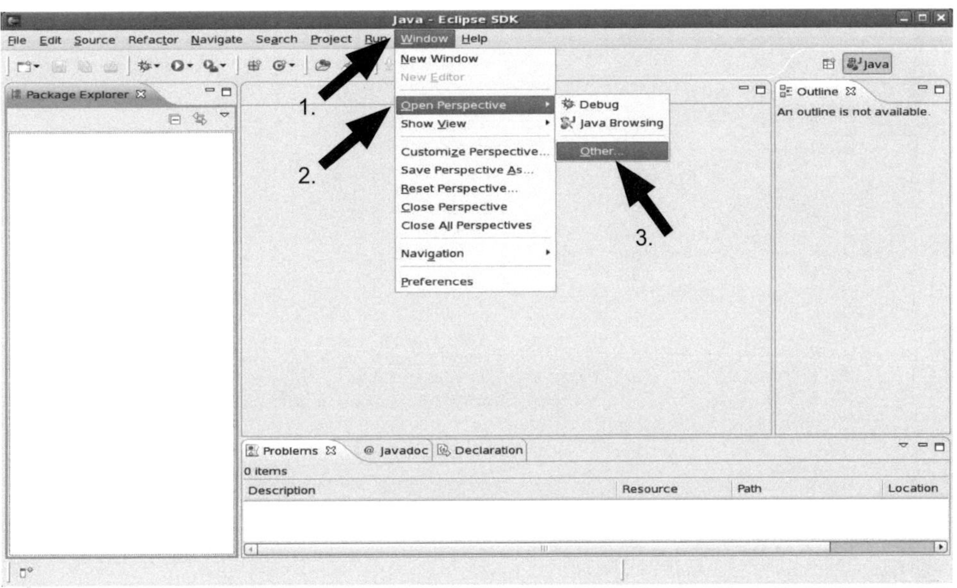


然後選擇 Map/Reduce，並按下「OK」(圖 9.13)，即可開啟 Map/Reduce perspective。

圖 9.13　開啟 Map/Reduce perspective

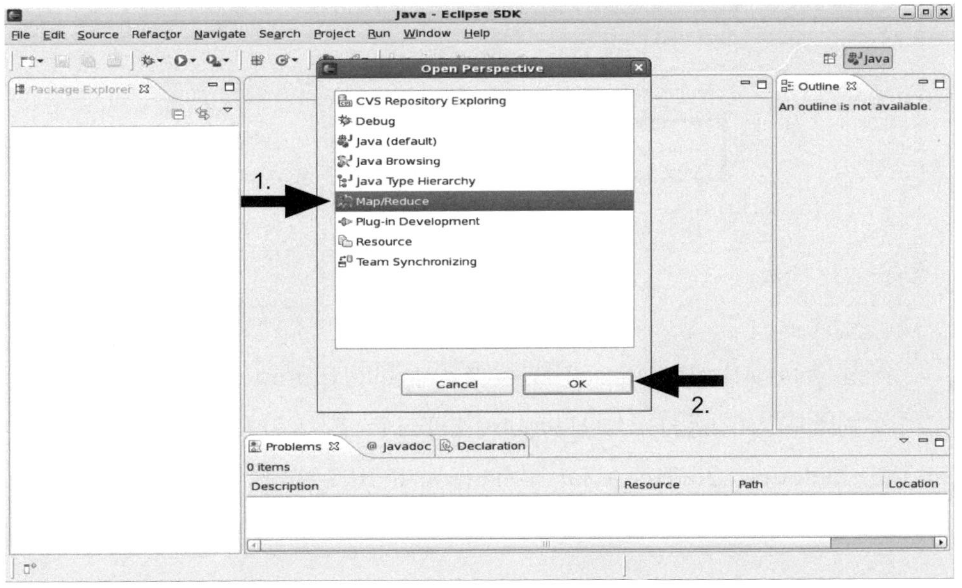

接著設定專案的相關參數，亦即在圖 9.14 新創專案的目錄上點擊滑鼠右鍵，並選擇 Properties，之後出現圖 9.15 之畫面。

圖 9.14　開啟專案設定

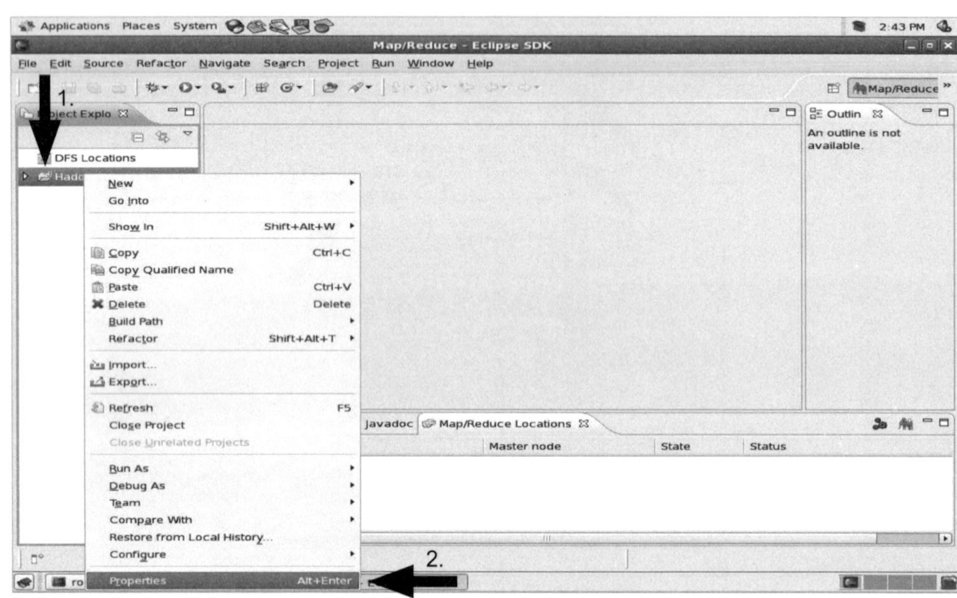

圖 9.15　開啟路徑設定頁

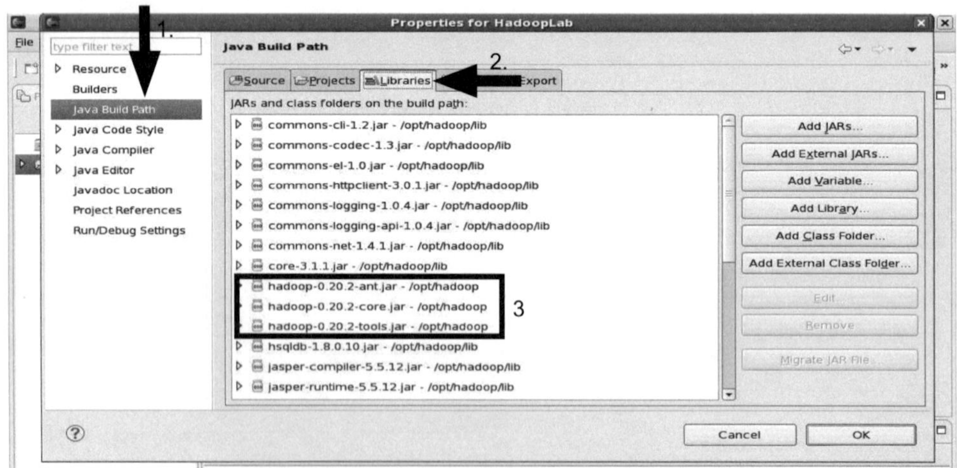


先選擇 Java Build Path，再點選畫面中間的 Libraries 分頁（圖 9.15）。你可看到圖中方框處有三個 Hadoop 相關的 jar 檔，分別是 hadoop-0.20.2-ant.jar、hadoop-0.20.2-core.jar 與 hadoop-0.20.2-tools.jar。

如圖 9.16 所示，首先點擊 hadoop-0.20.2-ant.jar 前方的小三角形（箭頭 1），會跳出四個子項目，首先點選 Source attachment: (None)（箭頭 2）後，再點擊右欄框中的 Edit（箭頭 3），會出現 Source Attachment Configuration 設定視窗。接著在 Location path 欄輸入 /opt/hadoop/src/core（箭頭 4），或者點選右方的 External Folder 選擇該路徑（箭頭 4.1），最後按下「OK」。

圖 9.16　Source Attachment 設定

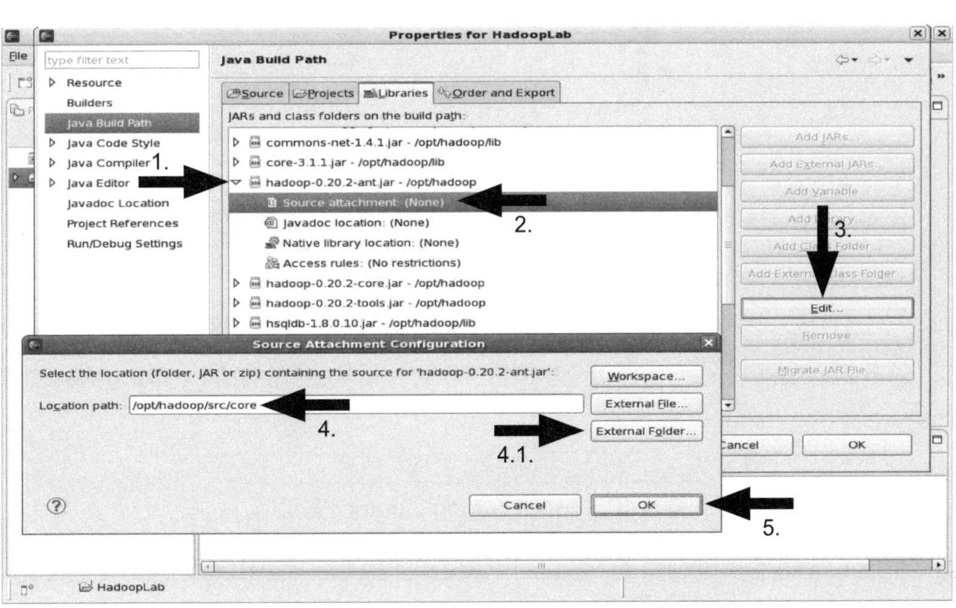


接著回到主畫面，設定 hadoop-0.20.2-ant.jar 的第二個子項目。如圖 9.17 所示，點選 javadoc location: (None) 後（箭頭 1），同樣點擊右欄框中的 Edit（箭頭 2），接著出現 javadoc For “hadoop-0.20.2-ant.jar” 的視窗，請在 javadoc location path 欄輸入 file:/opt/hadoop-0.20.2/docs/api/（箭頭 3），或可點擊右方的 Browse（箭頭 3.1）選擇該路徑，最後點擊「OK」即可完成設定。

圖 9.17　Javadoc Location Path 設定

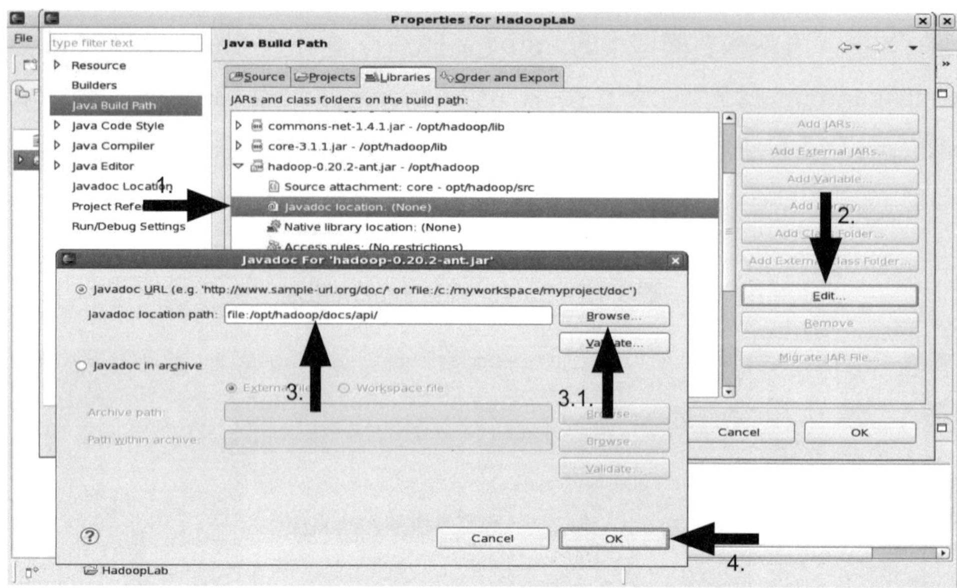

另兩項 hadoop-0.20.2-core.jar、hadoop-0.20.2-tools.jar 也是同樣的設定方式及路徑設定，完成後如圖 9.18 所示，記得點擊「OK」確認儲存設定。

圖 9.18　完成 Hadoop Libraries 設定

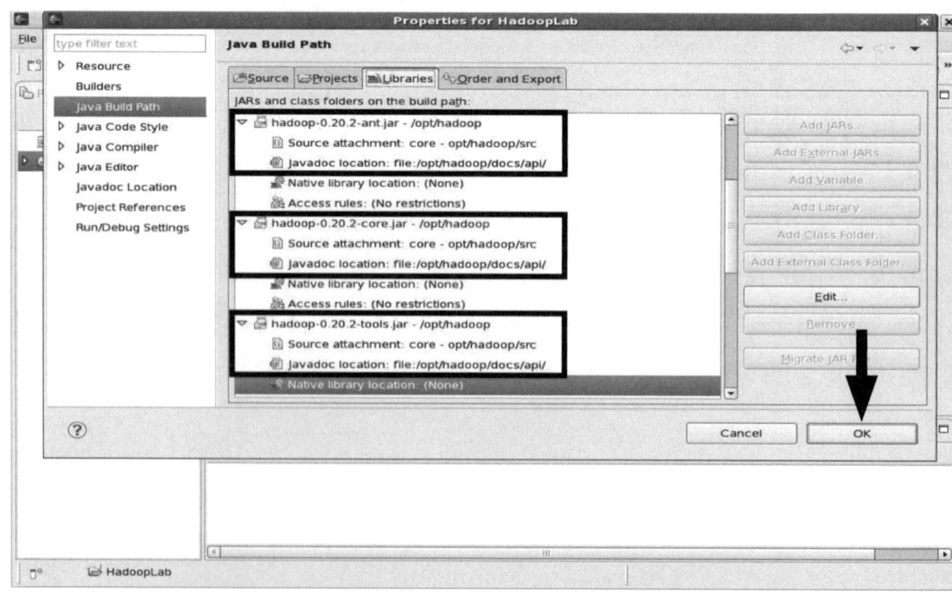

接著，要加入 HBase 的 jar 檔。請再次開啟專案設定（圖 9.14），先點選 Libraries 分頁，再點選 Add External JARs...（參見圖 9.19）。

圖 9.19 加入外部 JAR

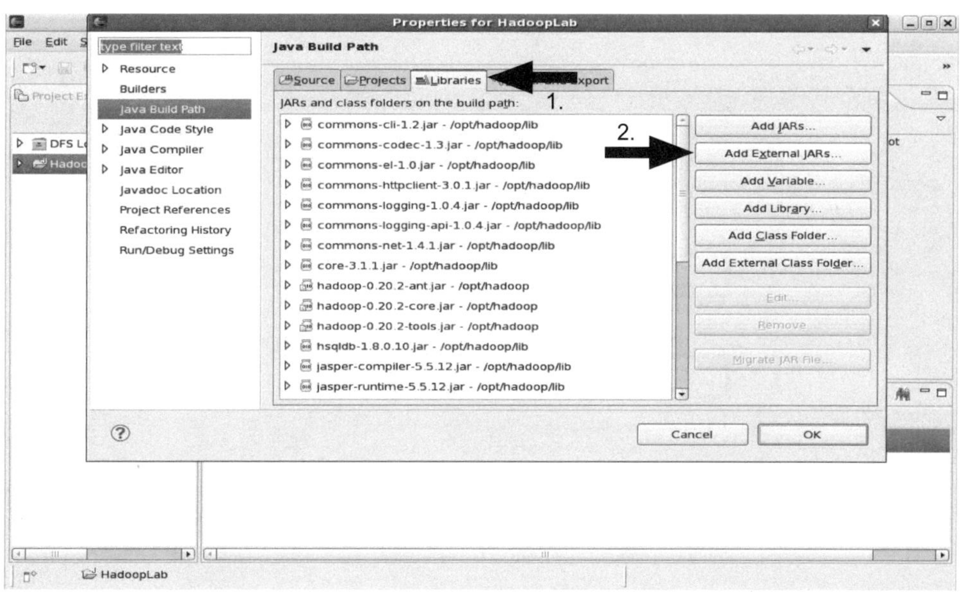


將 hbase 目錄內的 hbase-0.90.2.jar、hbase-0.90.2-tests.jar 及 lib 資料夾中所有的 jar 檔加入，按下「確定」（圖 9.20）。

圖 9.20 加入 HBase jar 檔

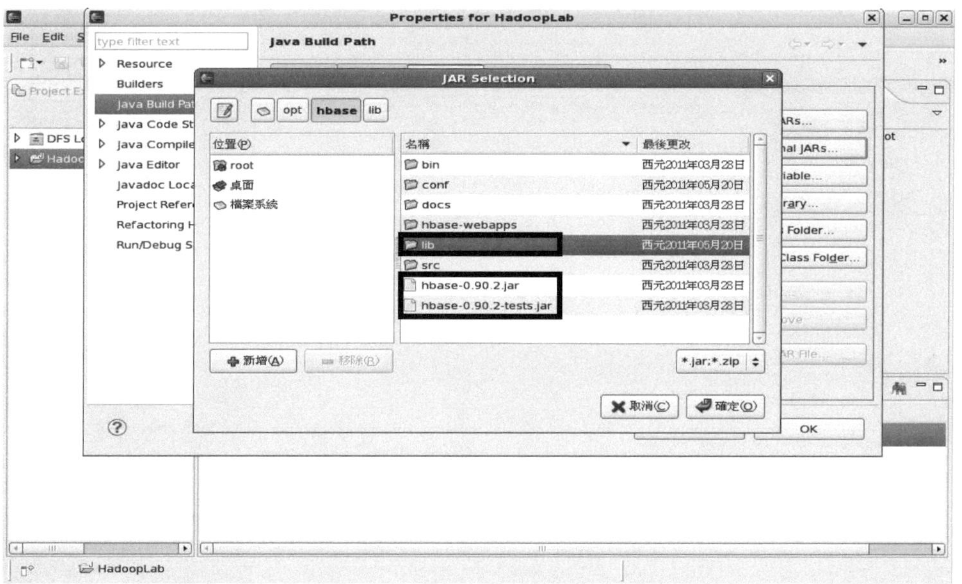

之後在 Libraries 的分頁中可以找到 hbase-0.90.2.jar 及 hbase-0.90.2-tests.jar。接著如圖 9.21 所示，將 Source attachment 的路徑設為 /opt/hbase/src，而 javadoc location 設為 /opt/hbase/docs/apidocs。

圖 9.21　設定 HBase 路徑

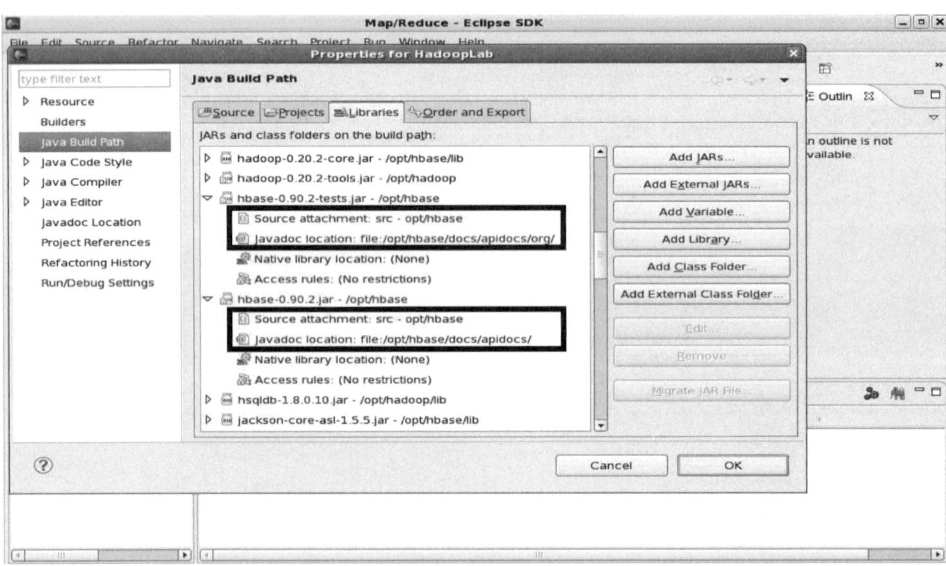

完成上述設定之後，便可連結 Hadoop Server。先點擊圖 9.22 中 Map/Reduce Locations 分頁（箭頭 1），再點擊右方的大象圖案（箭頭 2），以新增 Hadoop location。

圖 9.22　新增 Hadoop location

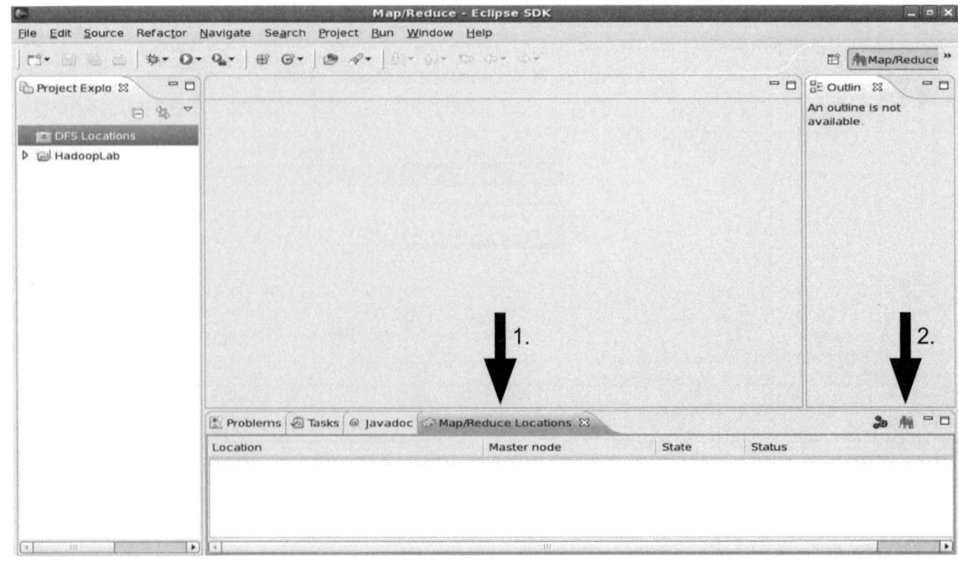

點擊圖 9.22 的大象圖案後會跳出 Hadoop location 的設定介面（參見圖 9.23）。首先，在 Location name 中輸入 Hadoop location 名稱（可自行設定），在 Map/Reduce Master 區中的 Host 欄輸入 Master 的主機名稱，Port 欄輸入 9001（注意：主機名稱及通訊埠需與 Hadoop 目錄中 conf/mapred-site.xml 內的設定相同），並在 DFS Master 區中的 Port 欄輸入 9000（注意：需與 Hadoop 目錄中 conf/core-site.xml 內的設定相同），輸入後按下「Finish」。

圖 9.23　設定 Hadoop location

新增完 Hadoop location 後，在 Map/Reduce Locations 區會出現新增的 Location（圖 9.24）。若成功連上 Hadoop Server，則可點開左邊 Project Explorer 中的 DFS Locations，並看到 HDFS 上的資料。由於在第 8.3 節時也安裝了 HBase，因此在此也可以看到 HBase 內的資料。

至此便完成 Eclipse 的設定，之後可以透過 Eclipse 在 Hadoop 上開發 MapReduce 程式。

圖 9.24 連接 Hadoop Server

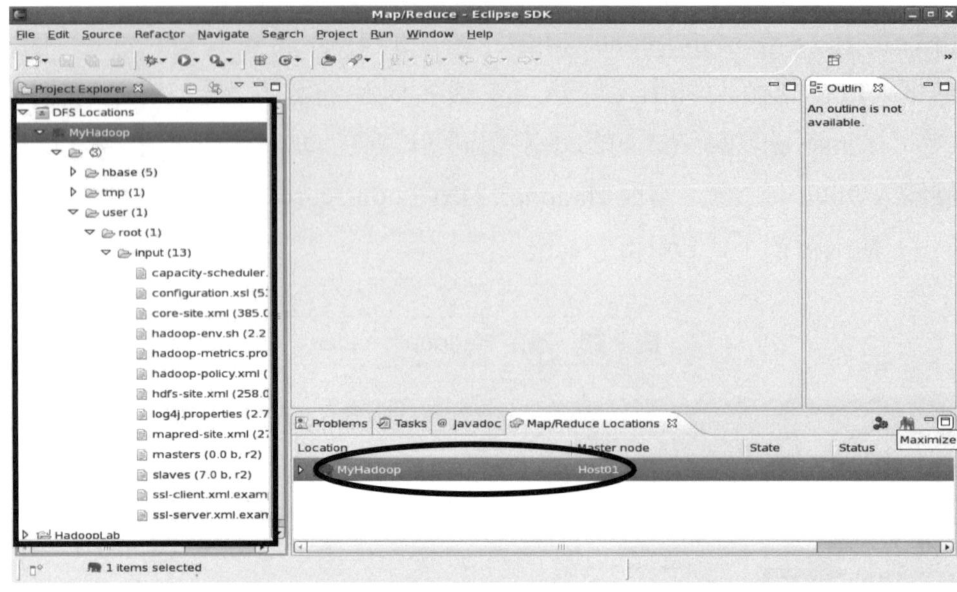

此外，還可安裝 Java SE Development Kit Documentation。基本上，不安裝此項並不會影響 Hadoop 的運作；但若安裝，則可於開發程式時直接查詢 javadoc。使用者可上 Oracle 官網 (http://www.oracle.com) 下載 Java SE Development Kit Documentation（圖 9.25）。

在下載 jdk-6u25-fcs-bin-b04-apidocs-04_Apr_2011.zip 此一壓縮檔後，先解壓縮，再將目錄移動至 /usr/lib/jvm/，並更名為 javadoc，這可直接在圖形介面操作或透過終端機輸入下列指令：

```
~# wget http://download.oracle.com/otn-pub/java/jdk/6u25-b04/jdk-6u25-fcs-bin-b04-apidocs-04_Apr_2011.zip
~# unzip jdk-6u25-fcs-bin-b04-apidocs-04_Apr_2011.zip
~# mv docs/ /usr/lib/jvm/javadoc
```

接著回到 Eclipse 介面。依照圖 9.14 開啟專案 Properties 後，先點選 javadoc Location（箭頭 1），在 javadoc location path 欄位中輸入 file:/usr/lib/jvm/javadoc/api/（箭頭 2），或點選畫面右方的 Browse... 選擇該目錄（箭頭 2.1），最後點擊「OK」即可順利安裝 Java SE Development Kit Documentation（圖 9.26）。

圖 9.25　下載 Java SE Development Kit Documentation

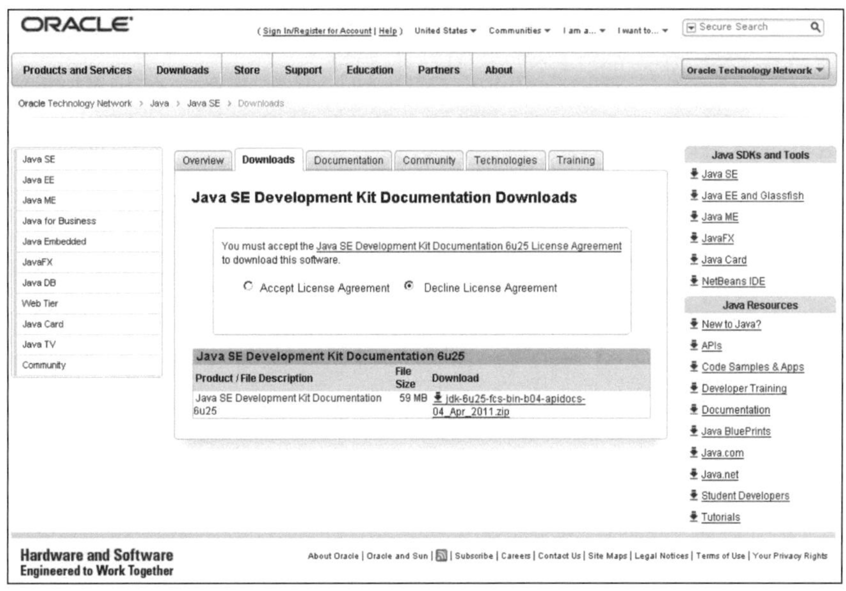


資料來源：擷取自 http://www.oracle.com/technetwork/java/javase/downloads/jdk-6u25-doc-download-355137.html。

圖 9.26　設定 javadoc Location

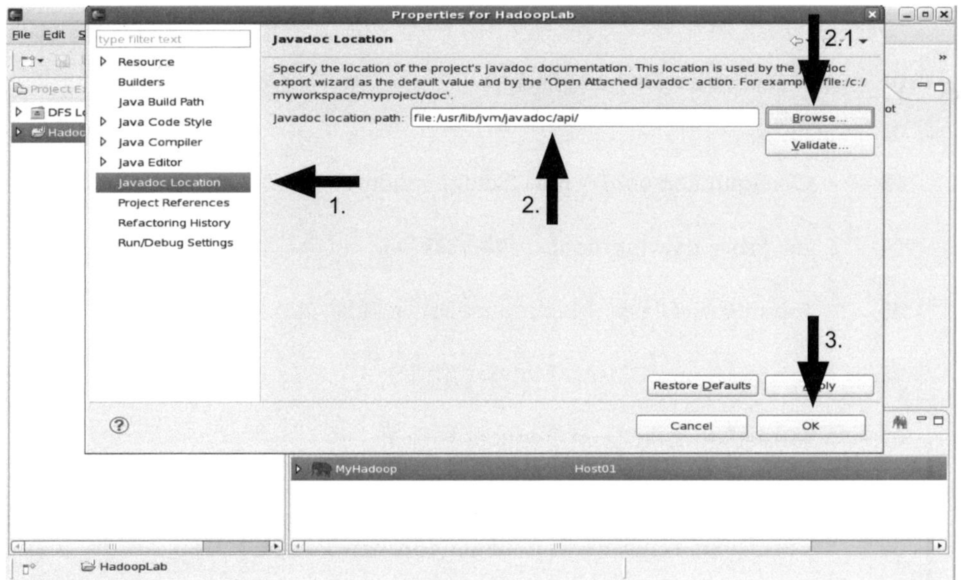

## 9.1.2 MapReduce 程式架構

MapReduce 程式主要可分為 MapReduce Driver、Mapper 及 Reducer 三個部分，以下將分別介紹這三個基本架構。

### MapReduce Driver

MapReduce Driver 扮演整個 MapReduce 程式主函式角色。此類別係定義 MapReduce 程式的相關設定，並用來驅動 Mapper 及 Reducer。圖 9.27 為 MapReduce Driver 的基本架構，主要可分為新創一個 Configuration 實例（第 2 行）、新增一個 Job 實例（第 3 行）及 Job 相關設定（第 5 行至第 11 行）。其中，第 5 行設定 MapReduce Driver 類別（即此 MapReduce Driver 類別本身），第 6 行及第 7 行分別設定 Mapper 與 Reducer 類別，第 8 行及第 9 行則設定輸入與輸出格式。若有其他設定，也可再加入程式碼中，例如可透過 job.setCombinerClass（Combiner 類別）來指定 Combiner 類別。最後，第 11 行是提交 job 並確認程式是否執行完畢。

**圖 9.27　MapReduce Driver 之基本架構**

```
01. Class MapReduceDriver 類別名稱 {
02.   main(){
03.     Configuration conf= new Configuration();
04.     Job job = new Job(conf,  Job 名稱  );
05.     job.setJarByClass( MapReduceDriver 類別 );
06.     job.setMapperClass( Mapper 類別 );
07.     job.setReducerClass( Reducer 類別 );
08.     FileInputFormat.addInputPath(job, new Path(args[0]));
09.     FileOutputFormat.setOutputPath(job, new Path(args[1]));
10.                      其他參數設定
11.     job.waitForCompletion(true);
12.   }
13. }
```

## Mapper

圖 9.28 為 Mapper 架構。第 1 行使用者先定義此 Mapper 類別的名稱，而此類別繼承了 Hadoop 的 Mapper 類別，後面四個參數分別表示輸入鍵類型、輸入值類型、輸出鍵類型及輸出值類型。輸入檔案的鍵／值類型即為 Mapper 的輸入鍵／值類型，而經過 Mapper 處理所產生的中間資料，其鍵／值類型即為 Mapper 的輸出鍵／值類型。若此 Mapper 類別有使用到全域變數，則在第 2 行處加入。接著實現 Map 函式。Map 函式有三個參數，分別為輸入鍵類型、輸入值類型及 Context 類型。此處的輸入鍵／值類型與第 1 行的輸入鍵／值類型相同，而第 4 行 Map 程式碼區的動作便是將輸入的鍵／值經過 Map 處理後，轉換成中間鍵／值 (IntermediateKey/IntermediateValue)，並在最後寫入 Context 中（第 5 行）。

## Reducer

圖 9.29 為 Reducer 架構，其與 Mapper 架構非常類似。第 1 行設定 Reducer 類別的名稱，此類別繼承自 Hadoop 的 Reducer 類別，後面

圖 9.28　Mapper 架構

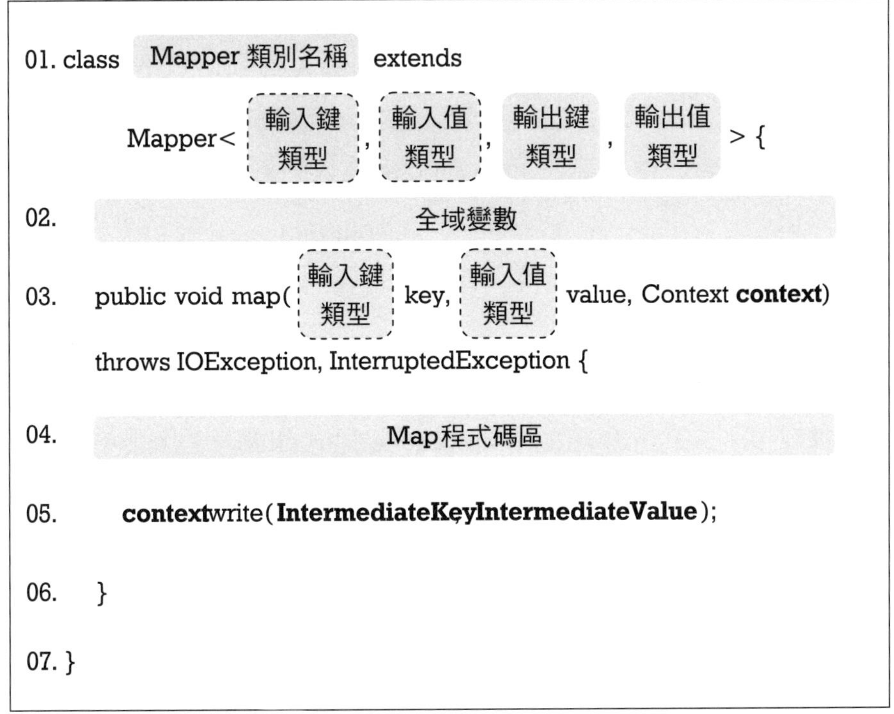

01. class Mapper 類別名稱 extends
Mapper< 輸入鍵類型 , 輸入值類型 , 輸出鍵類型 , 輸出值類型 > {
02. 全域變數
03. public void map( 輸入鍵類型 key, 輸入值類型 value, Context context)
throws IOException, InterruptedException {
04. Map程式碼區
05. contextwrite(IntermediateKeyIntermediateValue);
06. }
07. }

圖 9.29　Reducer 架構

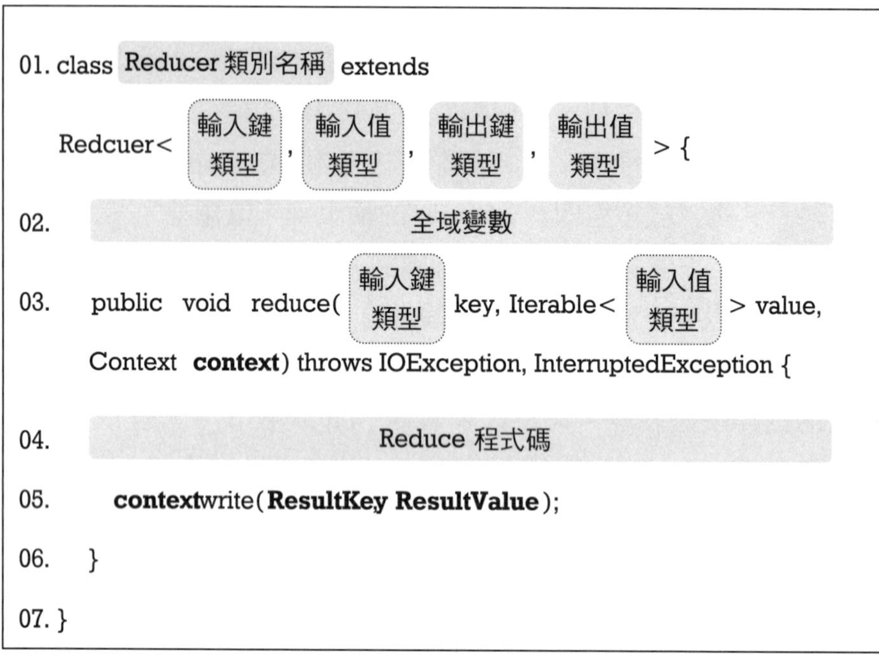

01. class Reducer 類別名稱 extends
Redcuer< 輸入鍵類型 , 輸入值類型 , 輸出鍵類型 , 輸出值類型 > {
02. 全域變數
03. public void reduce( 輸入鍵類型 key, Iterable< 輸入值類型 > value,
Context context) throws IOException, InterruptedException {
04. Reduce 程式碼
05. contextwrite(ResultKey ResultValue);
06. }
07. }


四個參數為輸入鍵／值類型及輸出鍵／值類型。中間鍵／值的類型即為 Reducer 的輸入鍵／值類型，最終鍵／值的類型即為 Reducer 的輸出鍵／值類型。同樣地，在第 2 行加入全域變數，在第 3 行實現 Reducer 函式，此處的輸入鍵／值類型與第 1 行的輸入鍵／值類型相同。但由於經過 Mapper 的處理，在 Reducer 中同一個輸入鍵的值可能會有多個，因此輸入值使用 Iterable 介面。接著，在第 4 行編輯 Reduce 程式碼，並在最後寫入 Context 中（第 5 行），而此處寫入的鍵／值即為最後輸出結果的鍵／值。

## 9.2 MapReduce 之基礎實作範例

根據第 9.1.2 節所介紹的 MapReduce 程式架構，在此以一個簡單的 maxCPU 程式說明如何使用 Eclipse 開發 MapReduce 程式。在此範例中，系統每十分鐘記錄一次 CPU 使用率到日誌檔中，而 maxCPU 程式會分析日誌檔，並透過 MapReduce 的方式，找出每天最高的 CPU 使用率。日誌檔中記錄的欄位分別為日期、時段及 CPU 使用率，部分內容如下：

```
2011/01/01 00:00 40
2011/01/01 00:10 30
2011/01/01 00:20 30
2011/01/01 00:30 30
2011/01/01 00:40 30
...
2011/01/01 22:50 40
2011/01/01 23:00 30
2011/01/01 23:10 30
2011/01/01 23:20 30
...
2011/01/02 22:30 40
2011/01/02 22:40 30
2011/01/02 22:50 30
...
```

本節範例將以這個日誌檔做為輸入檔，使用者可參考第 8.3 節，先在 HDFS 上新創一個目錄並命名為 log，再根據上述格式建立一個日誌檔並上傳到 log 目錄中。日誌檔範例及本節所介紹的相關程式碼，請參見書附光碟。以下依序介紹如何用 Eclipse 建立 Mapper、Reducer 及 MapReduce Driver。

### 建立 Mapper

如圖 9.30 所示依序點選新增一個其他類別。

接著點開 Map/Reduce，再選擇 Mapper，最後點擊「Next」(參見圖 9.31)。

在 Package 欄輸入 Package 名稱 MR_Lab，在 Name 處輸入 Mapper 類別名稱 mymapper，最後點擊「Finsih」(參見圖 9.32)。

圖 9.30　新增類別

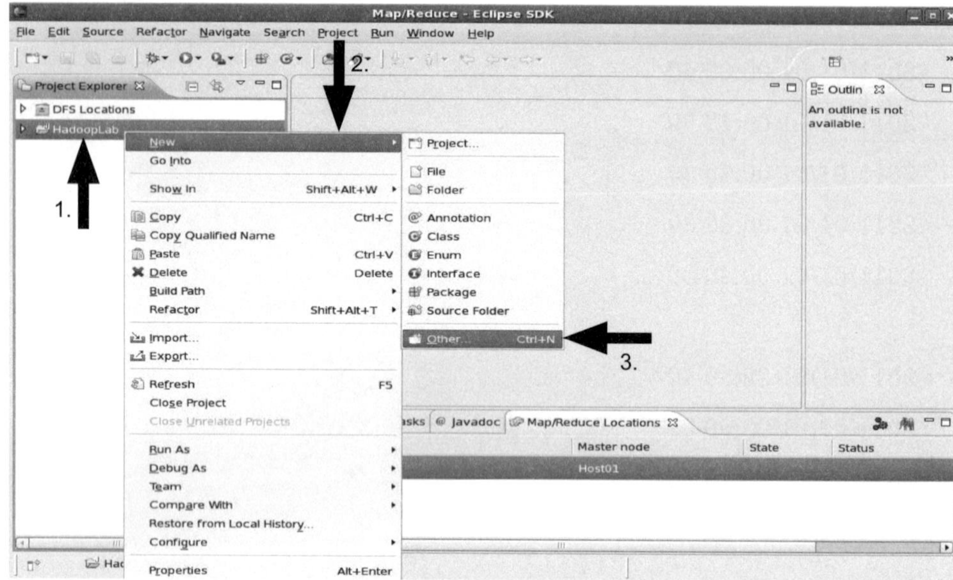

圖 9.31　新增 Mapper 類別

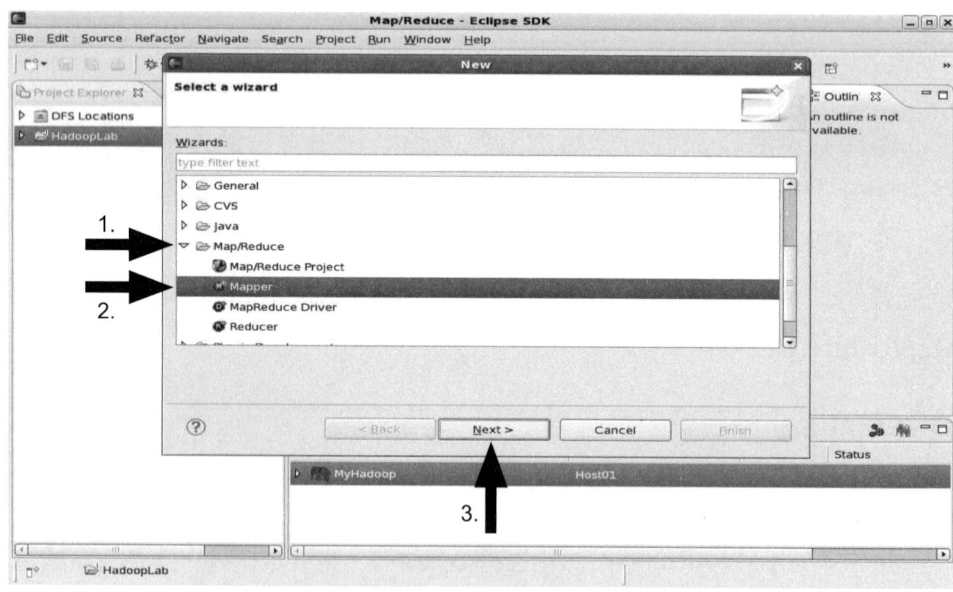

圖 9.32　設定 Mapper 類別

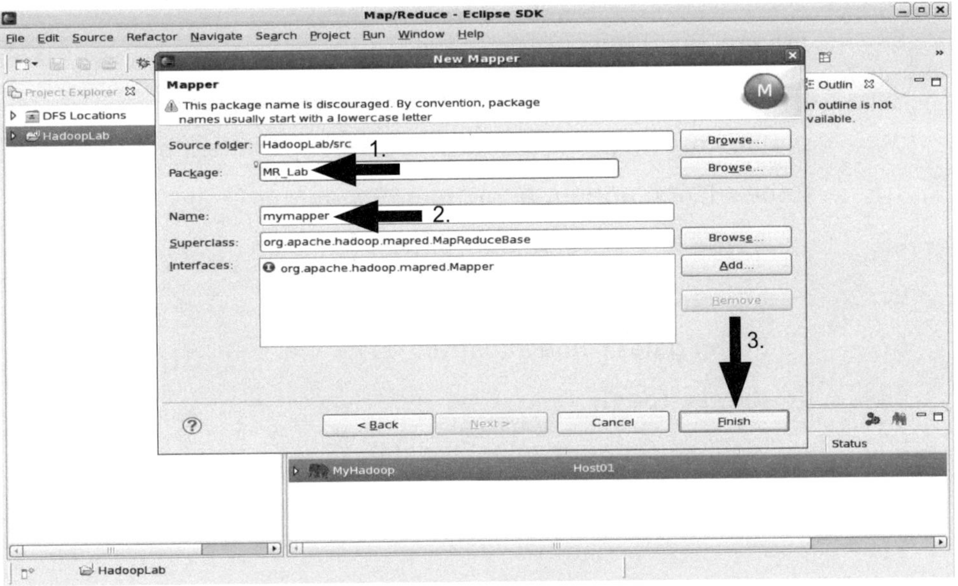

之後，在 HadoopLab 專案中便會新增一個新的 package MR_Lab 及 mymapper.java（圖 9.33），並修改 mymapper.java 的內容如下：

圖 9.33　完成 Mapper 類別設定

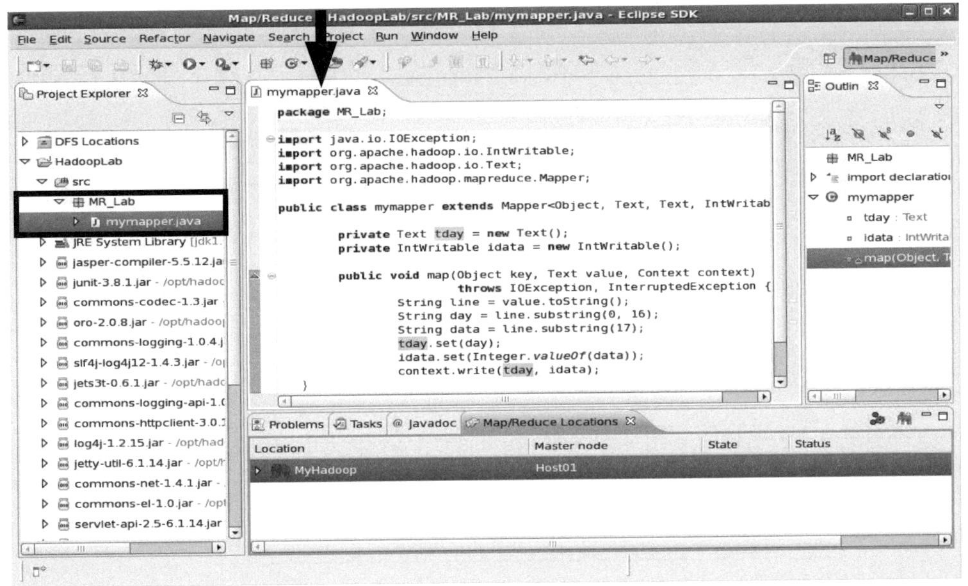

```
01. public class mymapper extends Mapper<Object, Text, Text,
    IntWritable> {
02.     private Text tday = new Text();
03.     private IntWritable idata = new IntWritable();
04.     public void map(Object key, Text value, Context context)
        throws IOException, InterruptedException {
05.         String line = value.toString();
06.         String day = line.substring(0, 10);
07.         String data = line.substring(17);
08.         tday.set(day);
09.         idata.set(Integer.valueOf(data));
10.         context.write(tday, idata);
11.     }
12. }
```

我們可以發現，mymapper.java 的內容便是根據圖 9.28 Mapper 架構所撰寫的。在 mymapper.java 中的第 1 行設定了 Mapper 類別名稱為 mymapper，而輸入鍵／值的類型分別為 Object 及 Text，輸出鍵／值（中間鍵／值）的類型分別為 Text 及 IntWritable；第 2 行與第 3 行設定全域變數 tday 及 idata；第 4 行定義了 Map 函式的輸入鍵／值及 Context 類型；第 5 行至第 9 行為 Map 函式的處理過程；第 10 行將中間結果寫入 Context 中。

同樣地，根據圖 9.29 的 Reducer 架構及圖 9.27 的 MapReduce Driver 架構，我們也可以很容易地撰寫出 Reducer 及 MapReduce Driver 類別，分述如下。

### 建立 Reducer

依圖 9.30 所示，開啟另一個類別後，選擇 Reducer（圖 9.34）。

圖 9.34 新增 Reducer 類別

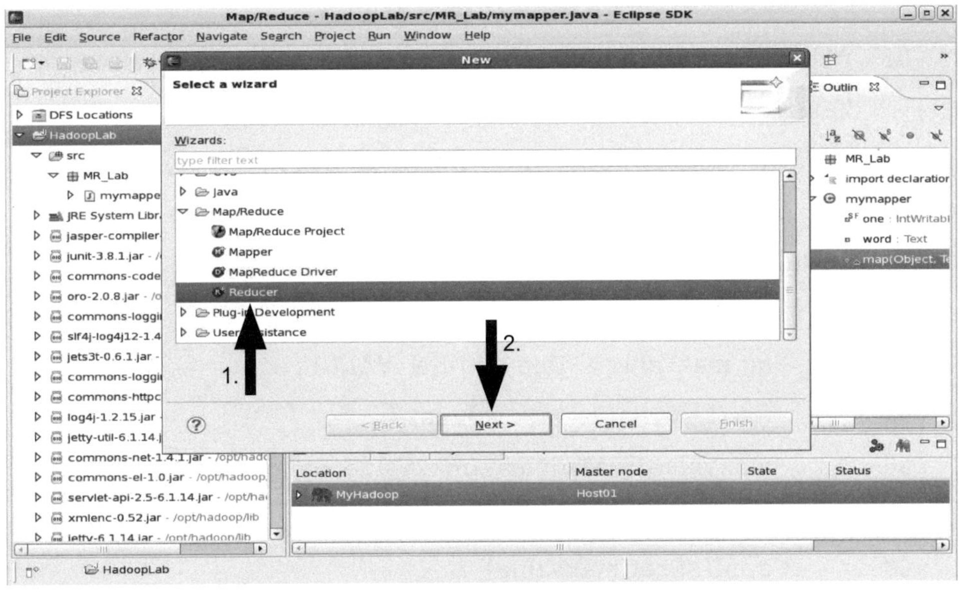


接著在 Package 欄輸入 MR_Lab，並在 Name 欄輸入 myreducer，然後按「Finish」(圖 9.35)。

圖 9.35 設定 Reducer 類別

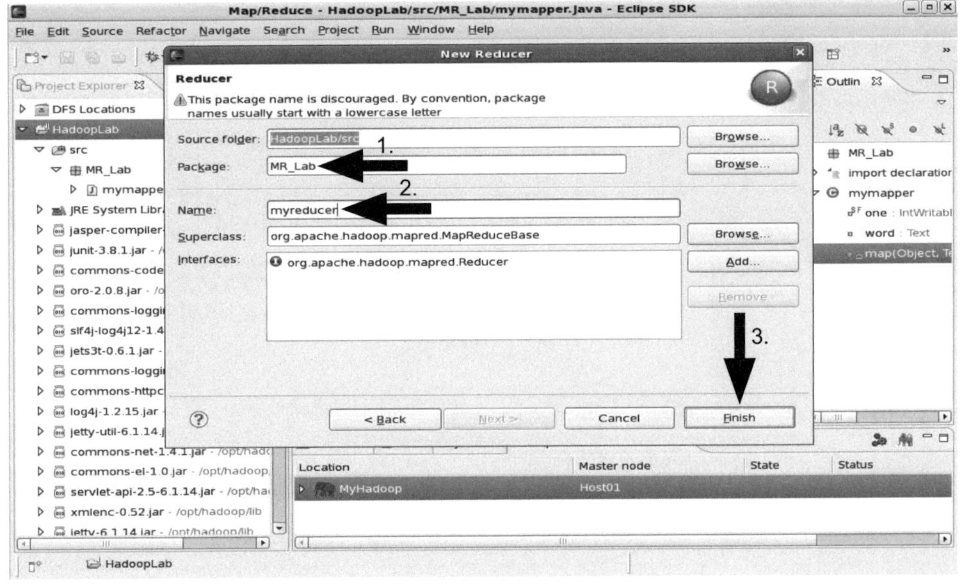

之後，在 HadoopLab 專案中的 MR_Lab 內會出現 myreducer.java（參見圖 9.36），並修改 myreducer.java 的內容為：

```
public class myreducer extends Reducer<Text, IntWritable,
    Text, IntWritable> {
    IntWritable cpuUtil = new IntWritable();
    public void reduce(Text key, Iterable<IntWritable>
        values, Context context) throws IOException,
        InterruptedException {
        int maxValue = Integer.MIN_VALUE;
        for (IntWritable val : values) {
        maxValue = Math.max(maxValue, val.get());
        }
        cpuUtil.set(maxValue);
        context.write(key, cpuUtil);
    }
}
```

圖 9.36　完成 Reducer 類別設定

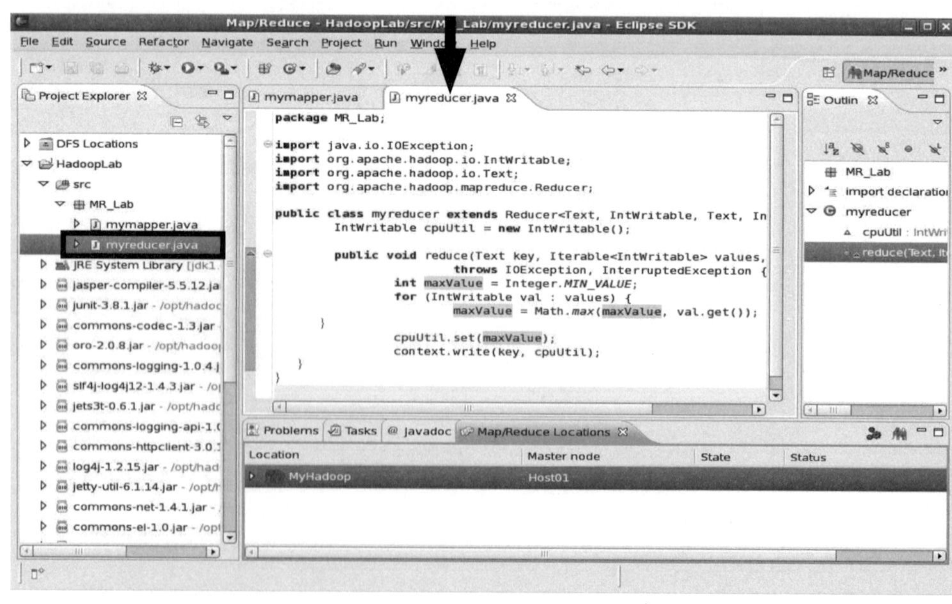

### 建立 MapReduce Driver

同樣依照圖 9.30 新增其他類別，接著如圖 9.37 建立 MapReduce Driver 類別。

圖 9.37　新增 MapReduce Driver 類別

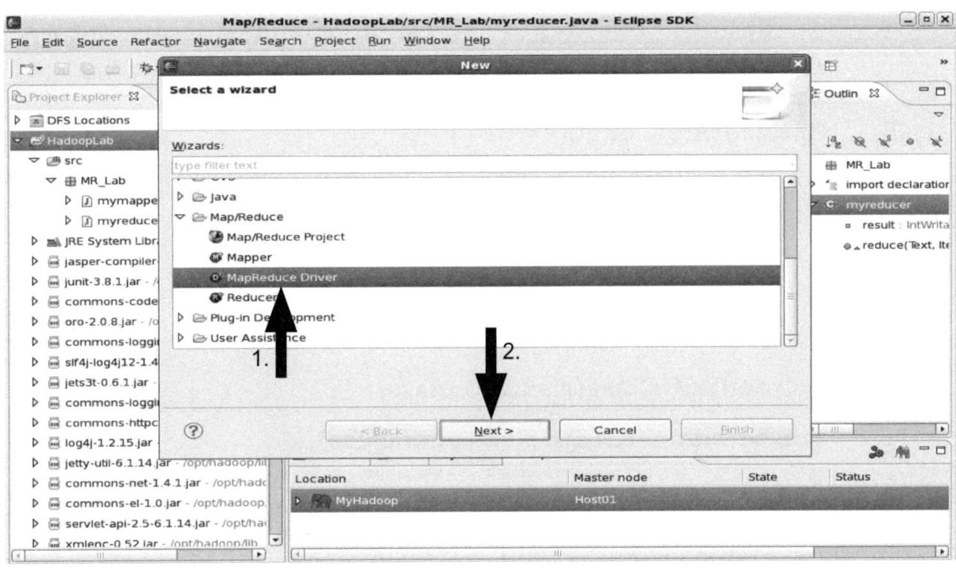


接著，在 Package 欄輸入 MR_Lab，並在 Name 欄輸入 maxCPU，然後按「Finish」（圖 9.38）。

圖 9.38　設定 MapReduce Driver 類別

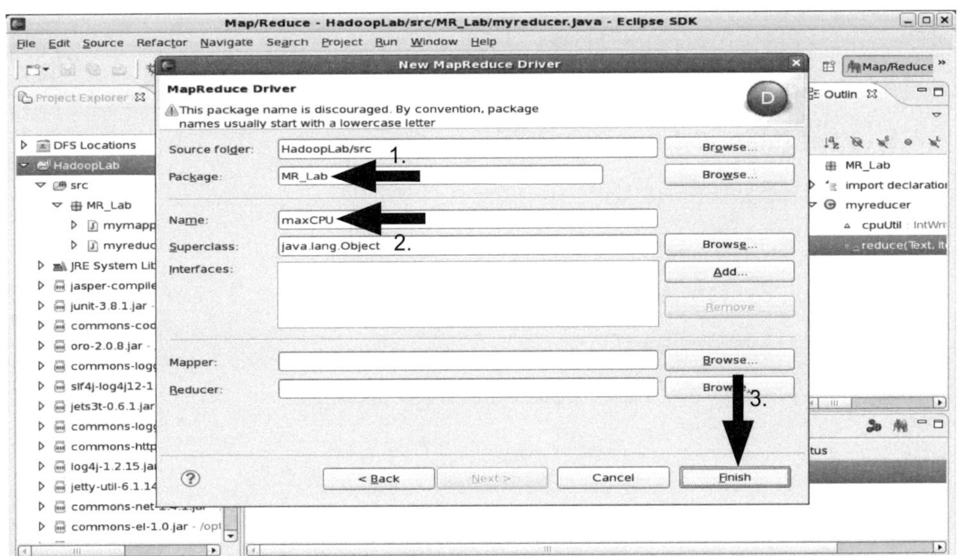

之後，在 HadoopLab 專案中的 MR_Lab 內會出現 maxCPU.java（圖 9.39），並修改 maxCPU.java 的內容為：

```
public class maxCPU {
    public static void main(String[] args) throws Exception {
        Configuration conf = new Configuration();
        String[] otherArgs = new GenericOptionsParser(conf,
        args).getRemainingArgs();
    if (otherArgs.length != 2) {
        System.err.println(“Usage: maxCPU <in> <out>”);
        System.exit(2);
    }
    Job job = new Job(conf, “max CPU”);
    job.setJarByClass(maxCPU.class);
    job.setMapperClass(mymapper.class);
    job.setCombinerClass(myreducer.class);
    job.setReducerClass(myreducer.class);
    job.setOutputKeyClass(Text.class);
    job.setOutputValueClass(IntWritable.class);
    FileInputFormat.addInputPath(job, new
    Path(otherArgs[0]));
    FileOutputFormat.setOutputPath(job, new
    Path(otherArgs[1]));
    boolean status = job.waitForCompletion(true);
    if (status) {
        System.exit(0);
    } else {
        System.err.print(“Not Complete!”);
        System.exit(1);
    }
  }
}
```

圖 9.39　MapReduce Driver 類別

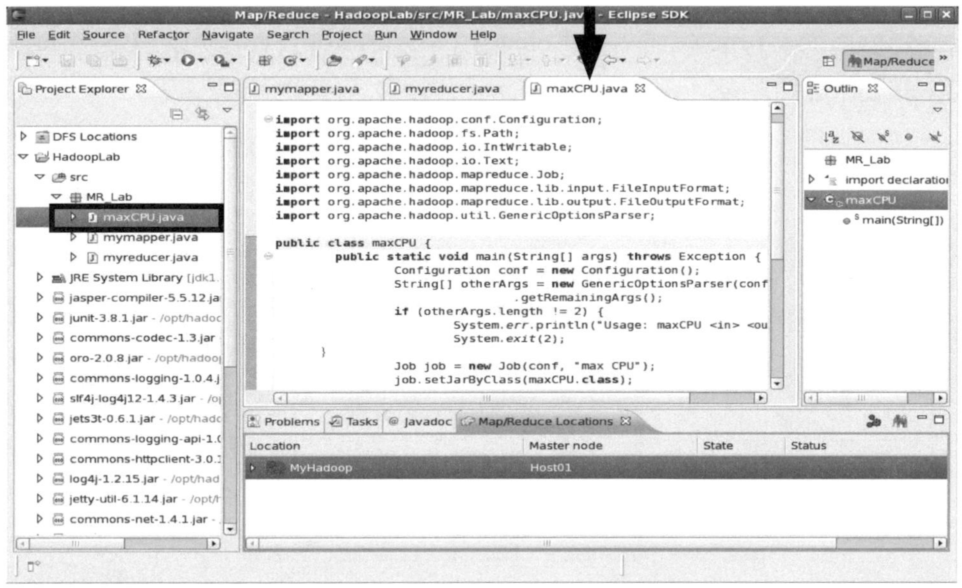


在完成上面的設定之後，以下示範在 Hadoop 上如何執行 MapReduce 程式。如圖 9.40 所示，現在 MR_Lab 上點擊右鍵，再點擊 Properties。

圖 9.40　開啟 Properties

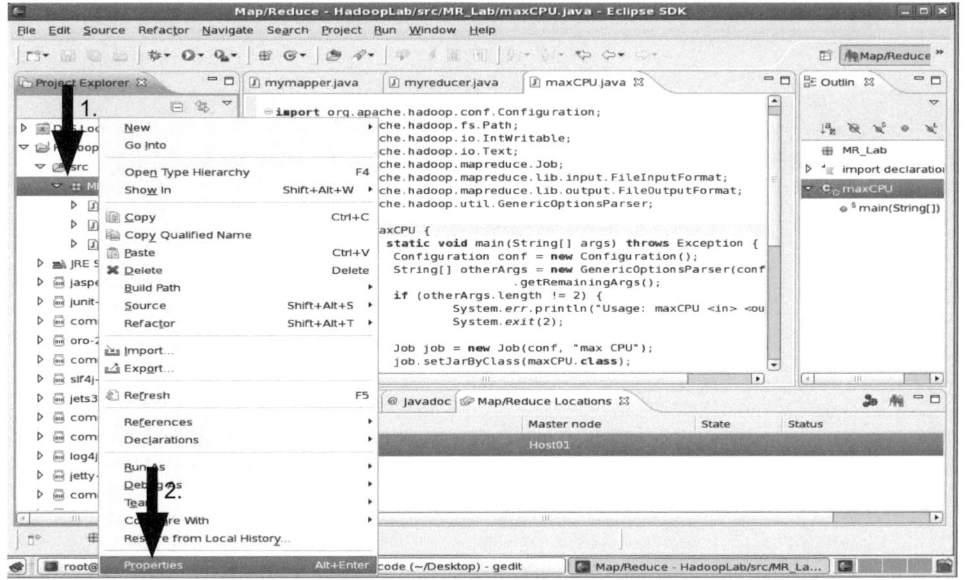

接著會跳出 Properties for MR_Lab 的設定視窗（圖 9.41）。先點選 Run/Debug Settings 後，再點擊右方的「New」，便會出現 Select Configuration Type 視窗，在 Select Configuration Type 視窗中選擇 Java Application 並點擊「OK」。

圖 9.41　選擇配置類型

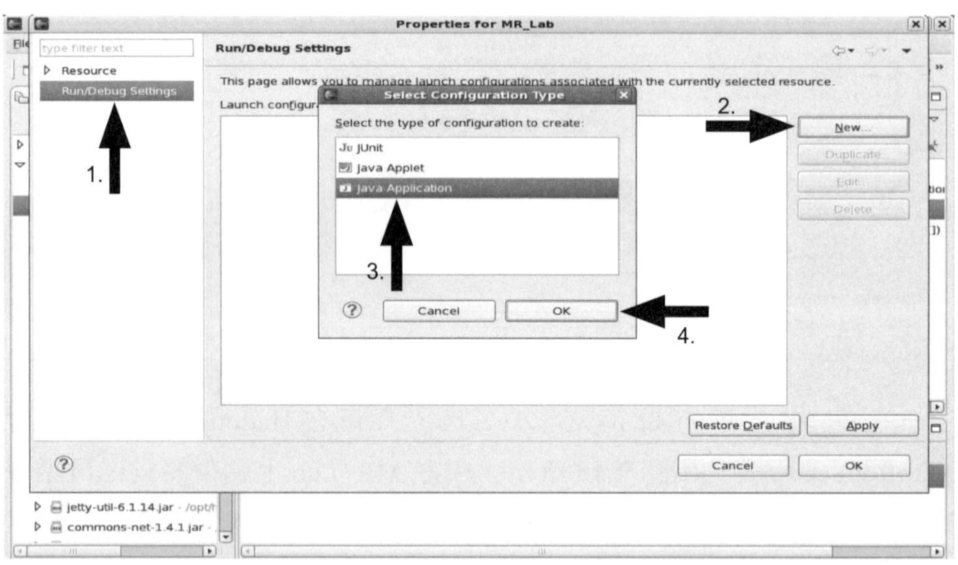


在接下來的視窗中（圖 9.42），於 Name 欄輸入此執行設定的名稱 maxCPU，接著點擊「Search」。

圖 9.42　編輯設定

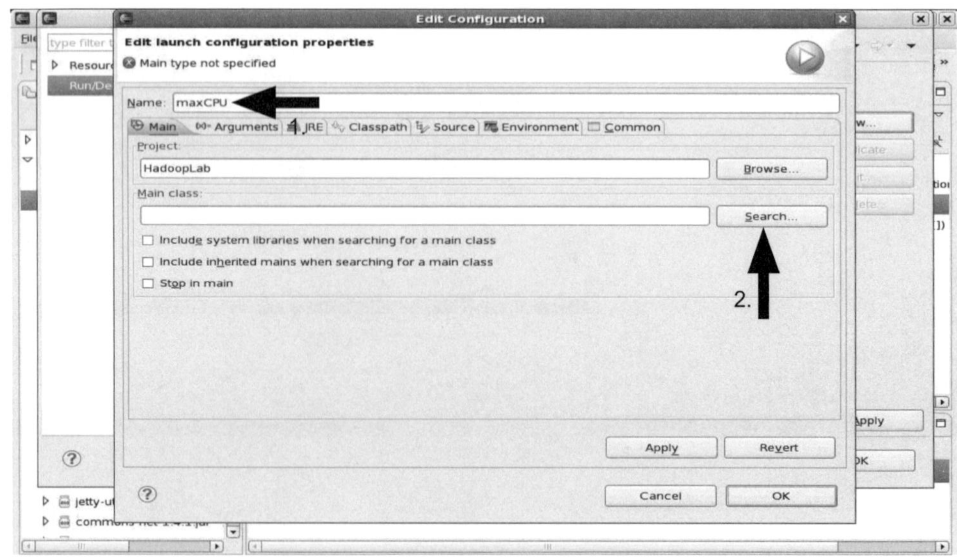

然後會出現 Select Main Type 的畫面（圖 9.43），先選擇 maxCPU - MR_Lab，再點擊「OK」，之後如圖 9.44 中的 Main class 欄位會出現 MR_Lab.maxCPU。

圖 9.43　設定 Main class

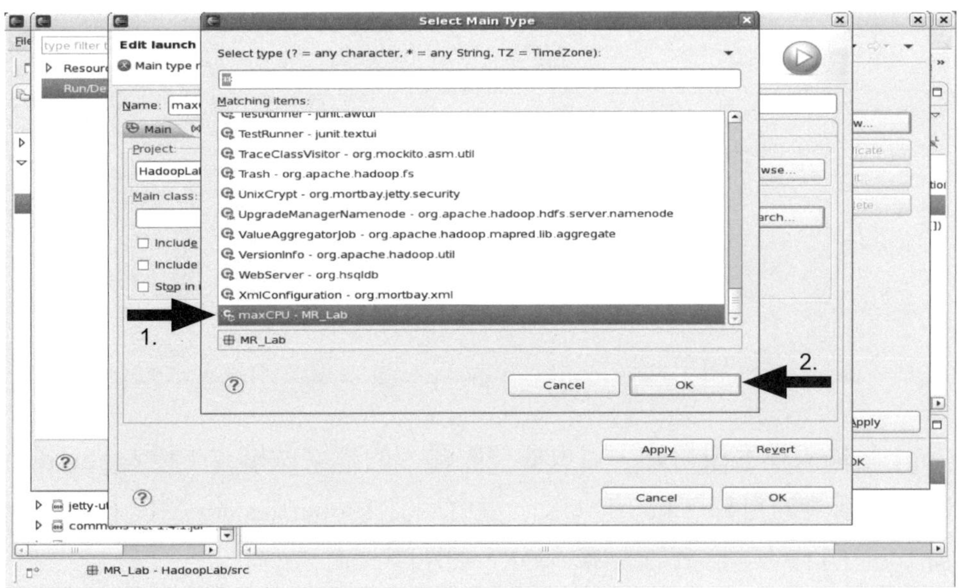


圖 9.44　完成 Main class 設定

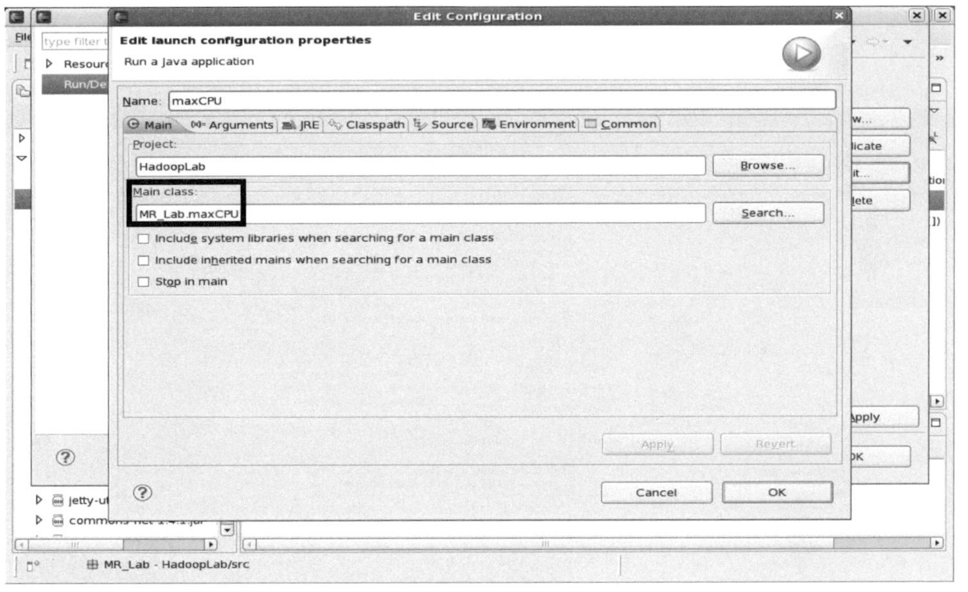


接著點選圖 9.44 中的 Arguments 分頁，在此可以設定程式的參數。如圖 9.45 所示，在 Program arguments 的欄位中輸入 log output。前者

圖 9.45　設定參數（輸入及輸出目錄）

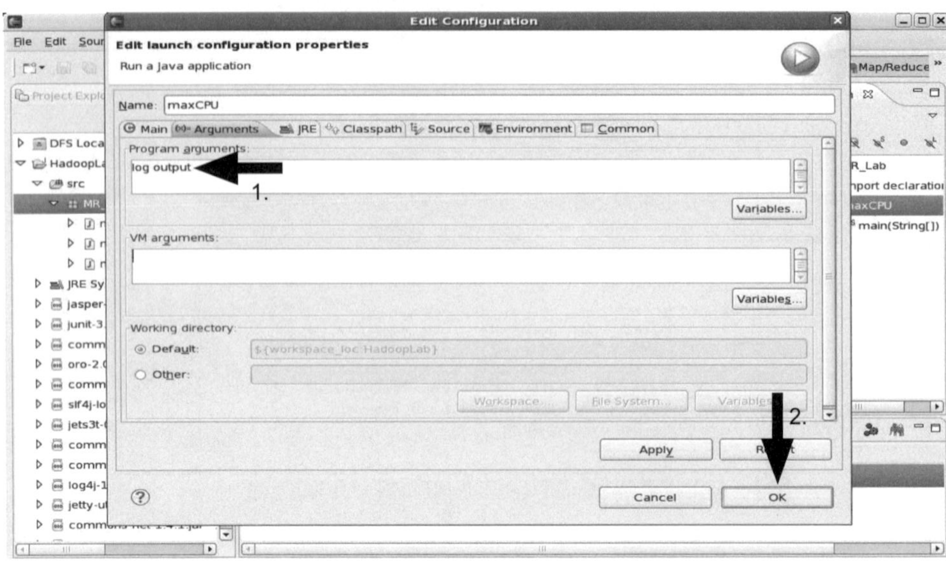


(log) 為輸入檔案或目錄，可根據實際輸入的檔案做修改；後者 (output) 為存放結果的目錄。按下「OK」後會回到 Properties for MR_Lab 的視窗（圖 9.41），之後再次點擊「OK」即可。

最後即可執行程式。在 MR_Lab 上點擊右鍵後，選擇 Run As，再點選 Run on Hadoop（參見圖 9.46）。

圖 9.46　執行程式

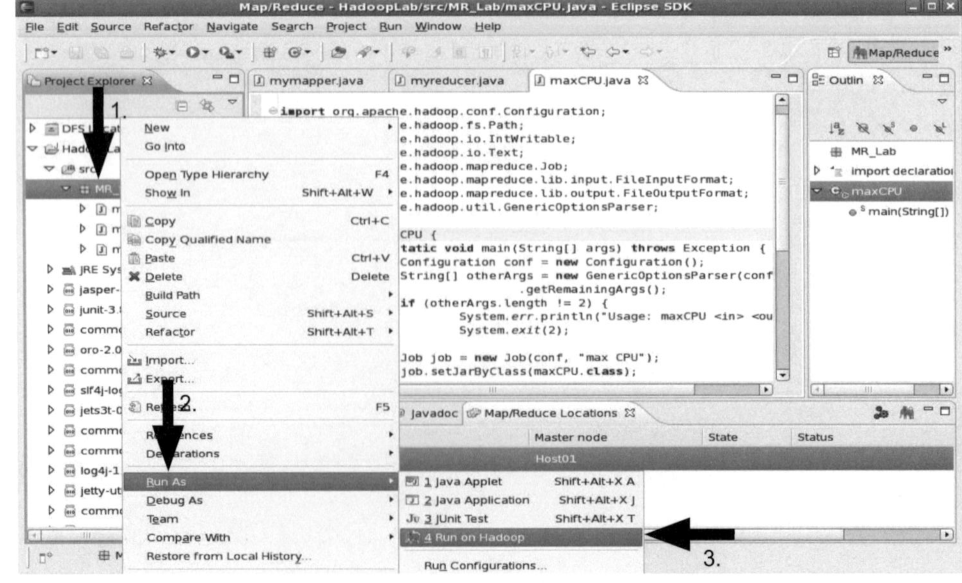

接著會跳出 Select Hadoop location 的畫面（圖 9.47），先點選之前創建的 MyHadoop 後，再點擊「Finish」。

圖 9.47　選擇 Location

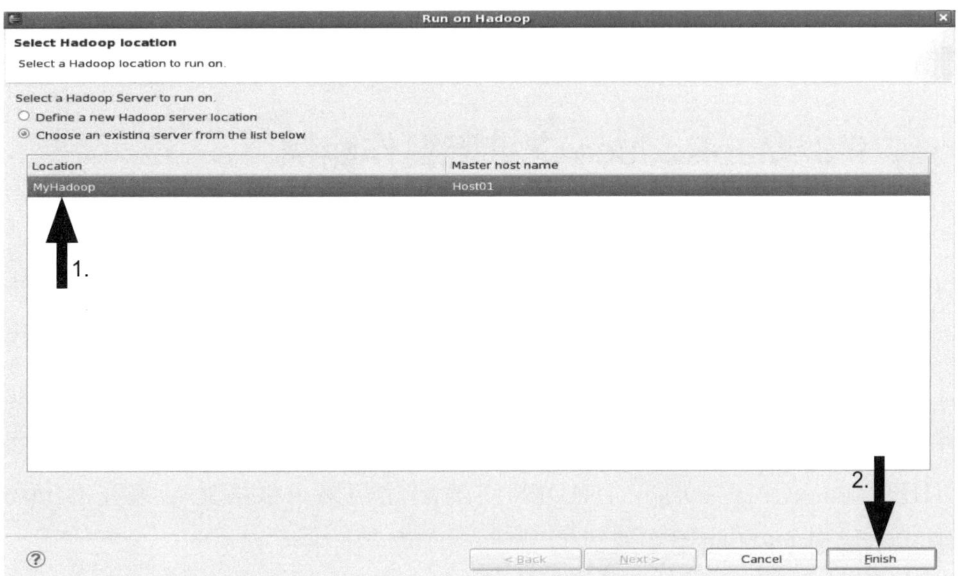


之後程式便會開始執行，此時可點擊圖 9.48 中 Console 分頁（箭頭 1），即可在方框處看到運作過程。讀者可透過箭頭 2 處調整方框處大小。

圖 9.48　輸出結果

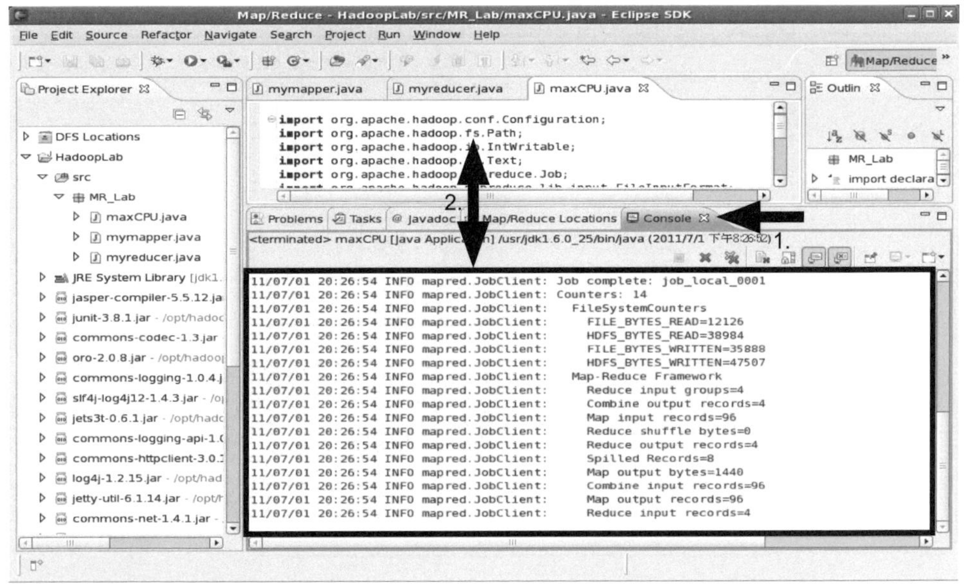

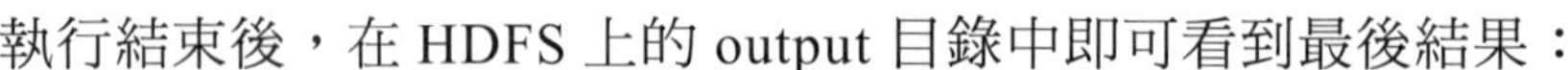
執行結束後，在 HDFS 上的 output 目錄中即可看到最後結果：

```
2011/01/01    100
2011/01/02    90
2011/01/03    80
2011/01/04    30
```

## 9.3 MapReduce 之進階實作範例

以下將在第 9.2 節所介紹的 MapReduce 程式 (maxCPU) 中加入 HDFS 及 HBase 的相關操作。圖 9.49 為本節實作範例的運作流程。首先 maxCPU 類別會將日誌檔上傳至 HDFS，並驅動 Mapper 讀取 HDFS 上的日誌檔，同時 Mapper 也把由日誌檔讀取而來的資料寫入 HBase 中；接著，藉由 Reducer 找出每日最高的 CPU 使用率，並把結果存回 HDFS。maxCPU 類別再從 HDFS 中讀出此結果，根據此結果在 HBase 中找出每日 CPU 使用率最高的時段，並顯示出來。

此實作範例共包含九個類別：maxCPU 類別、mymapper 類別、AddData 類別、myreducer 類別、CheckDir 類別、LocalToHdfs 類別、CheckTable 類別、OutputResult 類別及 ScanTable 類別。以上類別之程式碼請參見書附光碟。以下將分別介紹各個類別的功能及程式碼。

圖 9.49　maxCPU 運作流程圖

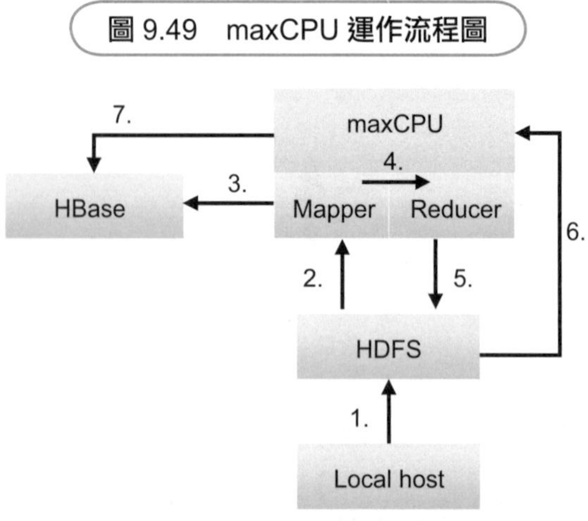

## maxCPU 類別

參考第 9.2 節新增一個 MapReduce Driver 類別，並命名為 maxCPU。maxCPU 類別負責整個 MapReduce 程式的相關設定及運作流程。maxCPU 類別程式碼如下所示。其中，第 3 行至第 17 行為 MapReduce 程式的相關設定；第 18 行呼叫 CheckDir 類別，以確認輸入檔案是否存在；第 19 行呼叫 LocalToHdfs 類別，將本地端的日誌檔上傳至 HDFS 中；第 20 行再次呼叫 CheckDir 類別，以判斷輸出目錄是否存在；第 21 行與第 22 行呼叫 CheckTable 類別，以在 HBase 中建立表格並設定行，確認是否有相同名稱的表格；第 23 行將程式提交到 Hadoop 上執行；當執行完畢後，呼叫 OutputResult 類別輸出最終結果（第 25 行）。

```
01. public class maxCPU {
02.     public static void main(String[] args) throws Exception {
03.         Configuration conf = new Configuration();
04.         String[] otherArgs = new GenericOptionsParser(conf,
            args).getRemainingArgs();
05.         if (otherArgs.length != 2) {
06.           System.err.println("Usage: maxCPU <in> <out>");
07.           System.exit(2);
08.         }
09.         Job job = new Job(conf, "max CPU");
10.         job.setJarByClass(maxCPU.class);
11.         job.setMapperClass(mymapper.class);
12.         job.setCombinerClass(myreducer.class);
13.         job.setReducerClass(myreducer.class);
14.         job.setOutputKeyClass(Text.class);
15.         job.setOutputValueClass(IntWritable.class);
16.         FileInputFormat.addInputPath(job, new
            Path(otherArgs[0]));
17.         FileOutputFormat.setOutputPath(job, new
            Path(otherArgs[1]));
18.         CheckDir.check(otherArgs[0].toString(), conf);
```

```
            LocalToHdfs.localToHdfs(otherArgs[0].
            toString(),otherArgs[0].toString(), conf);
            CheckDir.check(otherArgs[1].toString(), conf);
            CheckTable.check("CPU");
            CheckTable.addFamily("CPU", "CPUUtil");
            boolean status = job.waitForCompletion(true);
            if (status) {
              OutputResult.output(otherArgs[1].toString(), conf);
              System.exit(0);
            } else {
              System.err.print("Not Complete!");
              System.exit(1);
            }
        }
}
```

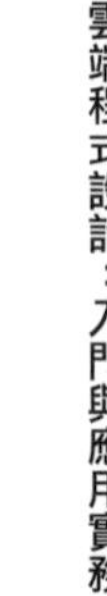


## mymapper 類別

此 mymapper 類別也是依照圖 9.28 Mapper 架構所撰寫，其功能為整理輸入的鍵／值以便後續 Reducer 的運作。mymapper 類別程式碼如下所示。其中，第 5 行至第 8 行將日誌檔內的每一筆紀錄分割為日期、時間及 CPU 使用率，並在第 10 行呼叫 AddData 類別，以將資料存入 HBase 中；第 16 行將日誌檔中每一筆紀錄的日期及 CPU 使用率寫入 Context，以做為 Reducer 的輸入資料。

```
01. public class mymapper extends Mapper<Object, Text, Text,
    IntWritable> {
02.     private Text tday = new Text();
03.     private IntWritable idata = new IntWritable();
04.         public void map(Object key, Text value, Context
            context) throws IOException, InterruptedException {
05.         String line = value.toString();
06.         String day = line.substring(0, 10);
```

```
        String time = line.substring(11, 16);
        String data = line.substring(17);
        try {
          AddData.add("CPU", "CPUUtil", day + " " + time,
          data);
        } catch (Exception e) {
        System.err.print("ERROR! (add data to HBase)");
    }
    tday.set(day);
    idata.set(Integer.valueOf(data));
    context.write(tday, idata);
    }
}
```

### AddData 類別

當前文所提到的 mymapper 類別呼叫 AddData 類別時，便會將日誌檔內某一筆紀錄的日期、時間及 CPU 使用率等三項資料送到 AddData 類別，而 AddData 類別再把日期與時間合併，做為 HBase 中某一列的鍵值，並把 CPU 使用率加入該列中。AddData 類別程式碼如下所示。其中，第 2 行至第 8 行為 HBase 相關參數設定；第 10 至 14 行則是將資料存入 HBase 中。

```
01. public class AddData {
02.     public static Configuration configuration = null;
03.     static {
04.         configuration = HBaseConfiguration.create();
05.         configuration.set("hbase.master", "Host01:60000");
06.         configuration.set("hbase.zookeeper.quorum",
            "Host01,Host02");
07.         configuration.set("hbase.zookeeper.property.client
            Port", "2222");
08.     }
```

```
    static void add(String table, String family, String dtime,
    String data) throws Exception {
        HTable htable = new HTable(configuration, table);
        Put row = new Put(dtime.getBytes());
        row.add(family.getBytes(), new String("data").get
        Bytes(), data.getBytes());
        htable.put(row);
        htable.flushCommits();
    }
}
```

### myreducer 類別

此類別與第 9.2 節所建立的 myreducer 類別相同，負責在 mymapper 類別產生的中間資料中找出每日最高的 CPU 使用率，而經過 myreducer 類別處理後所產生的結果會自動儲存在 HDFS 中。myreducer 類別程式碼顯示如下：

```
public class myreducer extends Reducer<Text, IntWritable,
Text, IntWritable> {
    IntWritable cpuUtil = new IntWritable();
    public void reduce(Text key, Iterable<IntWritable>
    values, Context context) throws IOException,
    InterruptedException {
        int maxValue = Integer.MIN_VALUE;
        for (IntWritable val : values) {
          maxValue = Math.max(maxValue, val.get());
        }
        cpuUtil.set(maxValue);
        context.write(key, cpuUtil);
    }
}
```

### CheckDir 類別

第 8.2 節提到在執行 MapReduce 程式時，若 HDFS 上已存在相同的輸出目錄或檔案，在執行時會出現錯誤。CheckDir 類別的功能就是要檢查 HDFS 上是否有已存在某個檔案或目錄，若有，則刪除該檔案或目錄，因此在每次執行程式時，都能自動刪除 HDFS 上的輸出檔案或目錄。CheckDir 類別程式碼顯示如下。其中，第 3 行設定了指定目錄的路徑；第 5 行的 FileSystem 類別提供了幾乎所有的文件操作（如刪除、新創文件等）；第 6 行判斷指定目錄是否存在，若存在，則第 7 行的程式碼會刪除在 HDFS 上的該目錄。

```
01. public class CheckDir {
02.     static void check(final String path, Configuration conf) {
03.         Path dstPath = new Path(path);
04.         try {
05.           FileSystem hdfs = dstPath.getFileSystem(conf);
06.           if (hdfs.exists(dstPath)) {
07.             hdfs.delete(dstPath, true);
08.           }
09.         } catch (IOException e) {
10.           e.printStackTrace();
11.         }
12.     }
13. }
```

### LocalToHdfs 類別

Hadoop 在執行 MapReduce 程式時，必須先將原始資料上傳至 HDFS 後，才能進行 Map/Reduce 的運算，而此類別的功能便是將本地端的檔案上傳至 HDFS。因此，前文提到的 maxCPU 類別會透過 LocalToHdfs 類別將本地端的日誌檔上傳至 HDFS 中，以做為 mymapper 類別的輸入資料。LocalToHdfs 類別程式碼如下所示。其中，第 2 行中 src 為本地端的檔案路徑，dst 為 HDFS 上的儲存路徑；第 5 行及第 6 行則透過 FileSystem 類別將本地端檔案上傳至 HDFS。

```
public class LocalToHdfs {
    static void localToHdfs(String src, String dst,
    Configuration conf) {
        Path dstPath = new Path(dst);
        try {
          FileSystem hdfs = dstPath.getFileSystem(conf);
          hdfs.copyFromLocalFile(false, new Path(src), new
          Path(dst));
        } catch (IOException e) {
          e.printStackTrace();
        }
    }
}
```

### CheckTable 類別

在此實作範例中會將資料儲存至 HBase，但為了避免 HBase 中有重複名稱的表格，maxCPU 類別會呼叫 CheckTable 類別來刪除重複的表格及新增表格。CheckTable 類別包含 check 及 addFamily 兩個方法，並分別提供不同功能：check 方法與 CheckDir 類別的功能類似，會先檢查 HBase 中是否有相同名稱的表格，若有，則刪除該表格；而 addFamily 的功能為新增表格，並設定行。CheckTable 類別程式碼如下所示。其中，第 2 行至第 8 行為 HBase 的相關參數設定；第 10 行的 HBaseAdmin 類別提供了 HBase 管理功能，而第 10 行至第 14 行會判斷並刪除 HBase 中相同名稱的目錄；第 18 行至第 21 行則新增表格並設定其行。

```
01. public class CheckTable {
02.     public static Configuration configuration = null;
03.     static {
04.         configuration = HBaseConfiguration.create();
05.         configuration.set("hbase.master", "Host01:60000");
06.         configuration.set("hbase.zookeeper.quorum",
            "Host01,Host02");
```

```
        configuration.set("hbase.zookeeper.property.client
        Port", "2222");
    }
    public static void check(String table) throws Exception {
        HBaseAdmin admin = new HBaseAdmin(configuration);
        if (admin.tableExists(table)) {
          System.out.println("delete the table");
          admin.disableTable(table);
          admin.deleteTable(table);
        }
    }
    public static void addFamily(String table, String family)
    throws Exception {
        HBaseAdmin admin = new HBaseAdmin(configuration);
        HTableDescriptor tableDescripter = new
        HTableDescriptor(table.getBytes());
        tableDescripter.addFamily(new HColumnDescriptor
        (family));
        admin.createTable(tableDescripter);
    }
}
```

### OutputResult 類別

由於 myreducer 類別的執行結果會存在 HDFS，因此需要從 HDFS 上讀取資料，而這就是 OutputResult 類別所提供的功能。然而，myreducer 類別只能找出每日最高的 CPU 使用率，無法得知每日哪些時段的 CPU 使用率最高，因此會再呼叫 ScanTable 類別以找出每日 CPU 使用率最高的所有時段。OutputResult 類別程式碼如下所示。其中，第 7 行使用 FileSystem 類別以進行 HDFS 的相關操作；第 8 行使用 FSDataInputStream 類別讀取 HDFS 上的資料；第 16 行則呼叫 ScanTable 類別，並告知每日最高的 CPU 使用率。

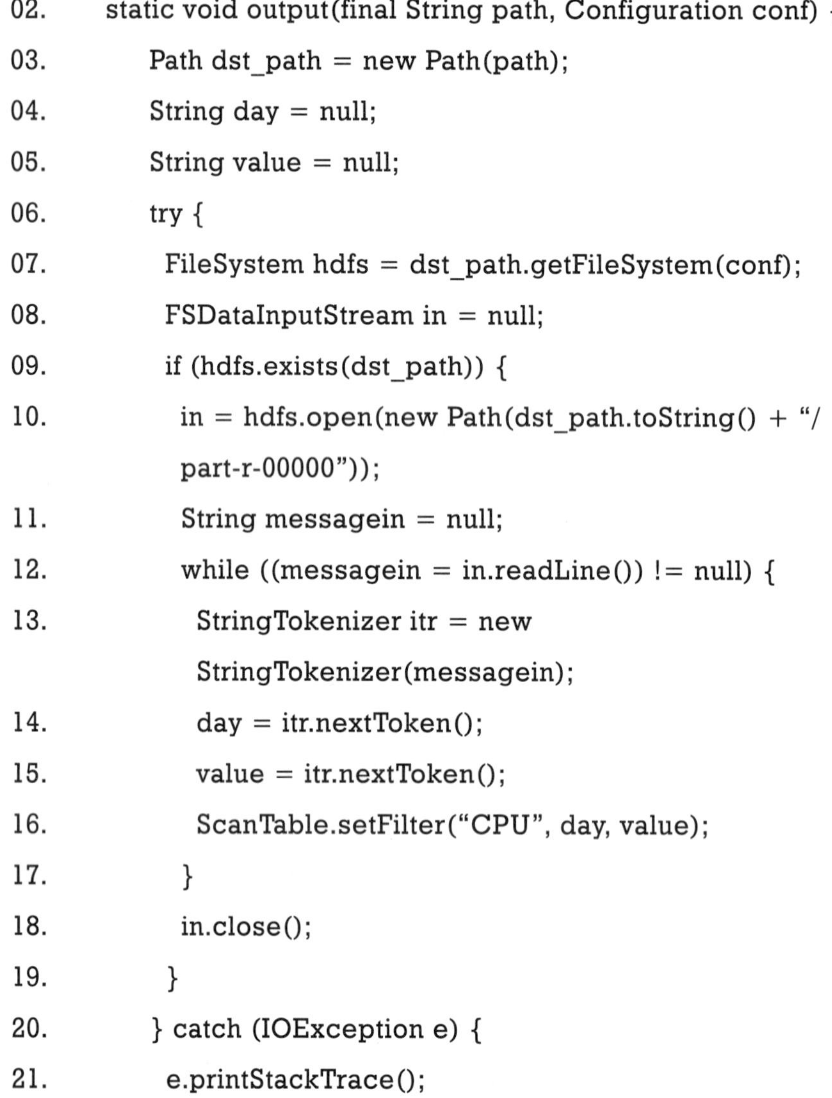

```
public class OutputResult {
    static void output(final String path, Configuration conf) {
        Path dst_path = new Path(path);
        String day = null;
        String value = null;
        try {
          FileSystem hdfs = dst_path.getFileSystem(conf);
          FSDataInputStream in = null;
          if (hdfs.exists(dst_path)) {
            in = hdfs.open(new Path(dst_path.toString() + "/
            part-r-00000"));
            String messagein = null;
            while ((messagein = in.readLine()) != null) {
              StringTokenizer itr = new
              StringTokenizer(messagein);
              day = itr.nextToken();
              value = itr.nextToken();
              ScanTable.setFilter("CPU", day, value);
            }
            in.close();
          }
        } catch (IOException e) {
          e.printStackTrace();
        }
    }
}
```

### ScanTable 類別

ScanTable 類別會根據 myreducer 類別所計算出的每日最高 CPU 使用率，到 HBase 表格中過濾出每日最高使用率的時段並顯示出來。此類別的程式碼顯示如下。其中，第 2 行至第 7 行會執行 HBase 的相關參數設定；第 11 行使用 Scan 類別來執行 scan 操作，範圍為每日 00:00 至

23:50 之間所有列的資料；第 12 行至第 15 行過濾出每日 CPU 使用率最高的時段；第 16 行至第 18 行則將最終結果顯示在電腦螢幕上。

```
01. public class ScanTable {
02.     public static Configuration configuration = null;
03.     static {
04.         configuration = HBaseConfiguration.create();
05.         configuration.set("hbase.master", "Host01:60000");
06.         configuration.set("hbase.zookeeper.quorum",
            "Host01, Host02");
07.         configuration.set("hbase.zookeeper.property.
            clientPort", "2222");
08.     }
09.     public static void setFilter(String tablename, String day,
        String value) throws IOException {
10.         HTable table = new HTable(configuration, tablename);
11.         Scan scan = new Scan((day + " 00:00").getBytes(),
            (day +" 23:50").getBytes());
12.         FilterList filterList = new FilterList();
13.         filterList.addFilter(new SingleColumnValueFilter
            ("CPUUtil".getBytes(), "data".getBytes(),
            CompareOp.EQUAL, value.getBytes()));
14.         scan.setFilter(filterList);
15.         ResultScanner ResultScannerFilterList = table.
            getScanner(scan);
16.         for (Result rs = ResultScannerFilterList.next(); rs !=
            null; rs = ResultScannerFilterList.next()) {
17.           for (KeyValue kv : rs.list()) {
18.             System.out.println(new String(kv.getRow()) + " " +
                new String(kv.getValue()));
19.           }
20.         }
```

```
    }
}
```

最終的輸出結果如下：

```
2011/01/01 16:10 100
2011/01/01 16:20 100
2011/01/01 16:30 100
2011/01/01 17:20 100
2011/01/01 17:30 100
2011/01/01 17:40 100
2011/01/01 18:30 100
2011/01/02 15:20 80
2011/01/02 15:30 80
2011/01/02 15:40 80
2011/01/03 08:40 90
2011/01/03 17:10 90
...
```

Hadoop 還提供許多其他功能，程式開發可參考 Hadoop API (http://hadoop.apache.org/common/docs/r0.20.2/api/) 及 HBase API (http://hbase.apache.org/docs/current/api/index.html)，其中有更完整的 API 說明。

## 習 題

1. 試說明使用 IDE 開發程式的優缺點。
2. 試說明 MapReduce 程式架構。
3. 試使用 MapReduce 架構開發一個反追蹤網頁連結程式，找出所有連結到目標網頁的其他網頁。
4. 試舉出幾個 HDFS 常用的操作指令。
5. 試舉出幾個 HBase 常用的操作指令。

# Windows Azure Platform

# 第三篇

Microsoft 是世界知名的軟體龍頭，為了因應蓬勃發展的雲端需求，該公司順勢推出了 Windows Azure Platform 加入雲端市場，其由 PaaS（平台即服務）的角度，提供廣大的市場需求，讓個人與企業能從熟悉的環境無痛轉移至雲端線上。Windows Azure Platform 除了提供程式開發人員便捷的使用環境之外，更為了大眾使用者推出新的線上應用服務，如 Windows Online Services，結合傳統的文書編輯與雲端儲存等功能，讓使用者能隨時隨地享受線上工作的便利，不需要額外學習，也不需要熟悉新的作業環境。Windows Azure Platform 有別以往的 Microsoft 產品，表現出更廣大的包容性，無論是 JAVA 程式撰寫者或是 PHP 網頁編輯人員，都能夠透過 Windows Azure Platform 撰寫、設計與發布最新作品。若是企業團體需要強大的資料庫功能也無須擔心，因為著名的 SQL Server 系列也一併轉移到雲端上，強大的資料庫儲存、查詢功能與 Windows Azure Platform 緊密地結合，以此展現出 Microsoft 在資料庫處理上的強大能力。若你對使用 Windows Azure Platform 有所疑問，就隨著本篇的四個章節逐步探索 Windows Azure Platform 的世界。

第十章

# 認識 Windows Azure Platform



Microsoft 於 2010 年 2 月推出自家雲端運算平台 Windows Azure Platform，希冀與 Amazon 的 EC2 及 Google 的 App Engine 等搶食雲端運算大餅。Windows Azure Platform 是什麼？簡單來說，它是由 Microsoft 所提供的一個服務平台，讓使用者能將自身開發的應用程式運行於此平台上。Windows Azure Platform 可以概分為兩大部分：作業系統及基礎服務元件。其中，作業系統即是 Windows Azure，可協助開發人員建置雲端服務，開發平台的範圍從大型資料中心到個人電腦、手持式行動裝置等新一代的應用平台均可。而基礎服務元件則統稱為 Azure Services，其中包括 Live Services、.NET Services、SQL Services、SharePoint Services、Dynamics CRM Services 等。它可讓開發人員利用現有的 .NET 架構及 Visual Studio 等技術與開發工具，來開發雲端環境的應用程式，後續還有可能支援非 Microsoft 所提供的開發工具與程式語言平台。

目前多數可在 Windows Azure Platform 之上執行的官方服務，多是利用 Azure Services 開發的應用程式，包括 Windows Live、Office

Live、Exchange Online，這些線上服務正逐漸移植到 Windows Azure Platform。此外，使用者也可利用 Windows Azure Platform 開發自己的服務，並上傳至 Microsoft 的資料中心執行服務，收費規則將視 Azure 程式所耗用的服務量而定，包括以程式耗用的處理器時間、占用的網路頻寬、儲存的資料量、交易量等方式計價。

從目前的雲端運算發展來看，Windows Azure Platform 無疑是相當具有發展潛力的軟體，姑且不論 Microsoft 強大的整合能力，光是能夠無痛地由 Visual Studio .NET 轉移至 Windows Azure Platform，就已經具有足夠誘人的條件，更何況 Windows Azure Platform 還提供了跨區域的優惠服務，使用者或企業團體都可以依據自身的需求來選擇服務方案，這些實實在在的便利服務確實吸引不少人投向 Windows Azure Platform 的懷抱。未來雲端市場的開發是必然的趨勢，與其抱持觀望的態度卻步不前，不如積極地投向雲端的懷抱。

## 10.1 何謂 Windows Azure Platform

Windows Azure Platform 的開發是由出身 Microsoft 研究院的 Amitabh Srivastava 和 Dave Cutler 攜手負責，首先於 2008 年發表，商業運轉於 2010 年。目前，Microsoft 分別在數個不同的地點設立資料中心，包括美國芝加哥、聖安東尼奧與德克薩斯、愛爾蘭都柏林、荷蘭阿姆斯特丹、新加坡及香港。在 Windows Azure Platform 中除了可以使用該平台所提供的服務，也能夠使用開發者本機系統 (Localhost) 裡的程式（如 Word、Excel 等），而開發者在伺服器、桌上型電腦、筆記型電腦或任何行動裝置到其他平台裡所執行的程式，也可以使用 Windows Azure Platform 所提供的服務。這是因為 Windows Azure Platform 採用開放式的標準通訊協定（即 HTTP/HTTPS、REST、SOAP、XML 等），藉由這些已行之有年的標準化規範，可以幫助使用者更快速地進入 Windows Azure Platform 的世界。

Windows Azure Platform 係基於 PaaS 的概念而誕生，它提供了可執行應用程式的平台，並將執行過程中產生的資料儲存於雲端環境中。可執行的應用程式可以是已經過轉換的現有應用程式，也可以專門設計用於 Windows Azure Platform 上執行的應用程式。開發人員可以使用熟悉的開發工具（如 Visual Studio 2010）及程式語言（如 PHP、Python、Java 等）做為此一平台的開發環境。Windows Azure Platform 也提供各種可以利用的服務，包括 Windows Azure Services、SQL Azure 及 Windows Azure Platform AppFabric，這幫助讀者或應用程式開發者開發新的服務，其與 Live Services、.NET Services、SQL Services 等一般的服務是不一樣的。Windows Azure Services、SQL Azure 及 Windows Azure Platform AppFabric 其實就等於是作業系統、資料庫及「通訊與安全」服務的整合，它們與以往最大的不同在於服務提供的方式已經開始由個人電腦，轉移到有無限可能的網際網路環境。

有別於傳統的架構方式，Microsoft 只需部署 Windows Azure Platform 在單台伺服器上，然後透過虛擬技術將此伺服器的資料複寫到雲端裡的其餘實體伺服器並執行即可。



##  10.2 Windows Azure Platform 由近端到雲端的轉變

Windows 作業系統轉變成雲端作業系統的主要關鍵，在於利用了創新的結構管理器 (Fabric Controller, FC) 技術。這是 Microsoft 專為 Windows Azure Platform 設計的管理機制。為了管理所有伺服器的運算資源，結構管理器透過統一虛擬機器規格的標準化作法來提高效率，仿照叢集 (Cluster) 架構方式，創造出分散式運算環境。在這個環境中，結構管理器的主要任務是管理所有資源，並且隨時準備分配 Windows Azure Platform 中的可用資源給應用程式。

結構管理器的主要工作是保證所有虛擬機器都能順利執行。只要硬體資源足夠，當虛擬機器當機或實體伺服器發生故障時，結構管理器就會複製執行中的應用程式到其他虛擬機器，如此，開發者所設計的服務就不會因為出錯而導致服務中斷。從整體架構來看，Windows Azure Platform 使用數台伺服器來建立叢集，其中有負責執行結構管理器的伺服器（即 Host，主控端），以及其他負責虛擬機器的伺服器（即

Guest，客戶端）。在每台客戶端伺服器上，都需要安裝 Microsoft 虛擬化技術以建立虛擬機器。透過該技術所建立出來的虛擬機器都具有相同的規格，包含運算能力、記憶體、作業系統、儲存空間等，而這些虛擬機器可執行依標準規格所開發的應用程式。依據硬體設施的能力高低，可以提供數量不等的標準規格虛擬機器。每個被創建的虛擬機器均視為叢集中的節點 (Node)，所有節點都由結構管理器管理，而結構管理器會自動指派應用程式給不同的虛擬機器負責。

每台虛擬機器都必須有結構管理器代理程式，以協助主控端的結構管理器主體程式管理所有虛擬機器，這些代理程式的作用是監控虛擬機器的狀態。若是虛擬機器故障或當機，代理程式會發出警告，通知上層的結構管理器主體程式將應用程式轉換到安全的虛擬機器中。因此，只要增加結構管理器代理程式所管理的實體伺服器，就能增加可用的虛擬機器數量。由於結構管理器的存在，即使實體伺服器發生故障或者想要增加新的伺服器，都不需要關閉執行工作中的實體伺服器，只要透過既定的安排程序，所有應用程式都能在安全的虛擬機器中執行，而不因此中斷服務。透過結構管理器來管理標準化之虛擬機器，讓 Windows Azure Platform 具備了高可用性及高可擴充性。結構管理器管理的範圍涵蓋了服務從開始到結束的生命週期，同時兼具監控的作用，確保應用程式執行環境的穩定性。

除了管理標準化的虛擬機器之外，結構管理器也具有分配儲存資源的功能，可視為 Windows Azure Platform 的管理調度中心。如圖 10.1 所示，結構管理器會統整伺服器上的可用儲存空間成為共有且共享的儲存資源，再依據應用程式的需求指派給虛擬機器使用。虛擬機器上的應用程式不會知道資料的實體位置，只能透過結構管理器提供的位址來存取。至於其他的組態設定，如應用程式所需的網路設定、頻寬負載平衡等，也都是由結構管理器負責調度。不需由開發者自行設計分散運算的機制或規則，只要透過結構管理器管理網域分配，即可讓叢集伺服器自動進行分散運算。

為了確保可持續提供雲端服務，Microsoft 採用新的應用程式部署方式，來加快轉移速度。這個新的部署方式就是服務映像檔 (Service

圖 10.1　結構管理器工作示意圖

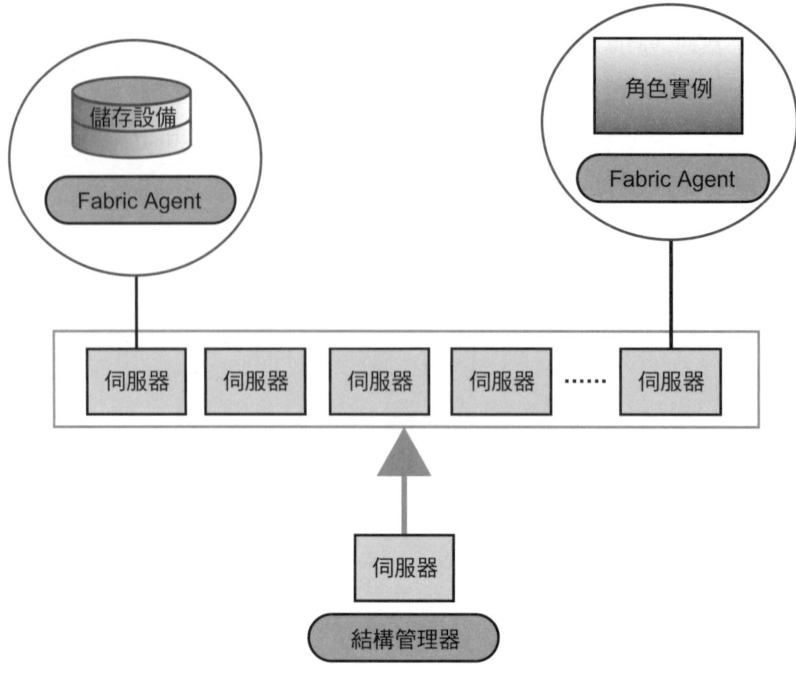


參考資料來源：參考自 http://www.techieoncloud.com/。

Image)。所謂的服務映像檔跟一般的光碟映像檔觀念類似，可放置在任何機器裡，但製作方法不同。服務映像檔是將與 Windows Azure Platform 應用的相關檔案及執行組態等設定，由 Windows Azure Platform 封裝成可執行的特殊映像檔，並將這些映像檔轉移到 Windows Azure Platform 的標準化虛擬機器上執行。Windows Azure Platform 的虛擬機器提供了兩種不同類型的執行環境，包括可提供 HTTP 協定服務的 Web 角色環境，以及沒有提供 HTTP 協定服務的 Worker 角色環境，稍後將針對這兩種不同的執行環境做詳細的介紹。

結構管理器會依據執行環境的不同，分別將應用程式封裝成不同類型的服務映像檔。當開發者希望測試或執行服務時，只要將服務映像檔上傳到資料中心，透過結構管理器指派給適合的虛擬機器，不需要任何的安裝過程就能夠立即啟動應用程式。當應用程式需要多台虛擬機器共同執行時，開發人員只需事先在應用程式的組態檔中設定好虛擬機器的數量，結構管理器即可自動指派足夠的虛擬機器，將服務映像檔複製到虛擬機器上執行。若遇到意外發生，結構管理器會遷移映像檔到其他虛擬機器上，以維持應用程式的執行效能。

整體而言，結構管理器是 Microsoft 雲端運算中最關鍵的技術，透過標準化的虛擬機器，佐以映像檔的部署方式，讓應用程式具備擴充彈性及高度的可用性。

除了結構管理器之外，Windows Azure Platform 還提供三個核心元件（參見圖 10.2），分別為運算、儲存及結構。「運算」指的是運用 Windows 作業系統執行工作，每台獨立的作業系統在 Windows Azure Platform 中都被視為一個執行個體 (Instance)。執行個體分為兩種角色：Web 角色與 Worker 角色，結構管理器就是根據執行個體的不同角色，來決定封裝映像檔的型態。兩者最大的區別在於，Web 角色會使用 IIS（Internet Information Services，網際網路資訊服務）來接收及處理 HTTP 的要求。但並不是任何在 Windows Azure Platform 上執行的都是 Web 應用程式，所以此平台也提供 Worker 角色。Worker 角色與 Web 角色十分類似，但前者並未被預先設定為每個執行個體都需執行 IIS。Web 角色和 Worker 角色可以透過 WCF（Windows Communication Foundation，視窗通訊基礎）的技術，或者 Windows Azure Storage 查詢進行溝通。

無論如何，兩者都需要透過儲存資料的方式來執行前面提到的工作。在儲存方面，Windows Azure Platform 提供三種儲存選項：Blob、表格 (Tables) 及佇列 (Queue)。以下分別說明之。

圖 10.2　Windows Azure Platform 各元件構成圖

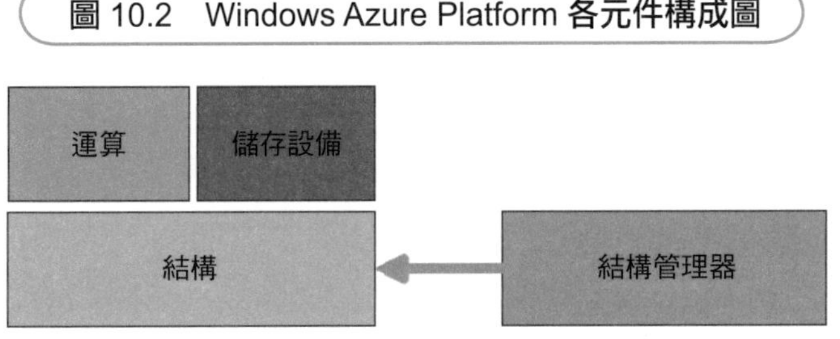


參考資料來源：參考自 http://blogs.technet.com/b/technet_taiwan/archive/2010/05/26/windows-azure.aspx。

## Blob

Blob 的使用最為簡便，它們可以非常大，最多可高達 1 TB，而且可以分割成數個區塊。Blob 具有兩種不同的類型，分別以 Block（區塊）及 Page（分頁）做為單位。Block Blob 以區塊為單位來儲存，我們可以根據不同的 ID 來區別不同的 Blob。每個 Block ID 最大的容量是 4 MB，而一個 Block Blob 可以容納 5 萬個 Block ID（亦即 200 GB）。在用途上來講，Block Blob 比較適合一般的檔案，而 Page Blob 則是以較常被存取的二進位檔案為主。與 Block Blob 不同的是，Page Blob 使用 range（區域範圍）來定義大小，其最高可以儲存到 1 TB 的資料量。

每個獨立帳戶都擁有自己的 Blob 配置，可以定義出不同數量的 Container（容器）。舉例來說，Container 就像是資料夾，存在資料夾中的檔案被整合為 Blob，以各種檔案為單位，儲存的單位根據儲存的類型不同而有異。階層圖可參見圖 10.3。

圖 10.3　Block Blob 階層示意圖

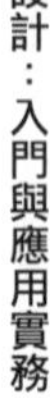

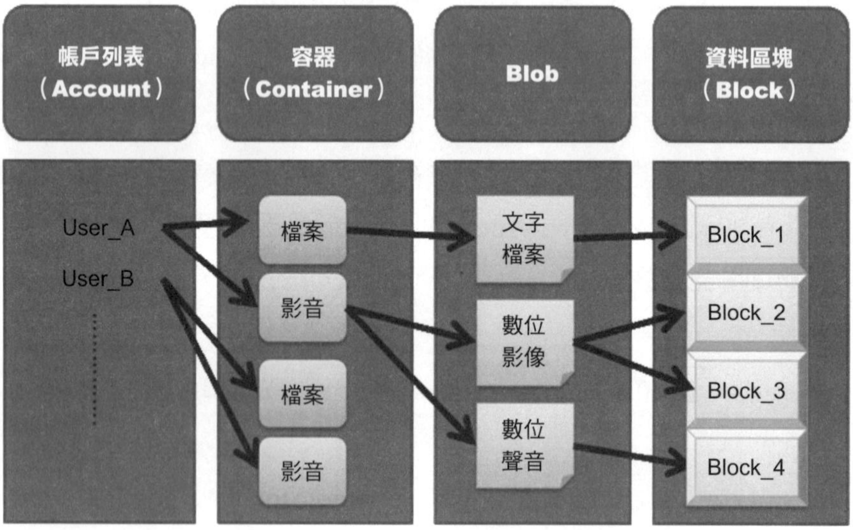

## 表格

這裡所指的表格並非傳統意義上的關聯式表格，但 Table Storage（表格儲存）屬於結構化的資料儲存空間 (Structural Data Storage)。

實際上，表格所儲存的資料正是附帶在執行個體中的各種屬性 (Attributes)，屬性具有不同的資料類型 (Data Type)，例如 int、string、Bool 或 DateTime。除了使用 SQL 外，表格的應用程式可以使用 ADO.NET 資料服務或 LINQ 來存取資料。

表格可大可小，裡面有數量龐大的執行個體被用來保存資料。若有必要，Windows Azure Platform 儲存庫可以將龐大的表格切割分散至多台伺服器，藉此提高效能。雖然儲存表格的媒介並不像關聯式資料庫那樣地嚴謹，但它還是可以儲存結構化或有固定格式的零散資料，等於是輔助應用程式做資料描述 (Data Description) 或是輕量資料儲存 (Lightweight Data) 的空間。

### 佇列

佇列主要是提供方法給 Web 角色來與 Worker 角色進行溝通。例如，使用者提出要求，希望透過 Web 角色運行的網頁來執行大量運算的工作。收到這項要求的 Web 角色便將訊息寫入佇列中，用於描述預定完成的工作。然後，等候這個佇列的 Worker 角色可以讀取訊息，並執行指定的工作。所得到的結果則透過另一個佇列傳回，或者用其他方法處理。

## 10.3 Windows Azure Platform 的服務元件

如前所述，Windows Azure Platform 係由兩個層級所構成（參見圖 10.4），其中最底層的 Windows Azure Platform 已經有所著墨，接下來則要介紹提供基礎服務的其他元件，包括 Microsoft Live Services、Microsoft .NET Services、Microsoft SQL Services、Microsoft SharePoint Services 與 Microsoft Dynamics CRM Services。

### Microsoft Live Services

Microsoft Live Service 是內建於 Windows Azure Platform 的服務模組，主要用來管理使用者資料及應用程式資源。Microsoft Live Services

圖 10.4　Windows Azure Platform 家族圖表



參考資料來源：參考自 Microsoft 公司網站。

提供程式開發人員以簡單的方法建立應用程式，並與他人交流開發經驗，同時可橫跨數位裝置和群眾建立連結。Microsoft Live Services 的服務對象是一般使用者或小型公司之開發人員。

Microsoft Live Services 提供數種服務。其中，Office Live 包含 Office Live Small Business，提供 Microsoft Exchange Online、SharePoint Online 以及 Office Communications Online 服務，其功能強大，足以應付大部分的需求。

Office Live Workspaces 則是方便好用的線上文件管理與分享工具，其與 Microsoft Office 完美結合，使用者可以在 Office 裡直接開啟線上工作區檔案，或直接將檔案儲存到線上工作區，節省使用者上傳之後再進行檔案分享的繁瑣動作。Office Live Workspaces 此一由 Microsoft 提供的線上文件共享與免費儲存服務，可儲存 1,000 個以上的 Office 檔案，不僅可進行線上編輯、與他人分享、多人編輯 Office 的檔案，更可支援 Outlook 的行事曆同步化。可儲存的檔案空間大小為 500 MB，每個檔案大小限制 25 MB，截至完稿前，該項服務依然是免費的。

Windows Live 目前在生活中被廣泛地使用，如圖 10.5 所示，主要內容包括：(1) Windows Messenger（網路通訊服務），提供立即訊息、檔案和相片共用，以及其他許多功能；(2) Windows Mail（電子郵件服務），提供讀取及傳送電子郵件和新聞群組訊息等功能；(3) Windows Writer（部落格寫作軟體），其可以離線編輯個人部落格內容。

圖 10.5　Windows Live 程式集

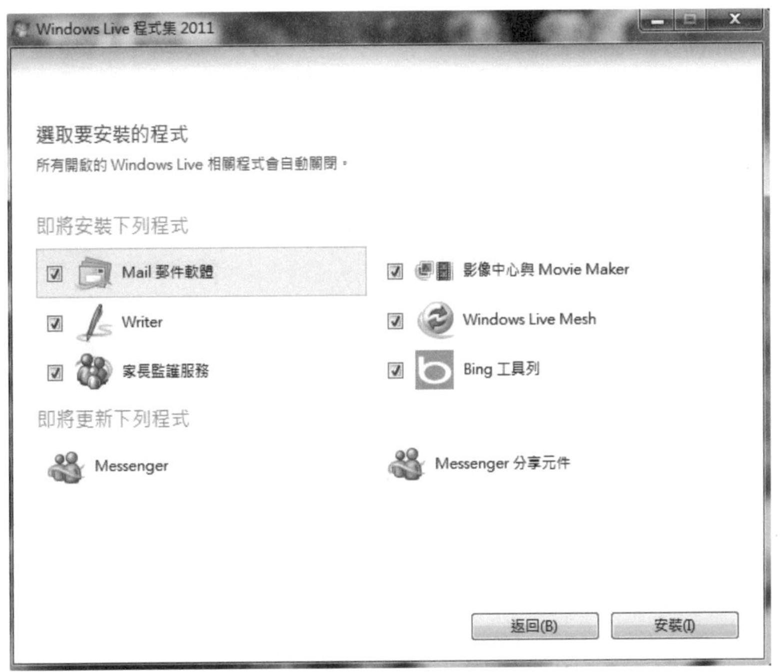


## Microsoft .NET Services

Microsoft .NET Services 讓開發者更容易地建立以雲端為基礎的鬆散耦合應用程式。Microsoft .NET Services 的功能包括能讓應用程式執行更安全的存取控制，以及可用於溝通應用程式、服務與裝載執行工作流程等三者間的服務匯流排 (Bus)。這些代管服務可更輕易地建立從公司內部環境跨越至雲端的關聯式應用程式。Microsoft .NET Services 延伸現有 .NET Framework 的部分能力進入雲端，如圖 10.6 所示，其目前提供兩種服務方式：(1).NET Service Bus，其為跨越防火牆之網際網路服務匯流排 (Internet Service Bus)，提供點對點 (Point To Point) 以及 Publish Subscribe 模型傳遞訊息，並確保訊息不會漏失；(2) .NET Access Control Service：提供邦聯式身分認證與權限管理機制。

Microsoft .NET Service 的觀念是在網際網路中提供服務。當新伺服器出現時，它能配合運作，提供可在企業內執行的服務；也能在 ASP 內執行，或由軟體創造者本身執行，以便允許所有使用者都可獲得服務。

圖 10.6 .NET Access Control Service 工作示意圖

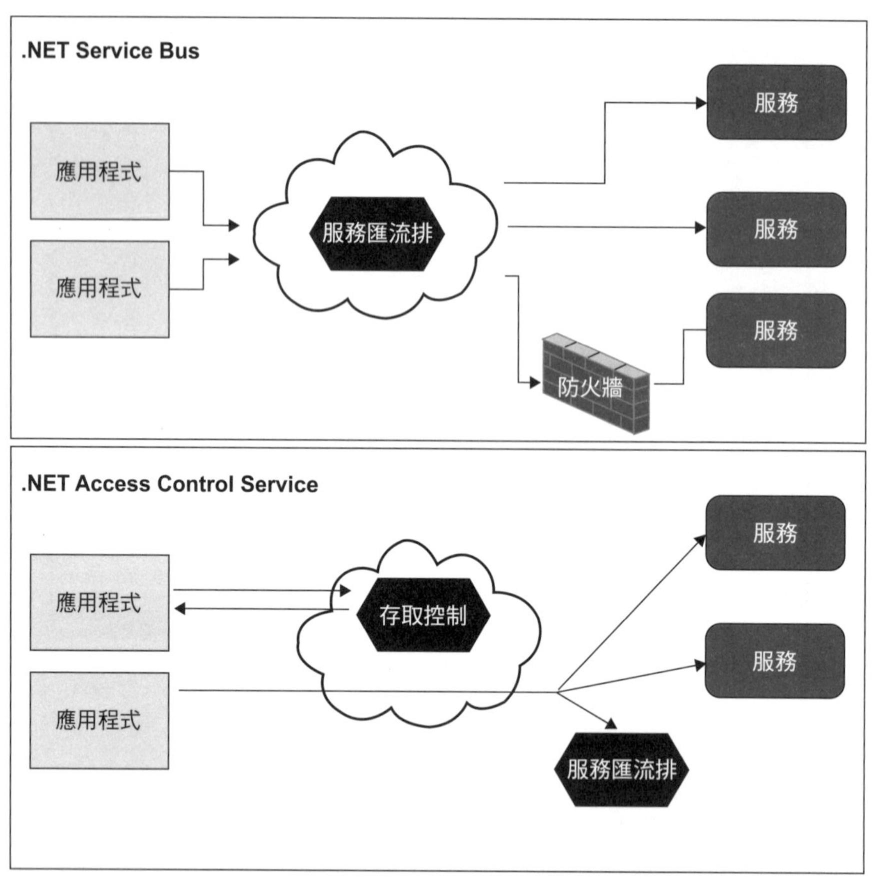


參考資料來源：參考自 Microsoft 公司網站。

## Microsoft SQL Services

Microsoft SQL Services 是 Microsoft SQL Server 的延伸，提供的 Web 服務包括關聯式查詢、搜尋，以及可將行動裝置、遠端辦公室與商業夥伴三者的資料同步。它可儲存和擷取結構化、半結構化及非結構化資料。Microsoft SQL Services 以雲端為基礎的 SQL Server 功能為：

1. Microsoft SQL Services 提供名為 Microsoft SQL 資料服務的關聯式資料庫服務。
2. Microsoft SQL Services 提供外部網際網路的資料庫及進階查詢處理服務，而且對於建立新的應用程式或是將現有投資整合到雲端的客戶而言，也是非常理想的解決方案。

Microsoft SQL Servers 提供之資料服務的重點有：標準形式的介面（例如 SOAP 和 REST）、彈性的資料模型（不需要任何結構描述）、依發展規格付費 (Pay-as-you-grow) 的服務模型、商業 SLA、資料的地理複寫，以及交易式一致性。這些資料服務也具備一些優點，例如開發人員可快速建立或擴充應用程式，而且擴充性高的基礎結構可用來維護較低成本的伺服器、程式或服務管理，以及企業提供的可靠性、安全性功能與可用性。

## Microsoft SharePoint Services

Microsoft SharePoint Services 為用戶提供穩健和可自行定義的工作環境，以創建、協作和儲存重要的業務資訊。若搭配 Microsoft SharePoint Services 和 Microsoft Office SharePoint Server 2007 一起使用，可將自行定義的業務進程附加在文件或列表項目中。自行定義業務流程可以使用工作流程來展現；工作流程是組織運行工作單元或活動的自然方式，幾乎可以控制 Windows SharePoint Services 中專案的各個階段，包括生命週期、流程控制等。工作流程的靈活性極佳，因此使用者也能根據業務流程所需創建簡單或較複雜的工作流程，例如可以創建用戶啟動的工作流程，也可以創建根據某些事件而自動啟動的工作流程。

若要創建較為簡單的工作流程，首先可將文件發布給用戶進行核實或備註。此一工作流程可包含系統將要執行的操作，並為用戶提供以指定方式與工作流程進行互動交流的管理介面。在準備檢查文件時，Windows SharePoint Services 會發送電子郵件給用戶；待用戶完成檢查之後，便回覆訊息給 Windows SharePoint Services 或輸入備註。由此可知，使用工作流程框架，可以將複雜的工作流程以簡單易懂，且便於接受的方式呈現給終端用戶。

Microsoft SharePoint Services 是一個具備多功能的技術，可用來提高商業流程的效率，並改善團隊的生產力。例如，透過 Microsoft SharePoint Services，IT 部門可以最經濟的方式來實作和管理協同環境。由於 Windows SharePoint Services 使用網頁式介面，並與日常工具（包括 Microsoft Office System）緊密整合，因此使用容易，而且可以快

速部署。Microsoft SharePoint Services 的特色包括：

1. 為團隊提供單一工作區來協同排程、組織文件及參與討論（不論是組織內部或外部的網路）。
2. 輕鬆編輯和管理文件，並使用增強功能來協助確保其整體性。這些增強功能包括在編輯之前先取出文件、檢視過去修改紀錄與回復之前版本，以及設定文件的特定安全性。
3. 協助人員和團隊使用各種通訊功能來持續觀察工作，讓使用者知道何時需要進行增加、移除或修改等動作，以及現有資訊或文件（包括宣告、進階提醒、調查及討論區）何時有了重要的變更。
4. 提供創意的論壇進行腦力激盪、建立知識庫，或使用範本（易於編輯的格式）來收集資訊以實作部落格（Blog，也稱為 Weblog）和 wiki（可讓團隊成員快速編輯的網站，不需要任何特殊技術）。
5. 透過 Microsoft Office Outlook 2007 強化的離線同步處理支援，來保持離線工作的工作能力，使用者可使用 Microsoft Office Outlook 2007，以管理文件庫、清單、行事曆、聯絡人、工作及討論區（即使是離線狀態），並在重新連線至網路時同步化所有變更。

## Microsoft Dynamics CRM Services

Microsoft Dynamics CRM Services 為 Microsoft Dynamics CRM 所提供的服務，其目的在維持並提升企業與客戶之間的關係所創立的服務機制。透過 Microsoft Dynamics CRM Service 可以一次完成「銷售」、「服務」、「行銷」三面向，企業也可因此快速達到自我訂定的業績與目標。圖 10.7 即為 Microsoft Dynamics CRM Services 之官網。

接下來將針對「銷售」、「服務」、「行銷」這三面向做簡單的說明：

- **銷售：**Microsoft Dynamics CRM Services 可以幫助使用者改善銷售規劃與銷售管理，例如將客戶依區域分類，再使用個人或群組式權限快速發布資訊給使用者。透過自動化系統，企業可以先定義好一些規則〔例如只尋找男生或女生、針對特定職業（如醫生或上班族）、找尋銷售與交易的管道等〕，讓系統自動搜尋與追蹤符合條件的客戶與相關

圖 10.7　Microsoft Dynamics CRM Services 官網

資料來源：http://www.microsoft.com/dynamics/zh/tw/default.aspx.

資料。Microsoft Dynamics CRM Services 與 Microsoft Office Outlook 一起使用時，Outlook 的聯絡人匯入／匯出與電子郵件匯入／匯出功能將可大幅提升處理客戶資訊的時間。

- **服務：**Microsoft Dynamics CRM Services 有友善且熟悉的功能介面，讓使用者可依個人的要求與方法進行操作。Microsoft Dynamics CRM Services 也具有自動通知功能，其可幫助使用者迅速稽核業務資料的變動，並有效提升工作能力。透過資料的蒐集、評估與即時分析，使用者可經由資料製成的圖表分析儀表板掌握企業與客戶的最新狀況，例如客戶對企業最近提出新方案的支持率與人數統計、各項計畫的資金動態與進行狀況等。此外，Microsoft Dynamics CRM Services 可以簡化合約管理並維護服務合約，幫助企業銷售更多的服務與檢視客戶的可服務資格，例如是否滿足服務或合約的特定條件、客戶之前是否

正確地履行合約所提出的內容等。

- **行銷：**Microsoft Dynamics CRM Services 有設計簡單且具彈性的 CRM 行銷解決方案，使用者可依個人需求修改或自訂 CRM 行銷解決方案。透過將接觸點（如根據客戶的資料、客戶曾經參與的活動等）轉成行銷機會，可掌握原有的客戶群未開發的潛力並將其引導出來。在行銷的資料管理方面，可快速地從其他來源（如 Outlook、Excel 等）將客戶的資料匯入 Microsoft Dynamics CRM Services。此外，它也針對行動裝置（如可上網的手機或 PAD 等）開發出 Mobile Express for Microsoft Dynamics CRM，使用者可隨時隨地透過可上網的移動式裝置，來存取客戶資料或工作。

一般而言，開發人員可以使用 SharePoint 及 CRM 功能開發協同運作及強化客戶關係。使用像 Visual Studio 這種常見的開發工具，開發人員可以利用 SharePoint 及 CRM 特性來快速建置自己的應用程式。可預期的是，SharePoint 與 CRM 功能將廣泛地遍及公司內部、線上及 Windows Azure Platform。



##  10.4 從 Windows Azure Platform 進入雲端世界

在深入瞭解 Windows Azure Platform 雲端平台前，必須先瞭解 Azure Services Platform 在雲端運算中所扮演的角色。先釐清其角色定位，才能夠理解 Windows Azure Platform 服務平台的服務策略與作用。若由 Windows Azure Platform 的發展定位出發，則要從 Microsoft 的「軟體加服務」(Software plus Services) 策略開始說起。「軟體加服務」是 Microsoft 對於未來運算進化所提出的願景與策略。從根本上來說，「軟體加服務」與「軟體即服務」有所不同，因為 Microsoft 的軟體策略是要讓企業及開發人員可保有原開發軟體系統，並且透過線上服務來延伸與擴展現有應用系統的功能與價值，合併軟體與線上服務，結合兩者的優點與長處，達到最大的利益目標。

可實現軟體加服務策略的技術正是 Windows Azure Platform，但 Windows Azure Platform 並非完全代表軟體加服務，它只負責網路及服

務的部分，至於原開發軟體，仍由傳統應用軟體解決方案處理。不過，Windows Azure Platform 雲端運算可為開發人員與使用者帶來可觀的利益才是眾人關注的焦點。簡言之，Windows Azure Platform 的解決方案可以在五大構面產生實質效益：

1. **對網頁開發人員之效益**：Web 開發人員可利用既有的技術修改原有的應用程式，或者建構新的雲端應用程式，並透過標準化技術（如 SOAP、REST 與 XML）做溝通，進行無障礙的開發與轉換。
2. **對企業開發人員之效益**：Windows Azure Platform 除了可以提升企業軟體的加值性，亦可讓企業更快速且容易地與合作夥伴之系統相互連結。同時，透過 Windows Azure Platform，可以快速且大量地部署大規模的應用系統。
3. **對獨立軟體廠商之利益**：Windows Azure Platform 使獨立軟體廠商可透過網路串連網頁、個人電腦、伺服器與行動裝置，提供顧客在使用者經驗方面更廣泛的選擇。
4. **對系統整合業者與合作夥伴之利益**：透過 Windows Azure Platform 的 Web 角色與 Worker 角色，可以簡化在 IT 基礎建設方面的投資，減少不必要的管理與維護，降低軟硬體採購與管理成本。
5. **對企業之利益**：Windows Azure Platform 提供雲端運算服務，可以節省企業建置基礎架構與硬體上的昂貴花費，透過用多少付多少的雲端計費模式，企業可有效掌控運算資源，讓系統維運成本降至最低，並將節省下來的寶貴時間與金錢投注在企業核心業務上，讓企業的商業利益最大化。

在瞭解使用 Windows Azure Platform 的好處之後，相信 Windows Azure Platform 更能夠引起使用者的興趣。若讀者想更進一步瞭解與學習更多相關內容，建議讀者繼續深入學習後面的章節！

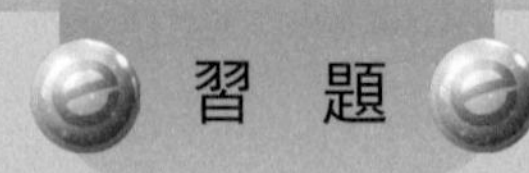

# 習 題

1. 試以列表比較 Google App Engine、Hadoop 及 Windows Azure Platform 的不同，並由服務導向、平台使用導向與開發導向等三方面分別敘述。
2. Windows Azure Platform 的組成分為哪兩大部分？各自具有什麼功能或服務？
3. 請列出 Windows Azure Platform 的基本架構。
4. Windows Azure Platform 的服務元件有哪些？請舉例說明。

第十一章

# Windows Azure Platform 使用環境設定



Windows Azure Platform 讓 .NET 開發人員相當親切且熟悉，這是因為以往可以在 .NET 上完成的工作，在 Windows Azure Platform 上同樣可以完成，甚至做得更好。但 Windows Azure Platform 並非只能執行 .NET 所撰寫的應用服務程式，它也提升了兼容性，讓使用其他程式語言開發的應用服務同樣能在 Windows Azure Platform 上執行，這對大部分的網站開發者與個人使用者而言是個好消息。它代表開發者所能使用的工具更多，也許在不斷的改善下，會讓使用者更加容易操作。也因為開發者不需要再花費心思學習不熟悉的程式語言，因此可大幅提升轉移與開發的速度。

不論利用何種程式語言開發，都必須使用 Windows Azure SDK，它不只是提供了一般 SDK 所具備的文件、範例與工具程式，更重要的是提供 Windows Azure Platform 的模擬環境。誠如上一章所述，Windows Azure Platform 是由遠端 Microsoft 資料中心裡的伺服器執行，雖然目前提供免費 Windows Azure Platform 的試用時數，但若能先在本機端經過完整測試後再上傳，對開發人員而言更加便利。因此，Microsoft 也

在 Windows Azure SDK 中提供 Windows Azure Platform 的模擬環境，讓開發人員先行測試執行結果。

為了順利執行 Windows Azure Platform 並享受快捷與便利的線上服務，我們必須先安裝執行環境與設定所需帳號。以下將由最基本的帳號申請開始，引領讀者從無到有，建制專屬的 Windows Azure Platform 執行環境，最後還能發布 Windows Azure 程式到 Windows Azure Platform 上。

## 11.1 Windows Azure Platform 的開發環境需求

在開始開發 Windows Azure Platform 程式之前，必須先具備以下的條件：

- **帳戶需求：**由 Microsoft 網站 (http://www.microsoft.com/windowsazure/) 申請 Microsoft Online Customer 帳戶（此帳戶需要 Windows Live ID），以及申請使用 Windows Azure Platform。
- **作業系統：**Windows Vista、Windows Server 2008 或 Windows 7，因為這些作業系統上執行的都是 IIS 7.x 作業系統，和 Windows Azure Platform 較貼近。筆者建議使用 Windows 7 或 Windows Server 2008 R2。
- **開發工具：**Visual Studio 2010、Visual Studio 2011 或更新的版本，筆者建議使用 Visual Studio 2010。
- **資料庫：**SQL Server 2005、SQL Server Express 或更新版本，筆者建議使用 SQL Server 2008 R2。

### 11.1.1 申請 Windows Azure Platform 帳戶

申請 Windows Azure Platform 帳戶之前，必須先具備 Windows Live ID。日後管理 Windows Azure Platform 帳戶的工作也都需要仰賴這組 Live ID。至於 Live ID 的取得，可以透過 http://account.live.com 申請。以下將逐步引導讀者完成 Windows Live ID 的申請，以及 Windows

Azure Platform 服務的設定。

以下共七個步驟，請按照步驟 1 取得專屬的 Windows Live ID，接著按照步驟 2 至步驟 7 完成 Windows Azure Platform 服務的申請。

1. 如圖 11.1 所示，請連入 http://account.live.com，並點選「註冊」，依步驟取得相關帳號及使用權限。

**圖 11.1　取得 Windows Live ID 之網頁**



資料來源：擷取自 http://account.live.com。

2. 取得 Windows Live ID 後，可以獲知 Windows Azure Platform 目前提供三種不同的優惠方案（圖 11.2），使用者可依照個人的需求自行選擇，以下以 Pay-As-You-Go 為例。Pay-As-You-Go 即「使用者用多少就付多少」，也是目前最多使用者所選擇的優惠方案。選擇 Pay-As-You-Go 之後，在畫面右方點選「Buy」，即可進入下一步驟。

3. 使用者（回到圖 11.1）使用前面所申請的 Windows Live ID 進行登入。第一次登入 Windows Azure Platform 需要填寫一些聯絡人資料，如姓名、電子信箱、通訊地址等。請參見圖 11.3，訂閱名稱可由讀者自訂。閱讀完線上訂閱合約條款後，請勾選下方的方塊並點選「下一步」，接著進入帳單資訊畫面（參考圖 11.4）。

## 圖 11.2　現行三種 Windows Azure 方案

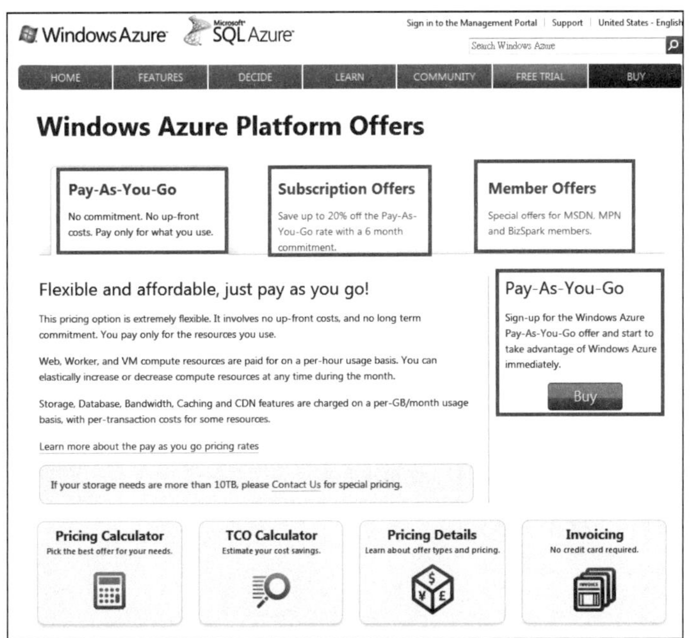


資料來源：擷取自 http://www.microsoft.com/windowsazure/offers/。

## 圖 11.3　確認訂價與線上合約畫面

中文(繁體)

Windows Azure Platform

| 登出 |

步驟 1 / 2: 訂價與線上訂閱合約

帳戶擁有者 & 服務管理員:　　服務使用地址:　變更地址

*必填

* 訂閱名稱: 訂閱-1
服務名稱: Windows Azure Platform Consumption
服務描述: 依照您為所有 Windows Azure Platform 服務所做的計劃，彈性地付款。
類型: 按使用次數付費
單價 / 月 (USD): N/A 費率方案
折扣 (USD): N/A
折扣: $0.00
稅金: 變動
**每月總計: 依使用量而定**

**線上訂閱合約**

本 Microsoft 線上訂閱合約係由客戶與 Microsoft 簽訂。 本合約包含：(1) 以下條款及條件；(2) 線上服務使用權利和依本合約授權適用於產品的 SLA；和 (3) 透過 Microsoft Online Services 客戶入口網站可取得的價格與付款條件。 本合約之生效日期為 Microsoft 對於客戶依本合約的最初訂單提供訂單確認書之日期。

***條款及條件***

勾選這個方塊，即表示您 (a) 了解並接受上述合約，且 (b) 已閱讀並了解費率方案計費方式的條款，以及隱私權聲明如何處理您的資料的條款。

下一步　取消

© 2011 Microsoft Corporation. 著作權所有，並保留一切權利。 法律聲明 | 隱私權 | 支援　Microsoft

資料來源：擷取自 http://www.microsoft.com/windowsazure/account/。

4. 帳單資訊（圖 11.4）是用以確定日後付費方案的信用卡支出帳號，這裡需要填寫信用卡及通訊地址的相關資料，填寫完成後請按「提交」。
5. 再以 Live ID 登入一次，然後即可透過 Online Services（圖 11.5）平台使用各種線上服務。附帶一提的是，所選擇的國家地區會影響所能使用的服務項目，倘若需要變更國家或地區，請到首頁→ 編輯設定檔中進行變更作業。
6. 如圖 11.6 所示，畫面左方有服務篩選項目，如需要 Windows Azure Platform 服務，請點選該項目，中間的畫面即更新成為使用者可能感興趣的服務項目。
7. 在完成 Windows Live ID 及服務平台的選擇後，只需購買這些服務內容，即可透過網路取得。

**圖 11.4　Windows Azure 信用卡付費畫面**



資料來源：擷取自 http://www.microsoft.com/windowsazure/account/。

圖 11.5　Microsoft Online Services 服務頁面

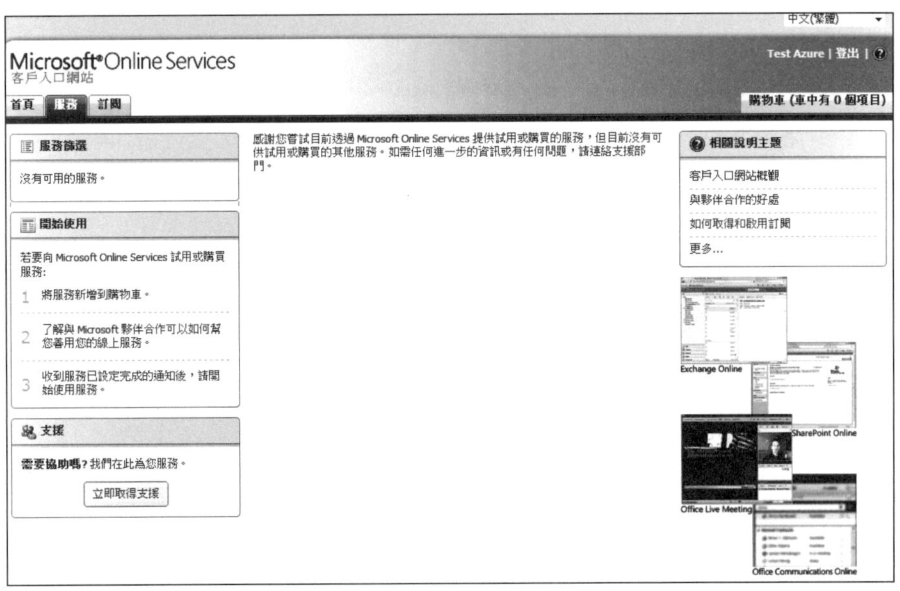


資料來源：擷取自 https://mocp.microsoftonline.com/Site/Home.aspx。

圖 11.6　Microsoft Online Services 首頁畫面

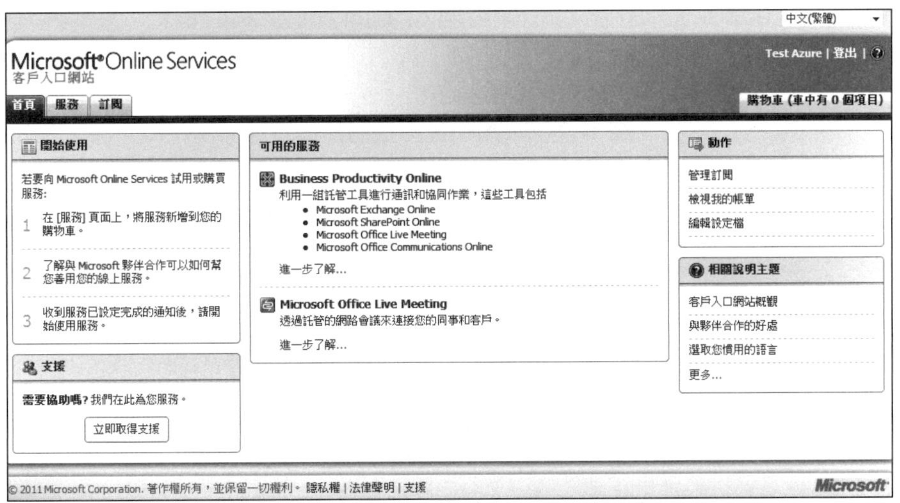


資料來源：擷取自 https://mocp.microsoftonline.com/Site/ProductCatalogPostSignin.aspx。

## 11.2 如何安裝 Windows Azure Platform 的開發環境

Windows Azure Platform 開發環境需要使用 Windows Azure SDK。若是 Visual Studio 2008 或 Visual Studio 2010 的開發人員，可以直接下載 Visual Studio Tools for Windows Azure 1.2 加以安裝，這個套件已經包含 Windows Azure SDK。如果較舊的 Visual Studio 版本使用上會出現相容性的問題，則建議安裝 Visual Studio 2010 以上的版本，以確保運作更加得心應手。同時，為了讓 Windows Azure SDK 中的 Development Fabric 及 Development Storage 可以順利運作，所使用的電腦必須進行檢查並執行下列工作：

1. 安裝 Visual Studio 2011 或 Visual Studio 2008。若是 Visual Studio 2008，請先升級到 Visual Studio 2008 SP3。
2. 在缺乏 SQL Server 的情況下，請安裝 SQL Server Express 2008。
3. 開啟 WCF HTTP 啟動功能 (Windows Communication Foundation HTTP Activition) 或 Windows 7，請開啟控制台中的程式與功能，並按「開啟或關閉 Windows 功能」(參見圖 11.7)。若是使用 Windows Server 2008，請使用伺服器管理員 (Server Manager)，並用伺服器

圖 11.7　Windows 7 控制台內容

功能勾選「WCF 啟動」，以及接受預設提示的相依功能安裝（例如 IISASP.NET 等）。

使用者透過以上的操作，業已完成 Visual Studio 在 Windows 7 作業系統的環境設定。下一小節將帶領使用者撰寫簡單的 Windows Azure 程式，並將程式發布到 Windows Azure Platform 上。

## 11.3 發布 Windows Azure 程式

在發布自己所撰寫的 Windows Azure 程式之前，必須先具備撰寫程式與運行程式的環境。首先，請使用者以系統管理員的權限開啟 Microsoft Visual Web Developer 2010 Express 主畫面（以下簡稱 Visual Studio 2010，本書範例使用的是 2010 版），開啟完成後會出現如圖 11.8 的畫面。

請點選圖 11.8 的「新增專案」，接著出現如圖 11.9 的視窗。展開「Visual C#」的清單列表並尋找「Cloud」，找到後會出現圖 11.9 中間畫面的「Windows Azure 專案」。選擇「Windows Azure 專案」後，

圖 11.8　Microsoft Visual Web Developer 2010 Express 主畫面

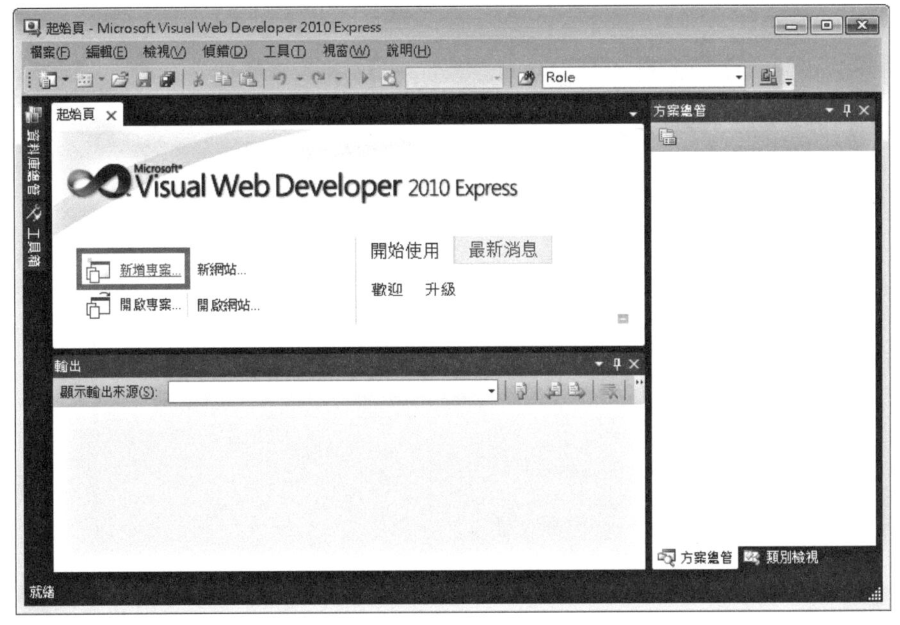

圖 11.9　創建專案並命名專案的名稱

可在底下命名此專案的名稱，本範例使用的專案命名為「Windows-AzureProject1」，接著請按「確定」並進入圖 11.10。

圖 11.10 讓使用者可以選擇 WindowsAzureProject1 專案要加入何種服務方案。本範例使用的是「ASP.NET Web 角色」服務方案，其用

圖 11.10　選擇專案要使用的服務方案類型

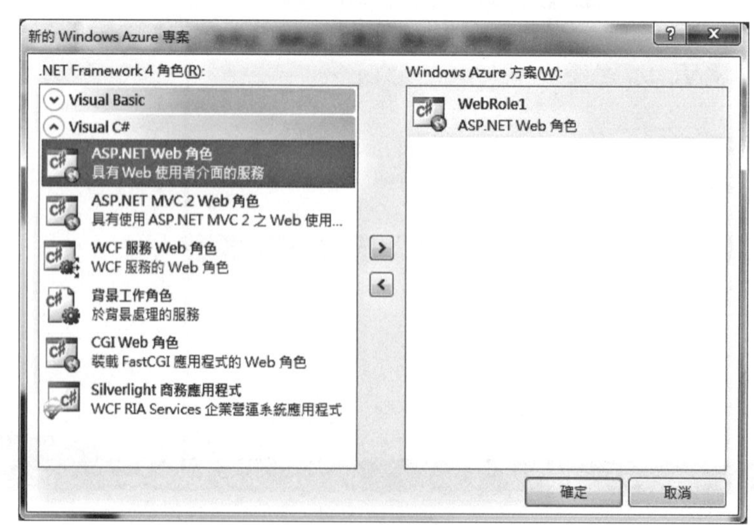

途是用網頁呈現專案執行的結果，讀者可依個人的需要加入其他的服務方案。完成方案的類型選擇之後，會出現如圖 11.11 專案介面。使用者的電腦上所出現的介面可能會與範例的不太一樣，不過這只是功能視窗（例如方案總管、輸出、屬性等）的位置不同，使用者只要上下左右稍做檢查，即可找到功能視窗的正確位置。

請在圖 11.11 左邊的「方案總管」裡點選 WindowsAzureProject1 專案，接著按右鍵並選擇「發行」（參見圖 11.12），接著會出現如圖 11.13 的視窗。因為使用者目前並沒有在自己申請的 Windows Azure Platform 上做任何上傳的設定，所以無法直接上傳，這時請勾選「僅建立服務套件」並按下「確定」，系統會幫使用者將專案轉譯成 Windows Azure Platform 可以接受的設定檔：*.cscfg 檔 (Cloud Service Configuration file) 及 *.cspkg 檔 (Service Package file)。

完成上述設定之後，請進入 http://windows.azure.com/，輸入之前申請的 Windows Live ID 與密碼（圖 11.14），即可進入 Windows Azure Platform 的設定介面（參見圖 11.15）。

點選圖 11.15 左上方的「新增託管服務」會出現如圖 11.16 的

**圖 11.11 選擇服務方案後的 WindowsAzureProject1 專案介面**

圖 11.12　發行 WindowsAzureProject1 專案

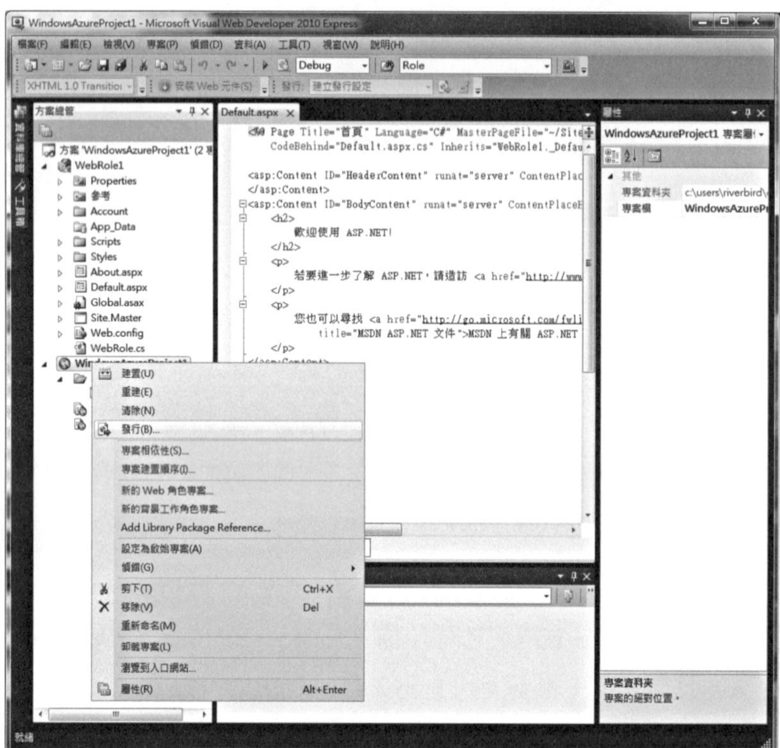


圖 11.13　選擇僅建立服務套件

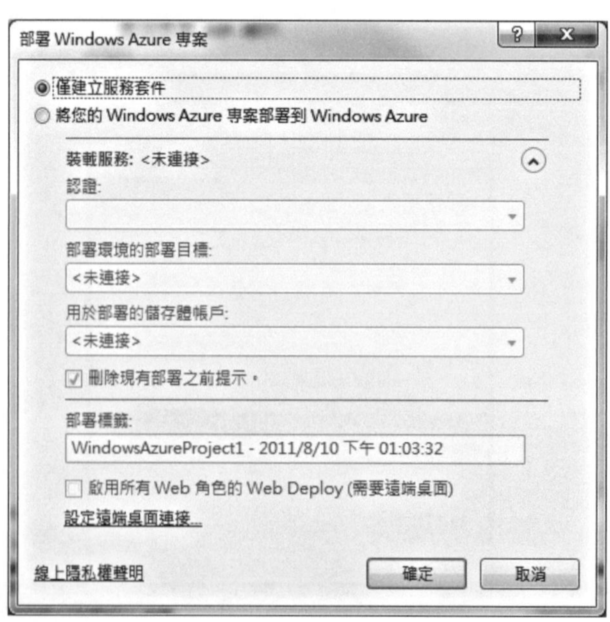

圖 11.14　Windows Azure 登入畫面

Windows Azure

Windows Azure Platform

The Windows Azure Platform is an internet-scale cloud computing services platform hosted in Microsoft data centers. The Windows Azure platform, which provides a range of functionality to build applications that span from consumer web to enterprise scenarios, includes a cloud services operating system and a set of developer services. Windows Azure, SQL Azure, and Windows Azure AppFabric are the key components of the platform

Don't have an Account yet? Sign up

sign in

Windows Live ID:

Password:

Forgot your password?

Keep me signed in

Sign in

Not your computer?
Get a single use code to sign in with

©2011 Microsoft | Terms | Privacy　　Help Center | Feedback

資料來源：擷取自 http://windows.azure.com/。

圖 11.15　Windows Azure Platform 設定

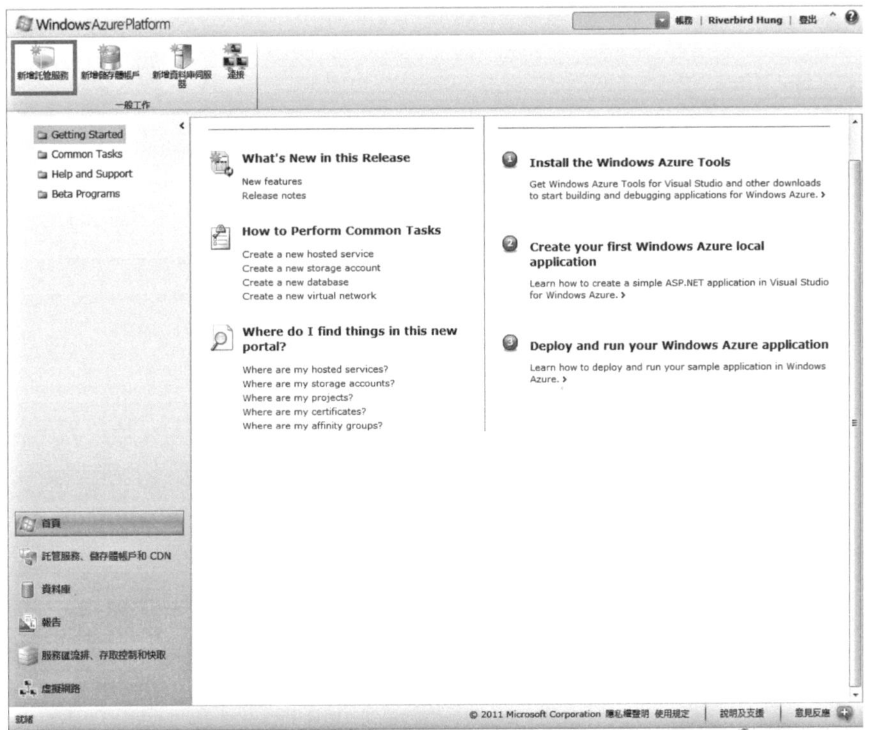


資料來源：擷取自 https://windows.azure.com/default.aspx。

畫面。請使用者先選擇一個「選擇訂用帳戶」提供給要上傳的專案 WindowsAzureProject1 使用。讀者可在「輸入服務的名稱」欄位中為服務取名，本例為 windowsazure。接著，在「輸入服務的 URL 首碼」欄位中輸入 URL 名稱，其名稱有特定的規則（注意：Windows Azure Platform 針對這裡並未提出詳細的規則，網頁會自動判別使用者輸入的名稱，若不適用，會請使用者更換成符合規則的名稱），請輸入 Windows Azure Platform 可允許的名稱即可，本例為 Watest1。「選擇地區或同質群組」的欄位請選擇讀者所在的地區，倘若所在地區未出現於列表中，則請選擇「Anywhere Asia」或「Anywhere US」。接著，「部署選項」請選擇「部署到預備環境」，並勾選「在部署成功後啟動」選項。在「部署名稱」中填上之前為上傳之專案所取的名稱（即 windowsazure）。「封裝位置」請點擊「瀏覽本機 ...」按鈕，並選擇替

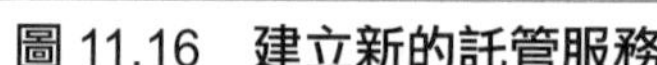
圖 11.16　建立新的託管服務

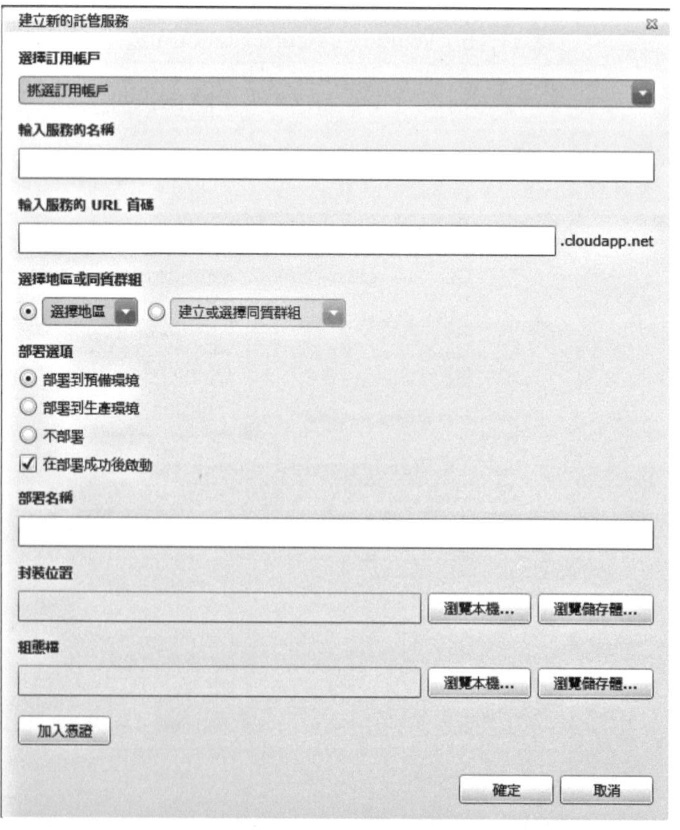


資料來源：擷取自 https://windows.azure.com/default.aspx。

WindowsAzureProject1 專案所創立的 *.cspkg 檔。「組態檔」同樣點擊「瀏覽本機 ...」按鈕，並選擇前面替 WindowsAzureProject1 專案所創立的 *.cscfg 檔。關於最下方的「加入憑證」，由於本範例旨在引導讀者發行最簡單的專案，而「加入憑證」涉及資訊安全與資料加密的程度，故不在本範例當中做詳細的說明。

按下「確定」，Windows Azure Platform 會替使用者開始創建服務（參考圖 11.17），由於這個過程需要耗費一些時間，使用者需稍加等候。創建期間會彈跳出一個如圖 11.18 所示的警告視窗，這是因為使用者的 App 中目前只有一個執行個體，而 Windows Azure Platform 建議使用者每個專案都可以存在至少兩個以上的執行個體，以免在專案裡的執行個體故障或損毀時，還有其他的執行個體可以繼續運作，並保持高度可用性。基本上，這個警告並不會影響服務的正常運作，請按「是」繼續。創建完成後，即可看到圖 11.19 的右方「屬性」中間出現一個「名稱」。

圖 11.17　創建服務

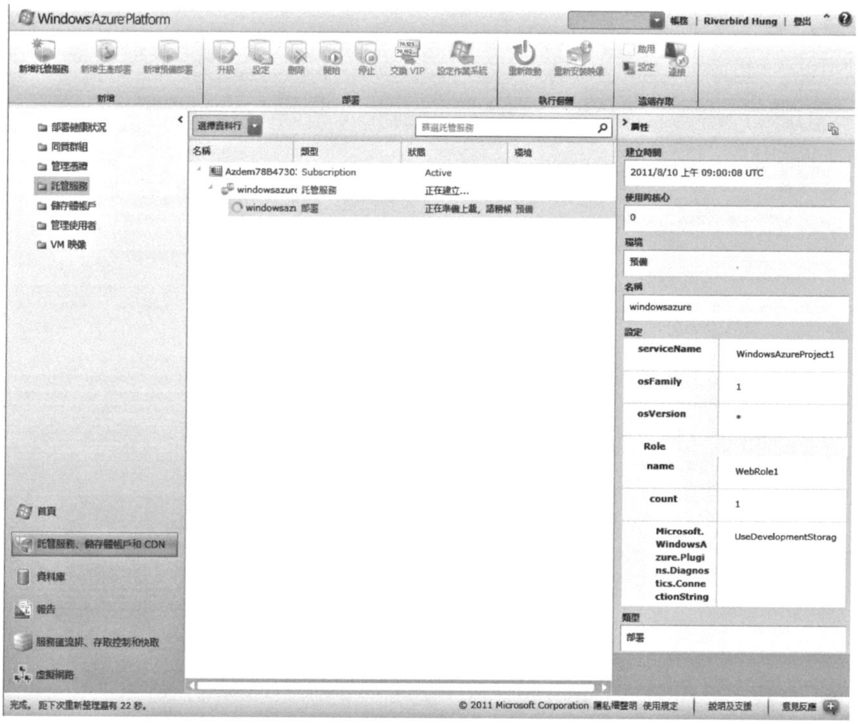

資料來源：擷取自 https://windows.azure.com/default.aspx。

圖 11.18　警告視窗

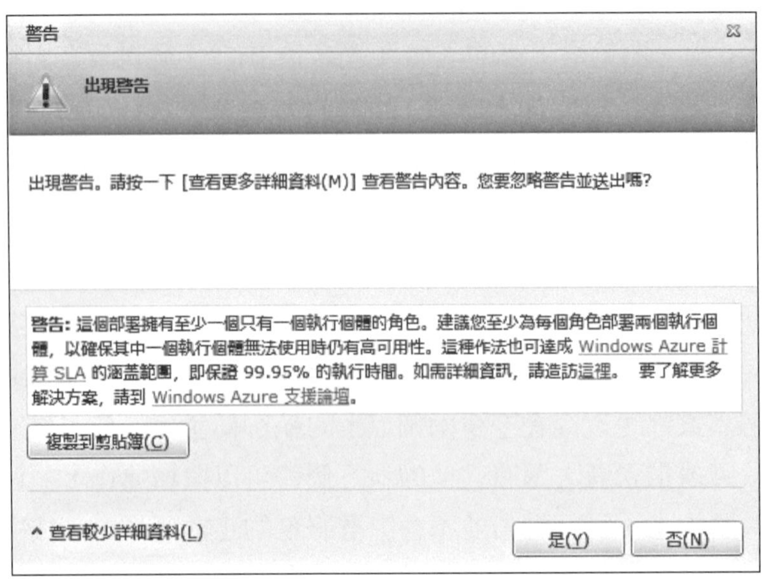


資料來源：擷取自 https://windows.azure.com/default.aspx。

圖 11.19　服務創建完成

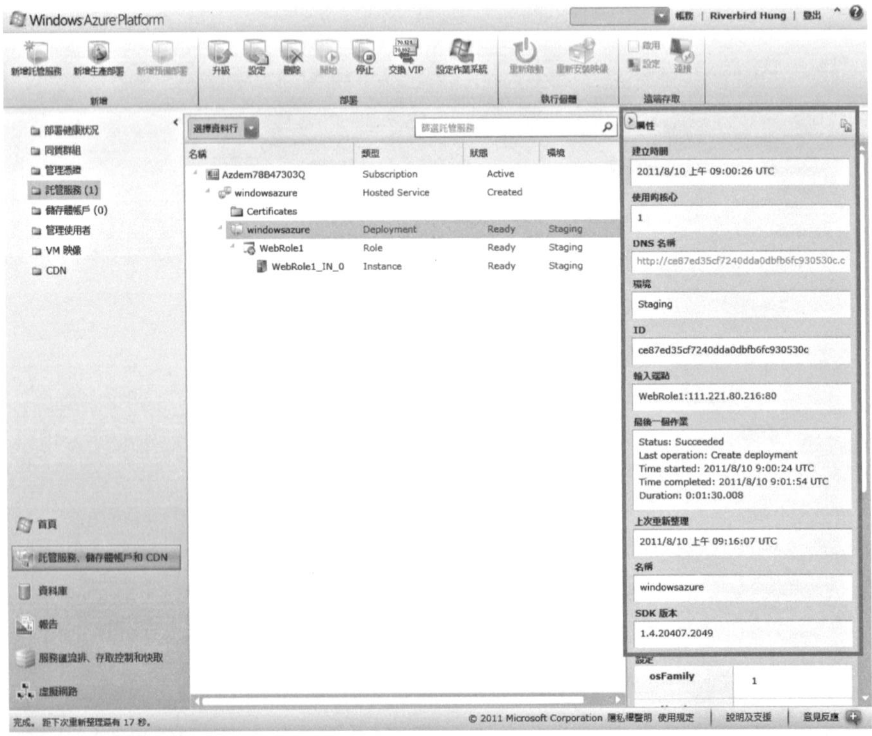


資料來源：擷取自 https://windows.azure.com/default.aspx。

「DNS 名稱」裡的網址可以看到使用者使用 Visual Studio 2010 執行專案時所呈現的畫面，只是該網址顯示的畫面是在 Windows Azure Platform 上面執行，而非在 Visual Studio 2010 上執行。

完成上述步驟後，恭喜你已完成撰寫並部署程式到 Windows Azure Platform 上。雖然在撰寫程式時所使用的是 Windows Azure Platform 限定的程式語言（如果使用者不熟悉這個程式語言，可能需再耗費一段時間學習），但是 Windows Azure Platform 具有一項特殊的功能，可讓使用者透過外部程式（如 PHP、Java）撰寫 Windows Azure 程式。下一小節將帶領使用者透過非 Windows Azure Platform 限定的程式語言，撰寫簡單的 Windows Azure 程式。

## 11.4 Windows Azure 的外部程式環境設定

在瞭解 Windows Azure 程式如何發布之後，接著本節將針對 Windows Azure 如何連結外部程式做詳細說明，包括 PHP 網頁程式語言與 Java 程式設計語言。

### Windows Azure for PHP

首先，使用者需要先下載開發 PHP 的 Windows Azure Command-line for PHP。請連上 http://azurephptools.codeplex.com，點選「Downloads」即可進入圖 11.20 的畫面。

使用者選擇圖 11.20 中可下載的檔案並以滑鼠左鍵點擊下載連結，屆時將會看到如圖 11.21 的條款視窗跳出來，使用者點擊「I Agree」後即可開始下載 Windows Azure Command-line for PHP 的壓縮檔案。

下載完成之後，將解壓縮的 WindowsAzureCmdLineTools4PHP 目錄整個移至 C 槽下的 Program Files 目錄中（參見圖 11.22）。

接著，請開啟 Windows 作業系統的「開始」，並找到 Windows Azure SDK vX.X 的目錄，開啟 Windows Azure SDK Command Prompt 時請按右鍵以系統管理員權限執行（參見圖 11.23），並輸入指令「cd C:\Program Files\WindowsAzureCmdLineTools4PHP」，將目前的工作目錄移至 WindowsAzureCmdLineTools4PHP 中（參見圖 11.24）。

圖 11.20　Windows Azure Command-line for PHP 下載頁面

資料來源：擷取自 http://azurephptools.codeplex.com/releases/view/67980。

圖 11.21　同意使用規範

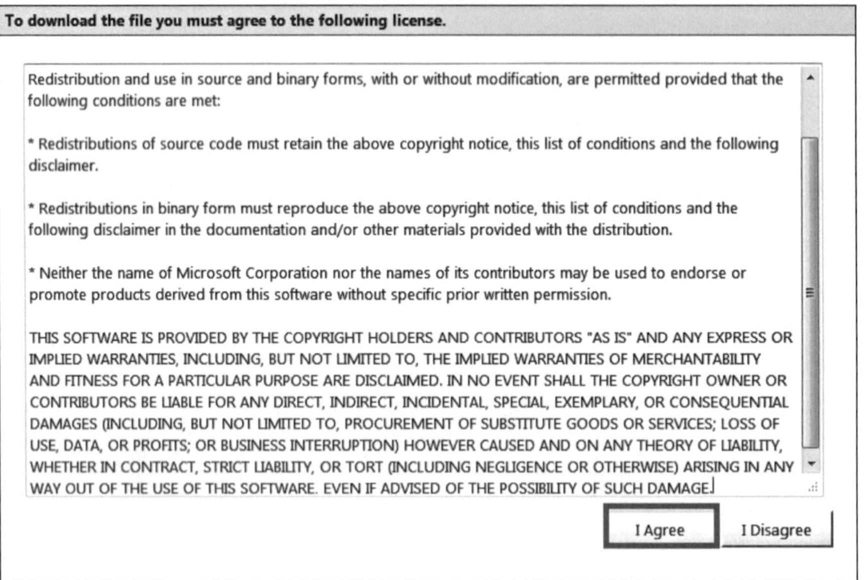


資料來源：擷取自 http://azurephptools.codeplex.com/releases/view/67980。

圖 11.22 放置到 C:\Program Files 目錄

圖 11.23 以系統管理員權限執行

圖 11.24　**輸入指令將工作目錄移至 WindowsAzureCmdLineTools4PHP**

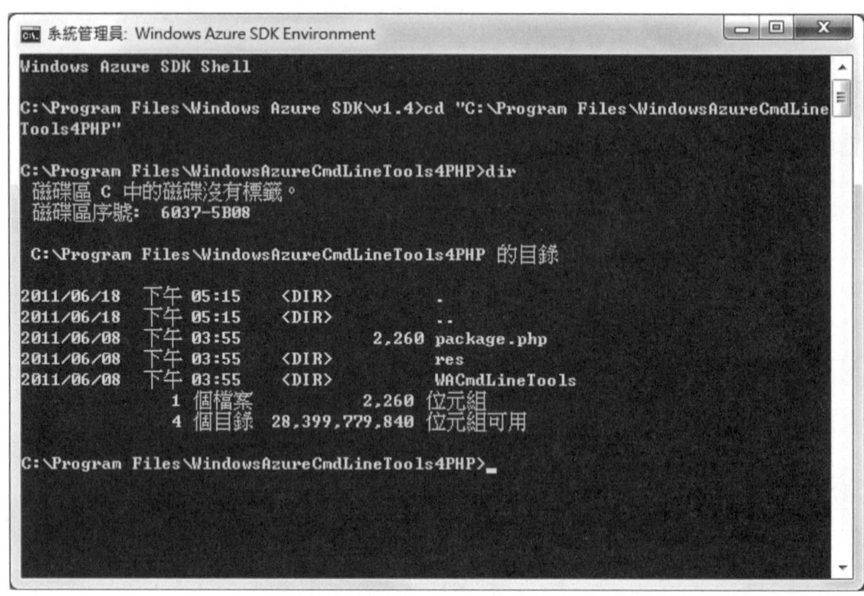
系統管理員: Windows Azure SDK Environment
Windows Azure SDK Shell
C:\Program Files\Windows Azure SDK\v1.4>cd "C:\Program Files\WindowsAzureCmdLineTools4PHP"
C:\Program Files\WindowsAzureCmdLineTools4PHP>dir
磁碟區 C 中的磁碟沒有標籤。
磁碟區序號: 6037-5B08
C:\Program Files\WindowsAzureCmdLineTools4PHP 的目錄
2011/06/18 下午 05:15 <DIR> .
2011/06/18 下午 05:15 <DIR> ..
2011/06/08 下午 03:55 2,260 package.php
2011/06/08 下午 03:55 <DIR> res
2011/06/08 下午 03:55 <DIR> WACmdLineTools
1 個檔案 2,260 位元組
4 個目錄 28,399,779,840 位元組可用
C:\Program Files\WindowsAzureCmdLineTools4PHP>_

然後，輸入指令「php package.php –h」查看相關指令操作說明（參見圖 11.25）。接下來的指令與操作均為撰寫範例程式用，使用者可透過 php package.php –h 查詢所需的指令並自行操作。

輸入指令「mkdir %TMP%\PHPInfo」，系統會替使用者在 C:\Users\[*username*]\Appdata\Local\Temp\[*OPTIONAL subdirectory*] 下創立 PHPInfo 資料夾，接著輸入指令「notepad %TMP%\PHPInfo\index.php」以便開啟一個 index.php 文件的文件編輯視窗。由於一開始並不存在 index.php 文件，因此系統會詢問是否要創立 index.php，如圖 1126 所示。

於圖 11.26 中按下「是」，並將下列 PHP 程式碼輸入至 index.php 及存檔（參見圖 11.27）：

```
<?php
echo “Hello Cloud and Windows Azure from {$_SERVER[‘SERVER_
NAME’]} \n<br>\n<br>”;
phpinfo();
?>
```

圖 11.25 查看相關說明文件

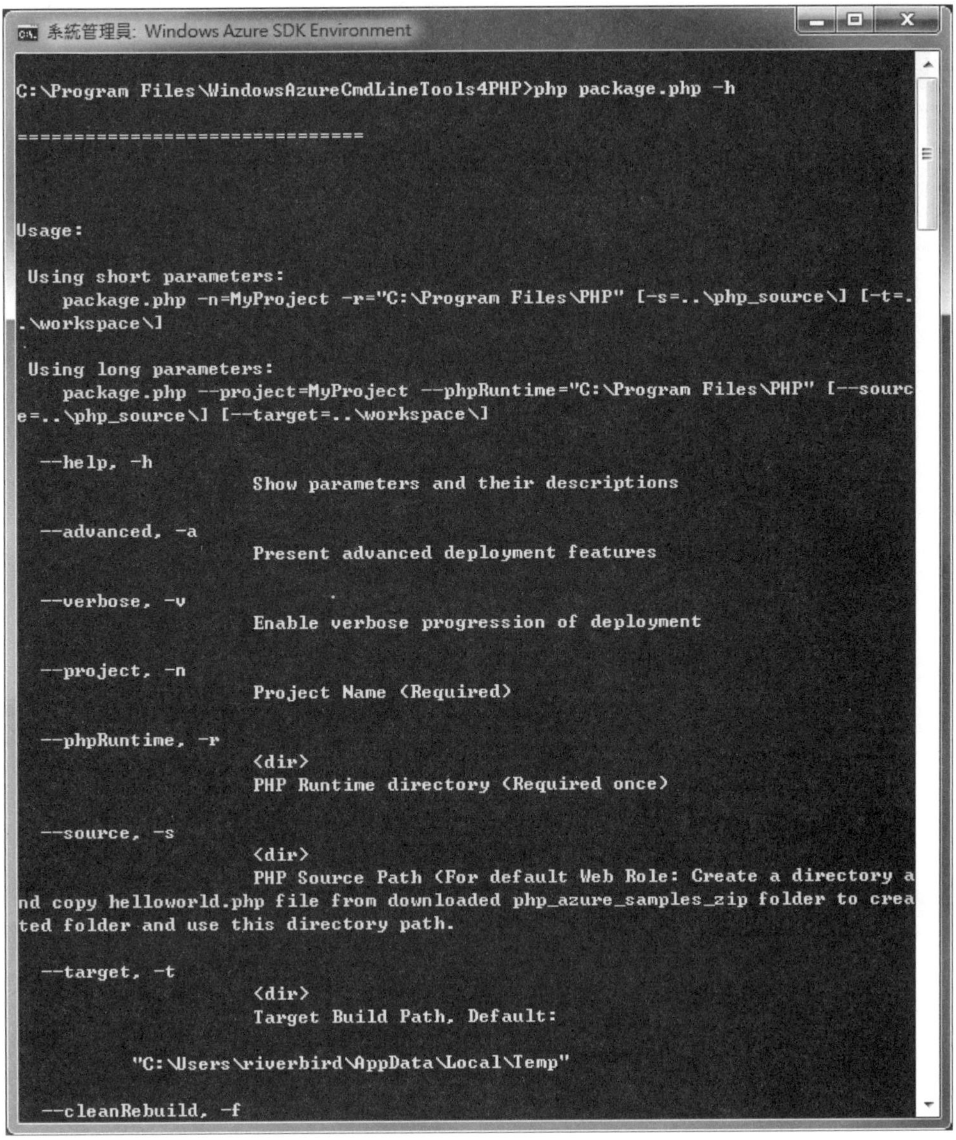

```
系統管理員: Windows Azure SDK Environment

C:\Program Files\WindowsAzureCmdLineTools4PHP>php package.php -h

==============================



Usage:

 Using short parameters:
    package.php -n=MyProject -r="C:\Program Files\PHP" [-s=..\php_source\] [-t=.
.\workspace\]

 Using long parameters:
    package.php --project=MyProject --phpRuntime="C:\Program Files\PHP" [--sourc
e=..\php_source\] [--target=..\workspace\]

  --help, -h
                    Show parameters and their descriptions

  --advanced, -a
                    Present advanced deployment features

  --verbose, -v
                    Enable verbose progression of deployment

  --project, -n
                    Project Name (Required)

  --phpRuntime, -r
                    <dir>
                    PHP Runtime directory (Required once)

  --source, -s
                    <dir>
                    PHP Source Path (For default Web Role: Create a directory a
nd copy helloworld.php file from downloaded php_azure_samples_zip folder to crea
ted folder and use this directory path.

  --target, -t
                    <dir>
                    Target Build Path, Default:

          "C:\Users\riverbird\AppData\Local\Temp"

  --cleanRebuild, -f
```

接著，在 Windows Azure SDK Command Prompt 終端介面執行指令「php %TMP%\PHPInfo\index.php | more」，執行成功將會出現「Hello Cloud and Windows Azure from」等字樣，以及安裝在使用者機器上的 PHP 詳細資料，如圖 11.28 所示。

然後，在 Windows Azure SDK Command Prompt 終端介面輸入下列指令：

圖 11.26　建立 PHPInfo 目錄及 index.php 文件

圖 11.27　編輯 index.php

mkdir "C:\Program Files\PHP"

php package.php --project=PHPInfo --phpRuntime="C:\Program Files\PHP" --source="%TMP%\PHPInfo" --runDevFabric

其中，第 1 行指令會先創造一個 PHP 的運作目錄。接著，第 2 行指令告訴系統透過使用者在機器上安裝的 Window Azure Development Emulator 來建立 cloud package (--runDevFabric)，專案的名稱取為 PHPInfo (--project=PHPInfo)，並讀取在前面所撰寫的 PHP 網頁 index.

圖 11.28 測試 PHP 網頁可否執行

```
系統管理員: Windows Azure SDK Environment

C:\Program Files\WindowsAzureCmdLineTools4PHP>php %TMP%\PHPInfo\index.php | more

Hello Cloud and Windows Azure from
<br>
<br>phpinfo()
PHP Version => 5.3.6

System => Windows NT RIVERBIRD-KEN 6.1 build 7601 (Unknow Windows version Enterp
rise Edition Service Pack 1) i586
Build Date => Mar 17 2011 10:46:06
Compiler => MSVC9 (Visual C++ 2008)
Architecture => x86
Configure Command => cscript /nologo configure.js  "--enable-snapshot-build" "--
enable-debug-pack" "--disable-zts" "--disable-isapi" "--disable-nsapi" "--withou
t-mssql" "--without-pdo-mssql" "--without-pi3web" "--with-pdo-oci=D:\php-sdk\ora
cle\instantclient10\sdk,shared" "--with-oci8=D:\php-sdk\oracle\instantclient10\s
dk,shared" "--with-oci8-11g=D:\php-sdk\oracle\instantclient11\sdk,shared" "--wit
h-enchant=shared" "--enable-object-out-dir=../obj/" "--enable-com-dotnet" "--wit
h-mcrypt=static"
Server API => Command Line Interface
Virtual Directory Support => disabled
Configuration File (php.ini) Path => C:\Windows
Loaded Configuration File => C:\Program Files\PHP\php.ini
Scan this dir for additional .ini files => (none)
Additional .ini files parsed => (none)
PHP API => 20090626
PHP Extension => 20090626
Zend Extension => 220090626
Zend Extension Build => API220090626,NTS,VC9
PHP Extension Build => API20090626,NTS,VC9
Debug Build => no
Thread Safety => disabled
Zend Memory Manager => enabled
Zend Multibyte Support => disabled
IPv6 Support => enabled
Registered PHP Streams => php, file, glob, data, http, ftp, zip, compress.zlib,
compress.bzip2, https, ftps, phar
Registered Stream Socket Transports => tcp, udp, ssl, sslv3, sslv2, tls
Registered Stream Filters => convert.iconv.*, mcrypt.*, mdecrypt.*, string.rot13
, string.toupper, string.tolower, string.strip_tags, convert.*, consumed, dechun
k, zlib.*, bzip2.*


This program makes use of the Zend Scripting Language Engine:
Zend Engine v2.3.0, Copyright (c) 1998-2011 Zend Technologies
```

php (--source="%TMP%\PHPInfo")，然後 PHP 運作時會在 C:\Program Files\PHP 目錄下運作 (--phpRuntime="C:\Program Files\PHP")。

若執行完成且正確無誤，終端機會出現執行正確結果，如圖 11.29 所示。

但是，依據讀者的機器與作業系統版本的不同，有些專案或應用程式透過 Windows Azure SDK 運作時可能會出現一些例外的錯誤，如圖 11.30 所示。對此，Microsoft 目前尚未提出有效的處理方案。

圖 11.29　執行結果正確

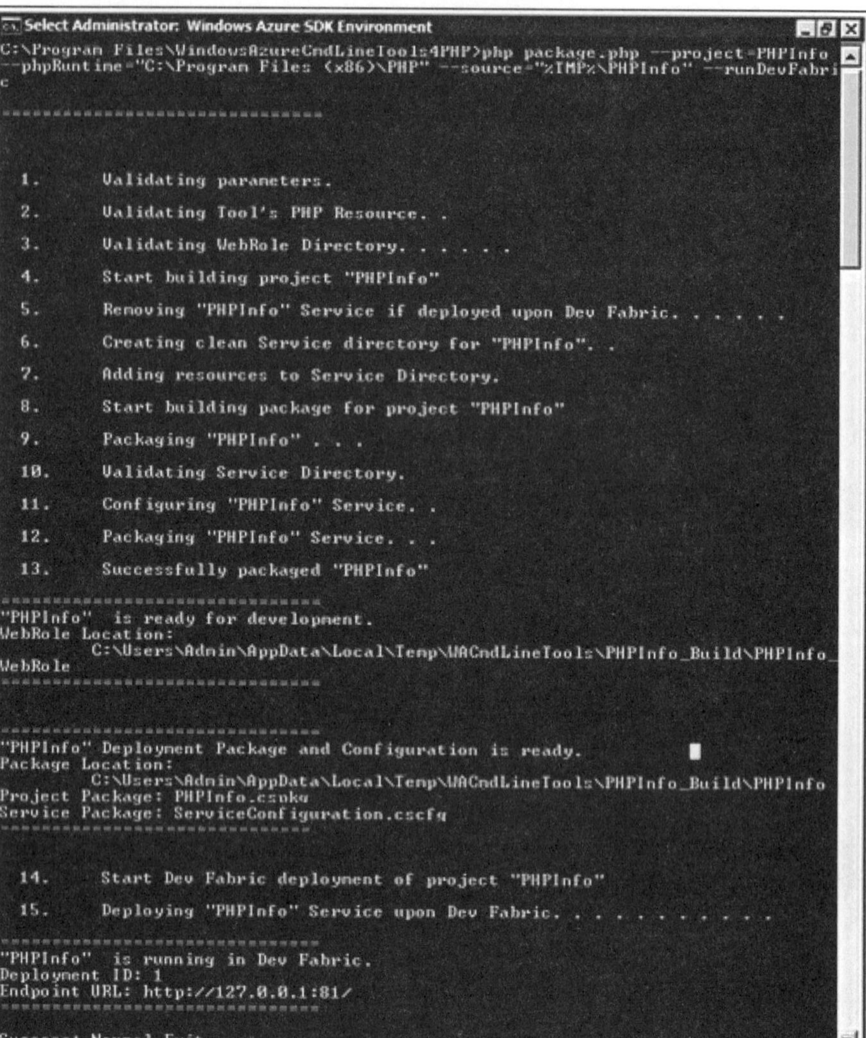

Select Administrator: Windows Azure SDK Environment
C:\Program Files\WindowsAzureCmdLineTools4PHP>php package.php --project=PHPInfo --phpRuntime="C:\Program Files (x86)\PHP" --source="%TMP%\PHPInfo" --runDevFabric
1. Validating parameters.
2. Validating Tool's PHP Resource. .
3. Validating WebRole Directory. . . . . .
4. Start building project "PHPInfo"
5. Removing "PHPInfo" Service if deployed upon Dev Fabric. . . . . .
6. Creating clean Service directory for "PHPInfo". .
7. Adding resources to Service Directory.
8. Start building package for project "PHPInfo"
9. Packaging "PHPInfo" . . .
10. Validating Service Directory.
11. Configuring "PHPInfo" Service. .
12. Packaging "PHPInfo" Service. . .
13. Successfully packaged "PHPInfo"
"PHPInfo" is ready for development.
WebRole Location:
C:\Users\Admin\AppData\Local\Temp\WACmdLineTools\PHPInfo_Build\PHPInfo_WebRole
"PHPInfo" Deployment Package and Configuration is ready.
Package Location:
C:\Users\Admin\AppData\Local\Temp\WACmdLineTools\PHPInfo_Build\PHPInfo
Project Package: PHPInfo.cspkg
Service Package: ServiceConfiguration.cscfg
14. Start Dev Fabric deployment of project "PHPInfo"
15. Deploying "PHPInfo" Service upon Dev Fabric. . . . . . . . . .
"PHPInfo" is running in Dev Fabric.
Deployment ID: 1
Endpoint URL: http://127.0.0.1:81/
Success: Normal Exit

圖 11.30 執行結果錯誤

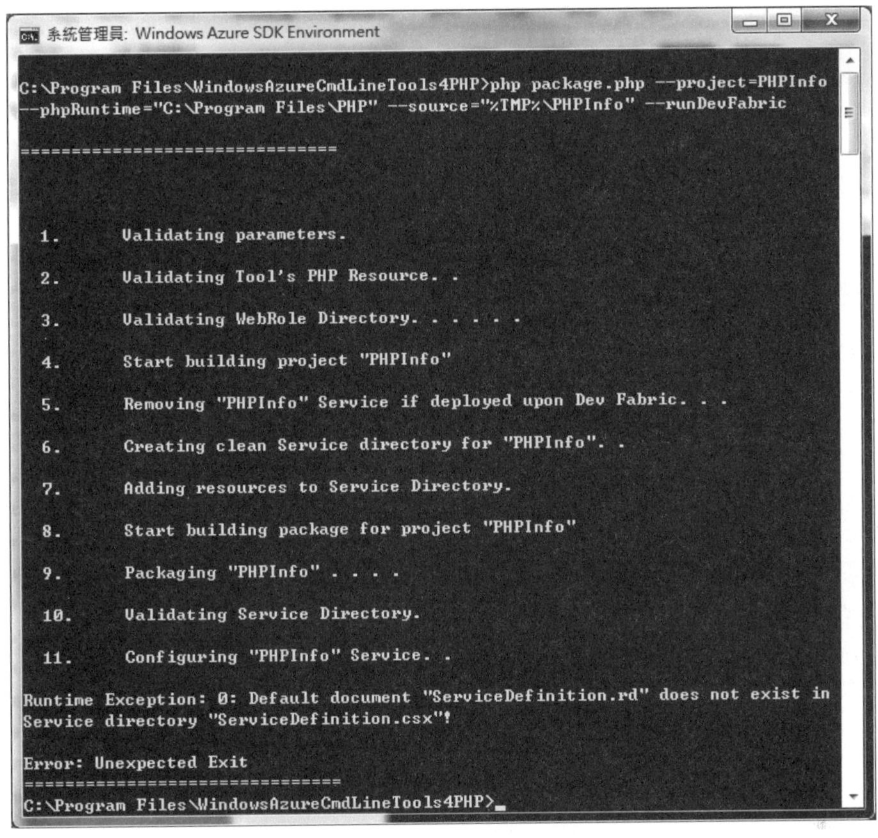
系統管理員: Windows Azure SDK Environment
C:\Program Files\WindowsAzureCmdLineTools4PHP>php package.php --project=PHPInfo --phpRuntime="C:\Program Files\PHP" --source="%TMP%\PHPInfo" --runDevFabric
==============================
1. Validating parameters.
2. Validating Tool's PHP Resource. .
3. Validating WebRole Directory. . . . . .
4. Start building project "PHPInfo"
5. Removing "PHPInfo" Service if deployed upon Dev Fabric. . .
6. Creating clean Service directory for "PHPInfo". .
7. Adding resources to Service Directory.
8. Start building package for project "PHPInfo"
9. Packaging "PHPInfo" . . . .
10. Validating Service Directory.
11. Configuring "PHPInfo" Service. .
Runtime Exception: 0: Default document "ServiceDefinition.rd" does not exist in Service directory "ServiceDefinition.csx"!
Error: Unexpected Exit
==============================
C:\Program Files\WindowsAzureCmdLineTools4PHP>

## Windows Azure for Java

首先，使用者必須先連結 http://www.eclipse.org/downloads/，下載可撰寫 Java 程式語言的 Eclipse 軟體（圖 11.31）。下載完成後解壓縮，並將解壓縮後的 Eclipse 目錄放置於 C:\Program Files 目錄下。

接著，進入 C:\Program Files\eclipse 啟動 eclipse.exe，會出現一個視窗詢問使用者要將工作空間設置在哪個位置（參見圖 11.32），此時使用者可自由選擇或使用預設位置。選擇完畢，按下「OK」即可成功啟動 eclipse.exe。

請在 eclipse 的主畫面中點選工具列 Help 裡的「Install New Software」（參見圖 11.33），接著便出現圖 11.34。在圖 11.34 的畫面中，於 Work with 的空白框中輸入以下網址：http://webdownload.persistent.co.in/

圖 11.31　下載 Eclipse 畫面

資料來源：擷取自 http://www.eclipse.org/downloads/。

圖 11.32　設置工作空間畫面

Workspace Launcher

Select a workspace

Eclipse stores your projects in a folder called a workspace.
Choose a workspace folder to use for this session.

Workspace: C:\Users\ workspace　Browse...

Use this as the default and do not ask again

OK　Cancel

windowsazureplugin4ej/，並按下「Enter」，Eclipse 便會自動去搜尋可使用的軟體。之後勾選「Windows Azure Plugin for Eclipse with Java」，並確定最下方的「Contact all update sites during install to find required software」沒有勾選。(之所以不勾選，是因為點選後它會自動更新所需的軟體，花費時間冗長，但其實不是使用最新版本也可以使用。)

安裝過程中若出現警告視窗（圖 11.35）屬正常現象，請按「OK」繼續安裝。安裝完成後，系統會要求重新啟動 Eclipse，請選擇「Restart Now」(圖 11.36)。

圖 11.33　安裝 Eclipse 所需的新軟體

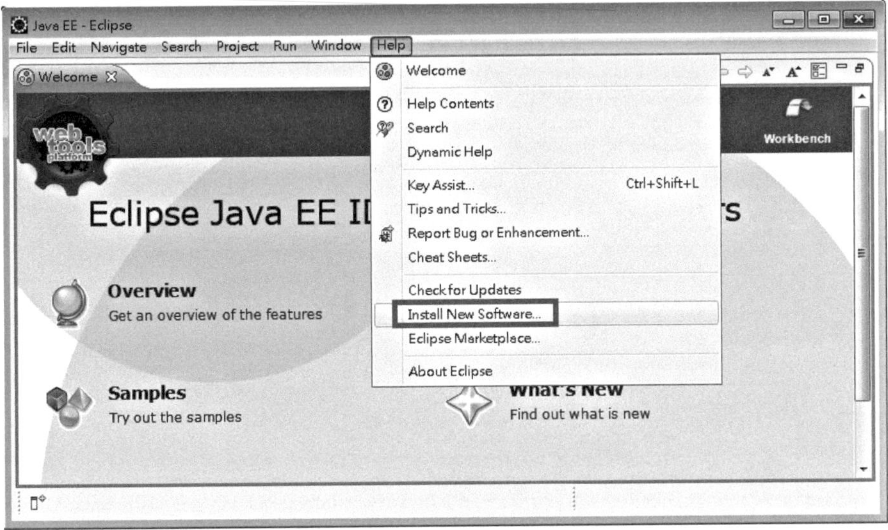


圖 11.34　設定 Windows Azure Plugin for Eclipse with Java 環境

圖 11.35　警告視窗

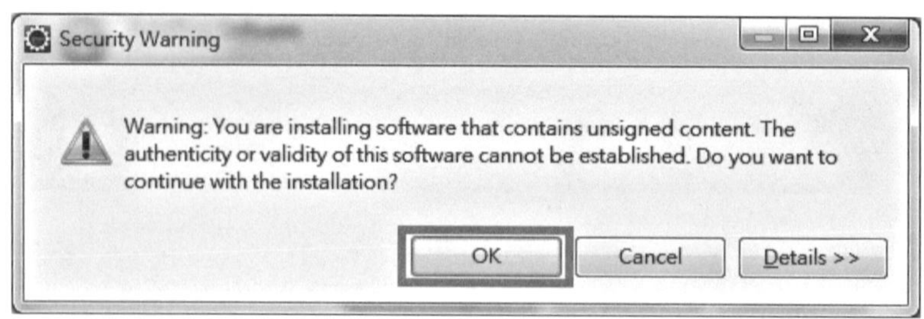


圖 11.36　重新啟動 Eclipse

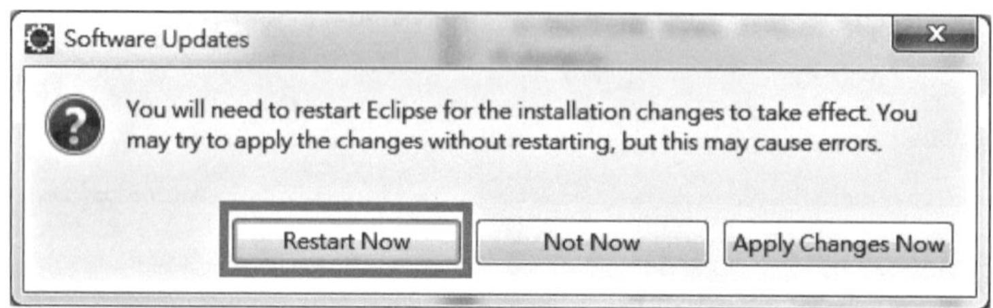


Eclipse 重新啟動後，請點選上方列表中 File 之 New 選項，並選擇列表中的「Windows Azure Project」(參見圖 11.37)。

附註說明的是，使用者若沒有看到 Windows Azure Project，請點選上方列表中的 Window，選擇「Reset Perspective…」(參見圖 11.38)，

圖 11.37　開啟 Windows Azure Project

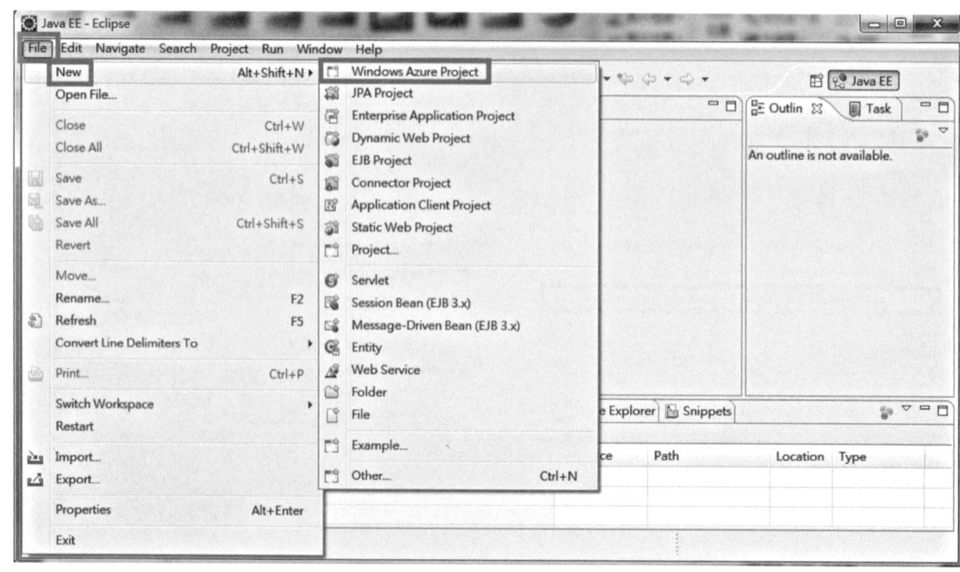

圖 11.38　Window → Reset Perspective

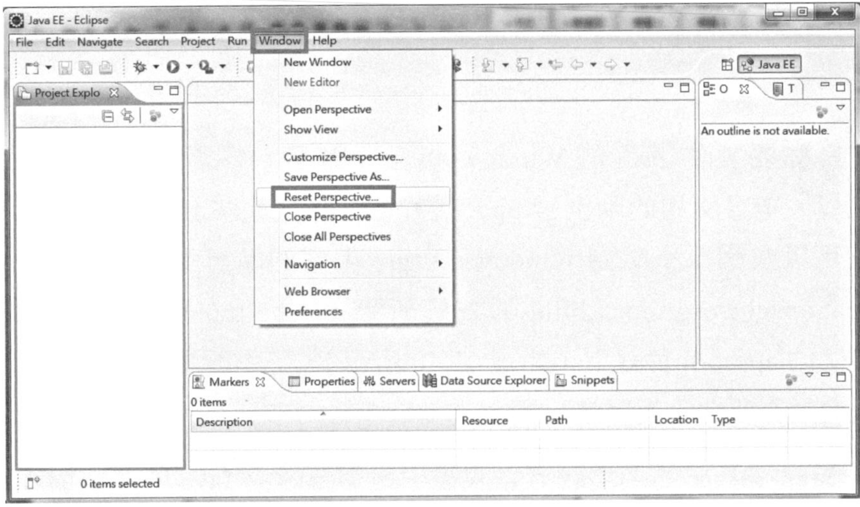


完成後即可在 File 的 New 中看到 Windows Azure Project。

在點選圖 11.37 的 Windows Azure Project 後即顯示出圖 11.39 的視窗，請輸入專案名稱「HelloWorldWindowsAzureJava」。如果使用者不

圖 11.39　**創建 HelloWorldWindowsAzureJava 專案**

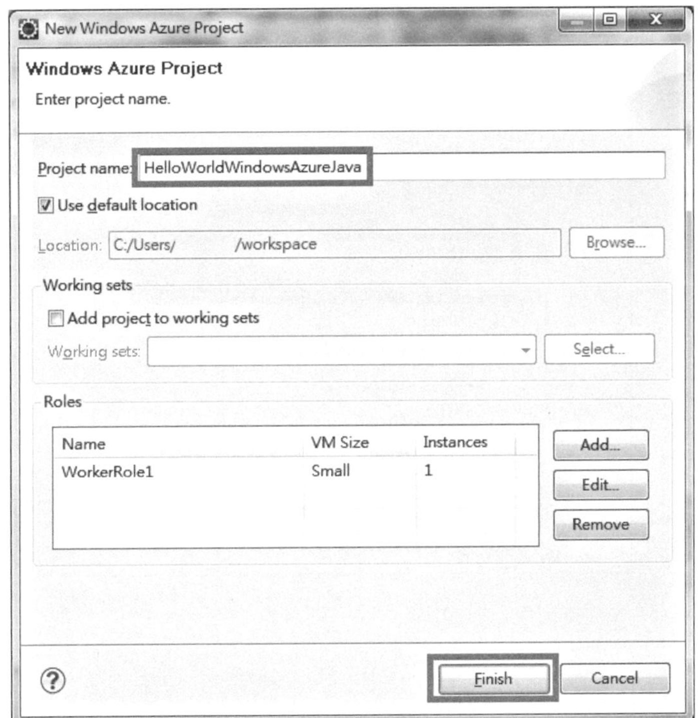

第十一章　Windows Azure Platform 使用環境設定

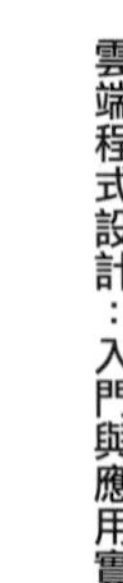


確定要修改哪些設定，建議就使用預設選項，最後按下「Finish」即可創建此專案。然而，HelloWorldWindowsAzureJava 專案操作到該階段尚未達到完整的境界，以下會繼續帶領使用者學習設定專案所需要的環境。

其實要製作 Java 的 Windows Azure 專案，還需要有 Java Server 的環境，本書使用的範例是 apache-tomcat，它是一套網頁伺服器，透過它可以在網頁上看到 Windows Azure 專案的執行結果。請到 http://tomcat.apache.org/index.html 下載最新版 apache-tomcat 壓縮檔，放置於專案的 approot 目錄下（如圖 11.40 所示），不用解壓縮，使用者可自行決定是否要創建新目錄 tomcat。

Java Server 的環境建置完成後，還需要建立 Java 的運作環境 JRE (Java Runtime Environment)，請進入 Oracle 官網 (http://www.oracle.com/technetwork/java/javase/downloads/index.html) 下載 JRE（參見圖 11.41）。進入下載頁面後，點選下方的「JRE download」連結，接著會出現圖 11.42，請勾選「Accept License Agreement」，再選擇適合讀者作業系統的 JRE。

圖 11.40　將 apache-tomcat 壓縮檔放置於 approot 目錄下

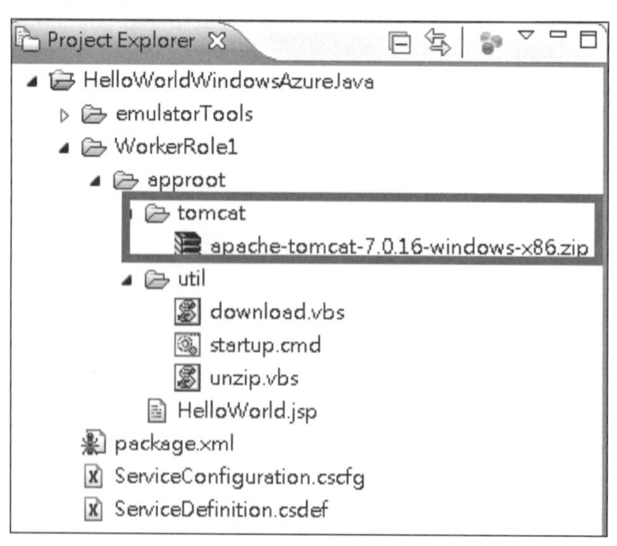

圖 11.41　進入 Oracle 官網下載 JRE 頁面

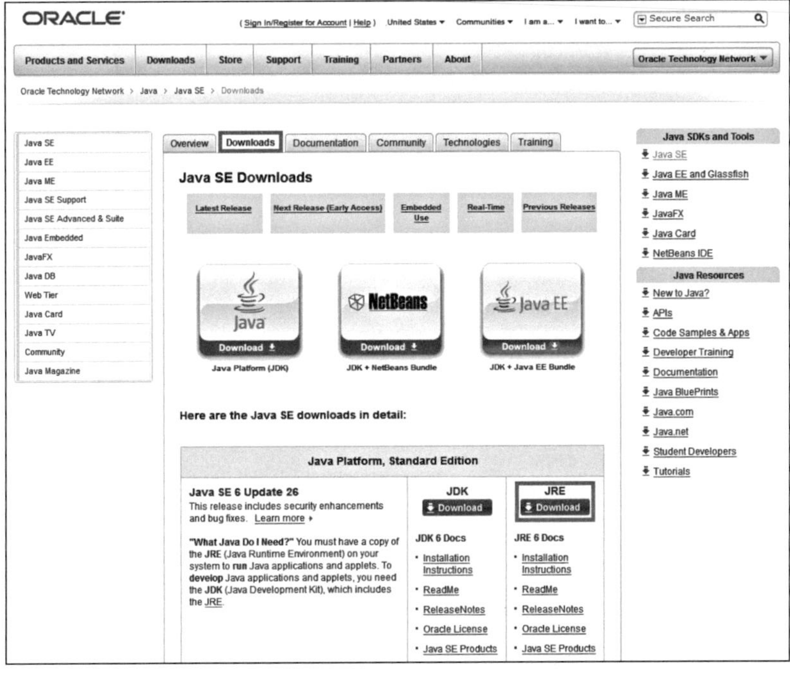


資料來源：擷取自 http://www.oracle.com/technetwork/java/javase/downloads/index.html。

圖 11.42　下載 JRE

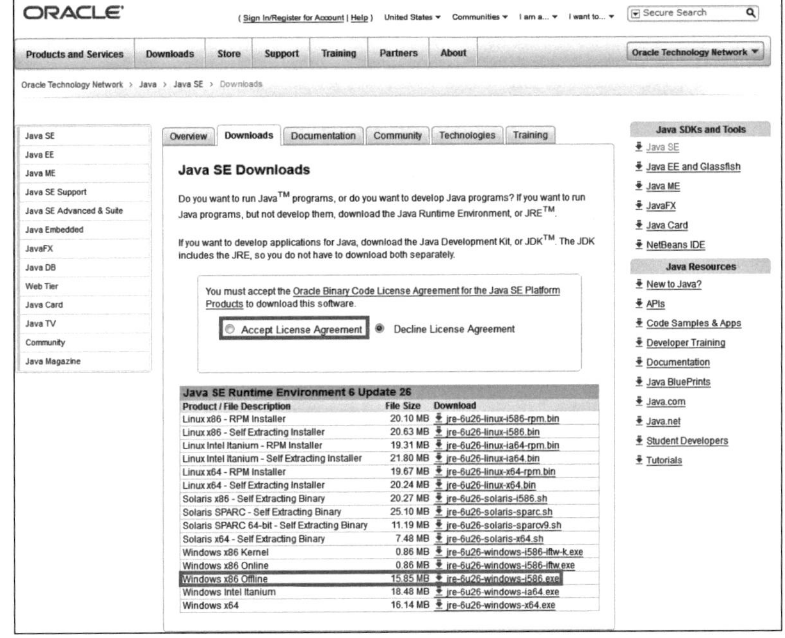


資料來源：擷取自 http://www.oracle.com/technetwork/java/javase/downloads/jre-6u26-download-400751.html。

圖 11.43　將 jre6.zip 放置於 approot 目錄下

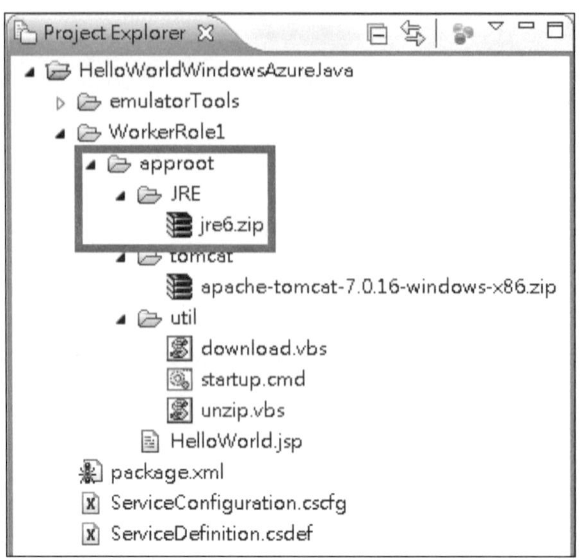


Oracle 官網提供的 JRE 軟體下載檔案均為 .exe 執行檔，沒有 .zip 壓縮檔，因此讀者依照一般程序安裝 JRE 之後，將 JRE 的安裝目錄（預設為 C:\Program Files\Java\jre6）壓縮成 .zip 檔，並放置於專案的 approot 目錄下即可，如圖 11.43 所示。

## 創建專案

接下來將帶領讀者創建一個簡單的專案範例。請使用 Eclipse 開啟前面所創建的 HelloWorldWindowsAzureJava 專案，將專案樹展開，並對 HelloWorld.zip 按右鍵選擇「delete」（參見圖 11.44）。

接著，請點選上方工具列表中的 File → New → Other（圖 11.45），往下搜尋會找到 Web 目錄樹，展開後會找到 JSP File（圖 11.46），之後請按「Next」並進入圖 11.47。

請在 HelloWorldWindowsAzureJava 專案裡選擇 approot 目錄（為 .jsp 檔的所在目錄），並為此 .jsp 取名（本例為「HelloWorld.jsp」），接著按「Finish」。

圖 11.44　移除 HelloWorld.zip

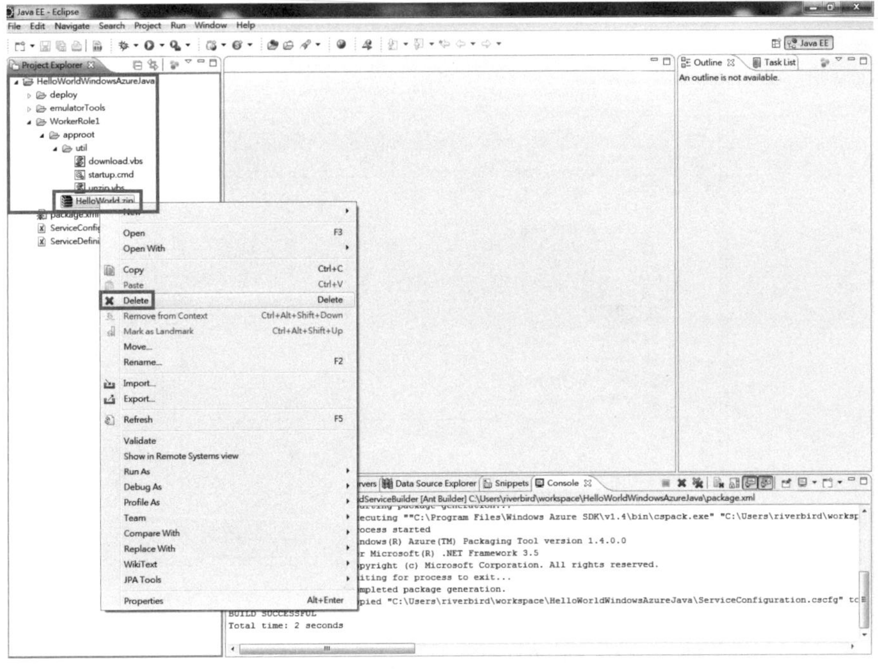

圖 11.45　File → New → Other

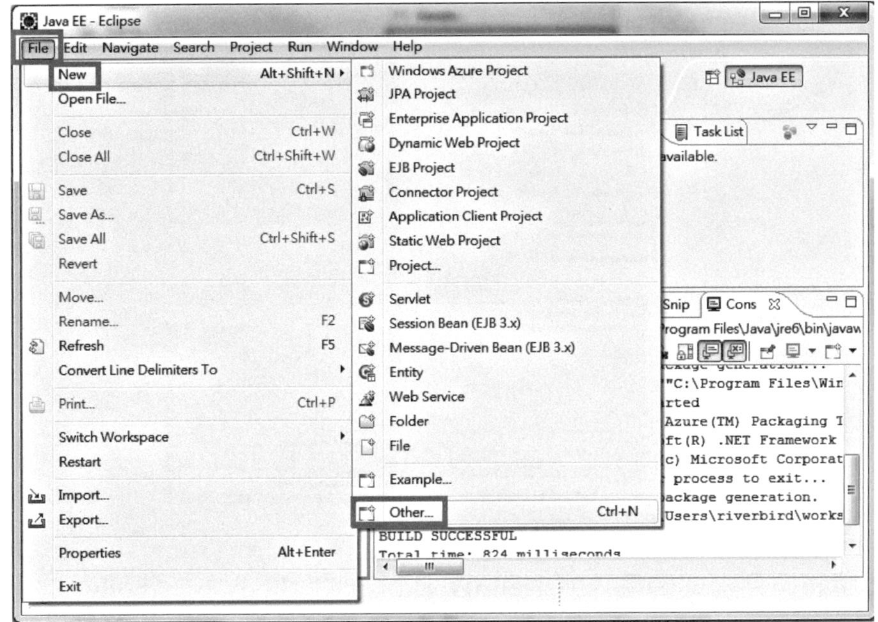

圖 11.46　選擇 JSP File 畫面

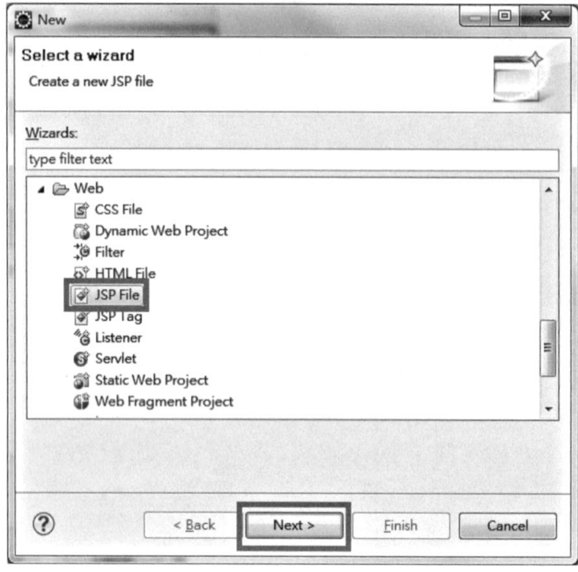


圖 11.47　將 JSP 檔置於 approot 目錄下並取名

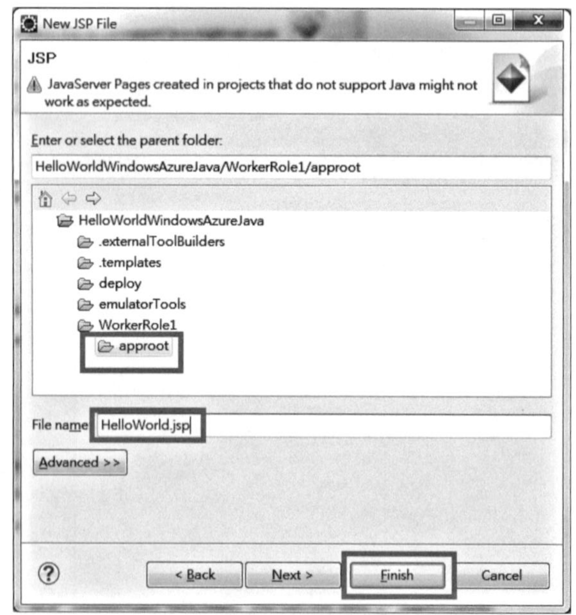


請將下列程式碼輸入到 HelloWorld.jsp 的 <body>…</body> 之間並存檔：

```
<%!
        public String GetString() {
            return "\"Hello World\"";
        }
%>
The Java Server is Running = <%= GetString() %>
```

此段程式碼為最後執行 HelloWorldWindowsAzureJava 專案時，透過 apache-tomcat 網頁伺服器所看到的結果，其網頁顯示結果為「The Java Server is Running = “Hello World”」。

接著，請由 Project Explorer 進入 HelloWorldWindowsAzureJava 專案目錄樹下的 WorkerRole1/approot/util，並找到 startup.cmd，按右鍵點選「Open With/Text Editor」（參見圖 11.48）。

圖 11.48　開啟 startup.cmd 畫面

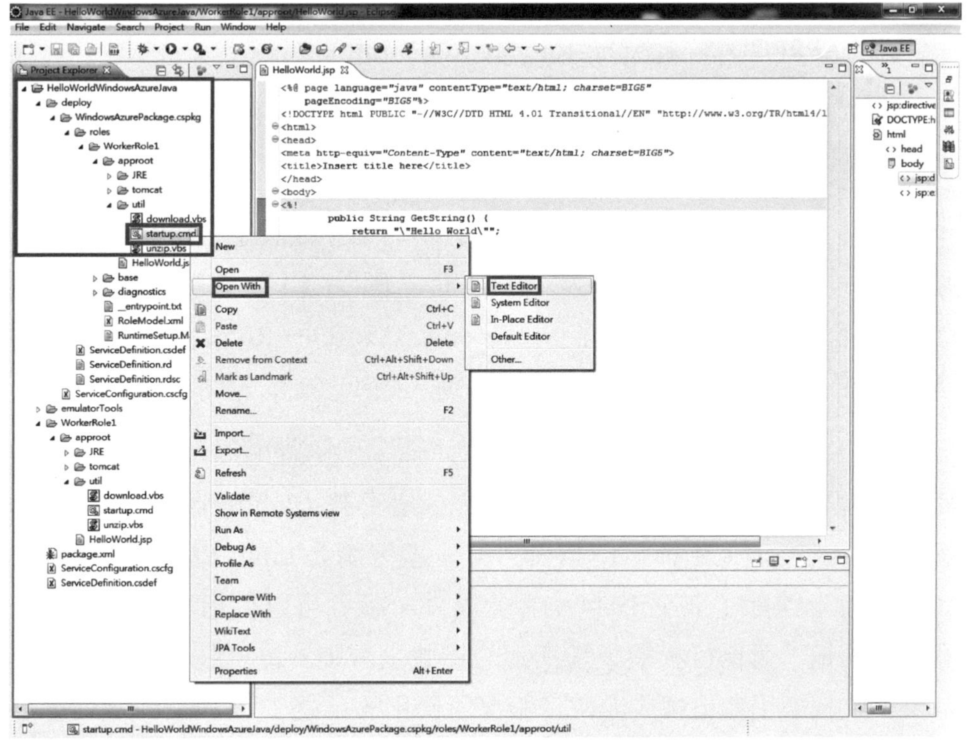

輸入下列程式碼（附註：使用者需注意下載的軟體或套件版本號會與 startup.cmd 內的有所不同，請使用者針對所下載的套件版本號做修改）：

```
SET APPROOT=%CD%

@REM unzip Tomcat
cscript /B /Nologo %APPROOT%\util\unzip.vbs Tomcat\apache-tomcat-7.0.16-windows-x86.zip %APPROOT%
 @REM unzip JRE
cscript /B /Nologo %APPROOT%\util\unzip.vbs JRE\jre6.zip %APPROOT%
 @REM copy project files to server
md %APPROOT%\apache-tomcat-7.0.16\webapps\myapp
copy %APPROOT%\HelloWorld.jsp %APPROOT%\apache-tomcat-7.0.16\webapps\myapp
 @REM start the server
cd %APPROOT%\apache-tomcat-7.0.16\bin
set JRE_HOME=%APPROOT%\jre6
startup.bat
```

完成上述設定之後，接著將針對專案的屬性做設定，請從 Project → Properties（圖 11.49）進入設定介面（圖 11.50）。使用者可在圖 11.50 畫面左側的選項中找到「Windows Azure → Roles」屬性，選擇「WorkerRole1」後請點選「Edit」，並進入圖 11.51 的畫面。

圖 11.51 的介面可以設定專案在執行時所使用的端點 (Endpoints)，其中包含名稱 (Name)、型態 (Type)、公有阜號 (Public Port) 與私有阜號 (Private Port)。名稱可由讀者自訂；型態請設 input；公有阜號請設 80；私有阜號除了 0 至 1024（含）以外，讀者可自行指定。在此要提醒讀者的是，可自行上網查詢指定的阜號是否屬於特定服務的阜號，若是，則建議使用者更換成非特定服務所使用的阜號。

完成上述屬性設定後，按下「OK」。接著，點選工具列的 Build All

圖 11.49　專案屬性設定介面

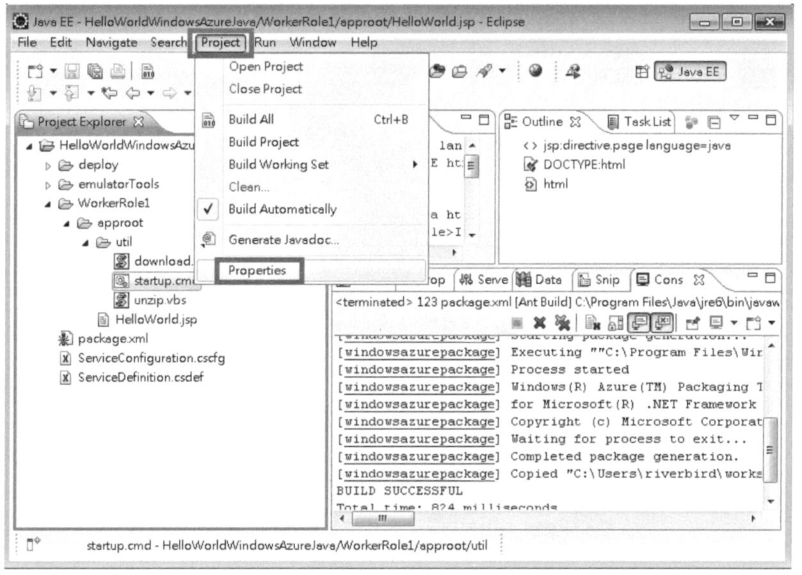

圖 11.50　編輯 WorkerRole1 屬性

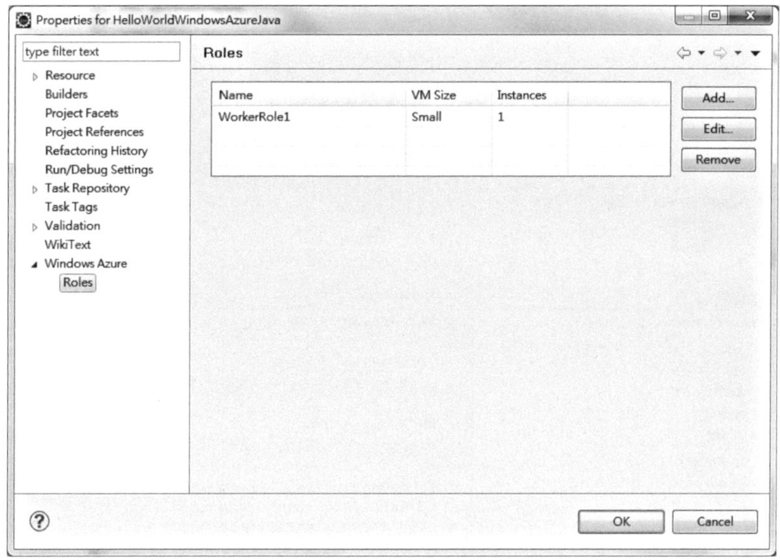

（圖 11.52），或點選上方列表中 Project 選擇 Build All（圖 11.53），使用者即可開始建立專案。

建立成功後，即可於畫面左側的目錄樹中，deploy 目錄下看到一些新的檔案與目錄產生（圖 11.54）。

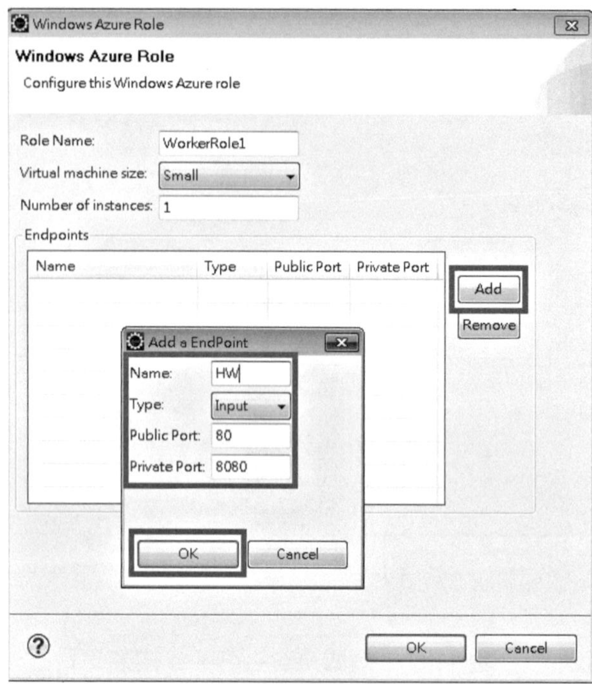


圖 11.51　設定端點

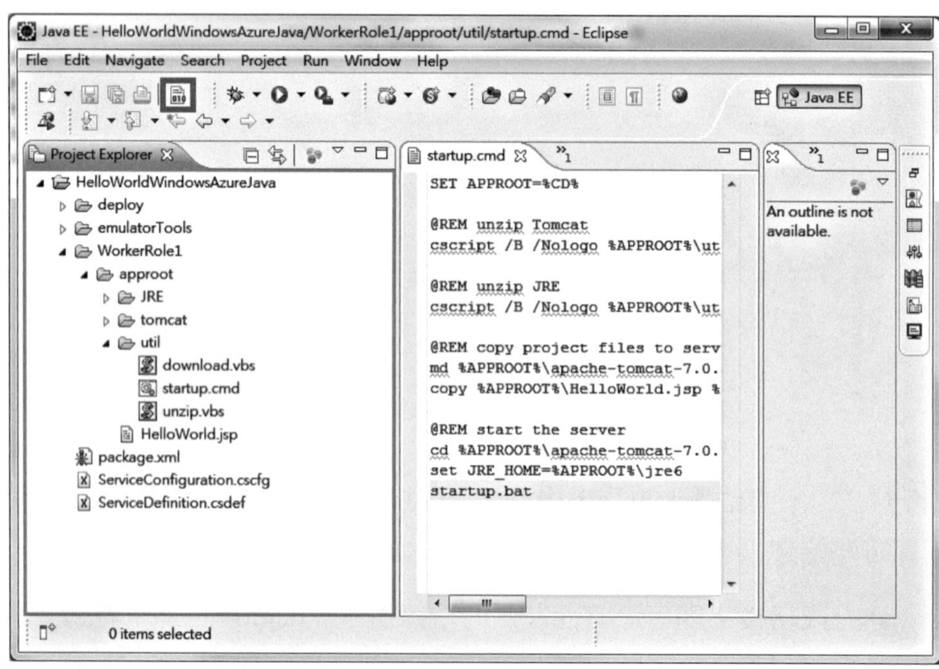


圖 11.52　工具列的 Build All

圖 11.53　Project → Build All

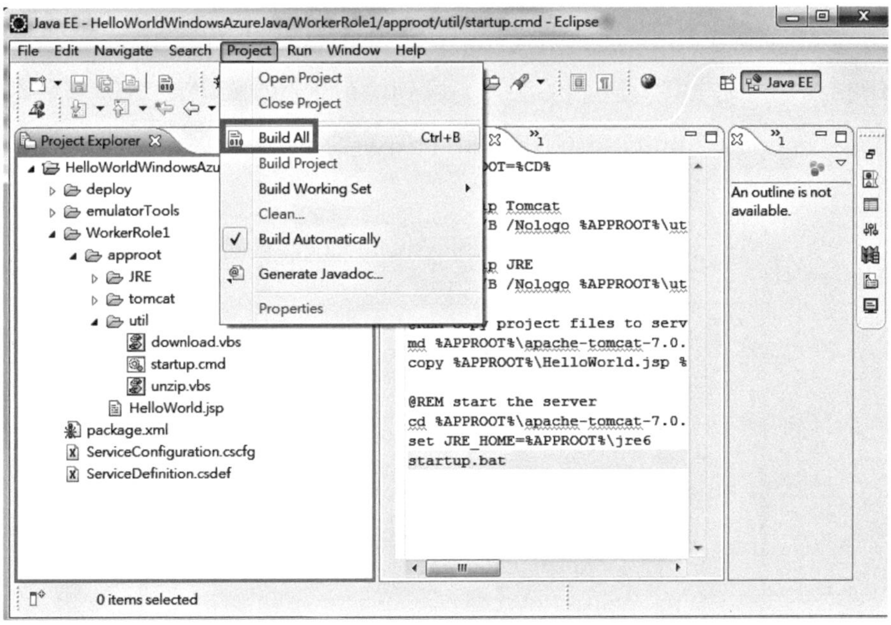

Java EE - HelloWorldWindowsAzureJava/WorkerRole1/approot/util/startup.cmd - Eclipse
File Edit Navigate Search Project Run Window Help
Open Project
Close Project
Build All Ctrl+B
Build Project
Build Working Set
Clean...
Build Automatically
Generate Javadoc...
Properties
Java EE
Project Explorer
HelloWorldWindowsAzu
deploy
emulatorTools
WorkerRole1
approot
JRE
tomcat
util
download.vbs
startup.cmd
unzip.vbs
HelloWorld.jsp
package.xml
ServiceConfiguration.cscfg
ServiceDefinition.csdef
An outline is not available.
@REM start the server
set JRE_HOME=%APPROOT%\jre6
startup.bat
0 items selected

圖 11.54　建置完成後的 deploy 目錄

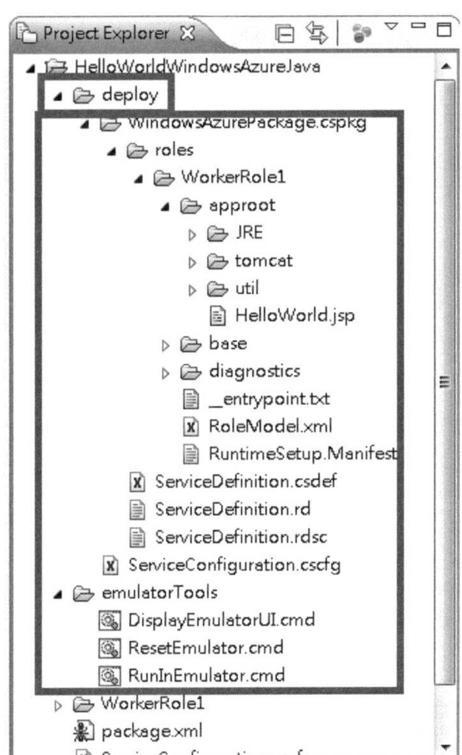

Project Explorer
HelloWorldWindowsAzureJava
deploy
WindowsAzurePackage.cspkg
roles
WorkerRole1
approot
JRE
tomcat
util
HelloWorld.jsp
base
diagnostics
__entrypoint.txt
RoleModel.xml
RuntimeSetup.Manifest
ServiceDefinition.csdef
ServiceDefinition.rd
ServiceDefinition.rdsc
ServiceConfiguration.cscfg
emulatorTools
DisplayEmulatorUI.cmd
ResetEmulator.cmd
RunInEmulator.cmd
WorkerRole1
package.xml

使用者可點擊目錄樹中 emulator Tools 下的 RunInEmulator.cmd（圖 11.55），Eclipse 便會自動與 Windows Azure SDK 連結和溝通。接著，使用者可從 Windows 桌面工具列中的 Windows Azure SDK 圖示觀看運作的情形，亦即對桌面右下角工具列中的 SDK 圖示按右鍵，並選擇「Show Compute Emulator UI」（圖 11.56）。

圖 11.55　點選 RunInEmulator.cmd 畫面

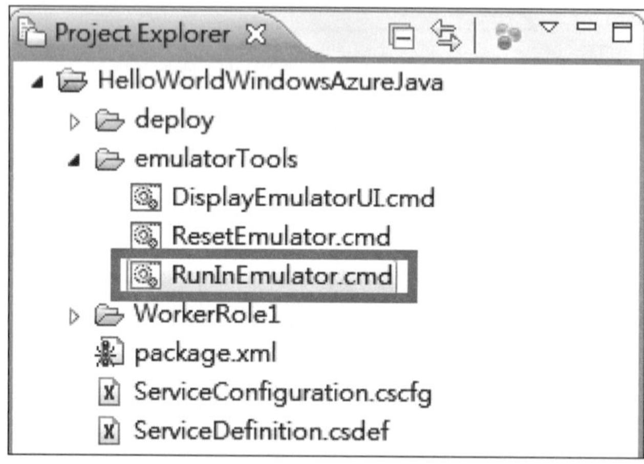


圖 11.56　點選 Show Compute Emulator UI 畫面

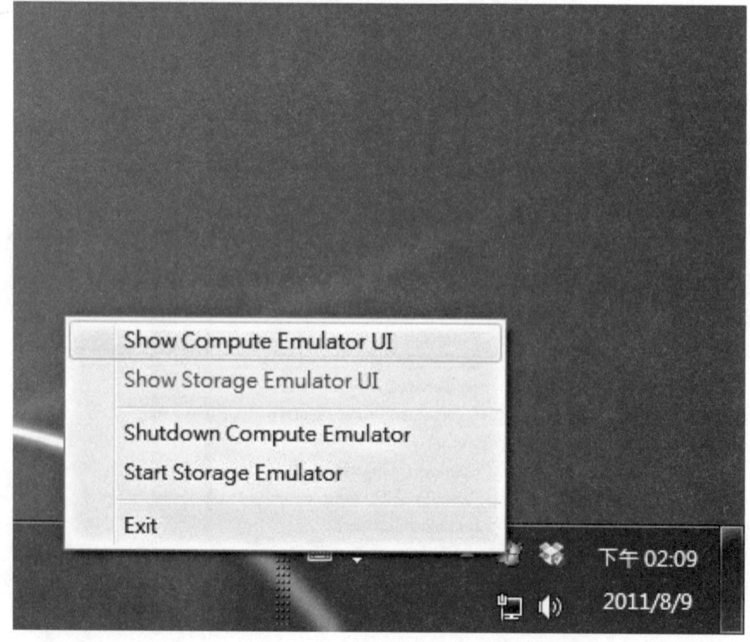

接著會出現圖 11.57 的畫面。其中，右側的訊息視窗若出現 Role State Started，表示讀者的 Windows Azure for Java 已成功執行。

使用者開啟網頁瀏覽器並輸入網址 http://localhost:8080/myapp/HelloWorld.jsp，即可看到 HelloWorld.jsp 的內容（圖 11.58）。

使用者透過此章可以練習如何發布 Windows Azure Platform 最簡易的專案，並透過外部程式（如 PHP、Java）操作 Windows Azure Platform 專案，每一個步驟都有搭配圖片說明詳細的操作流程，讓使用者可以快速領略到 Windows Azure Platform 的奇幻魅力。

圖 11.57　執行成功畫面

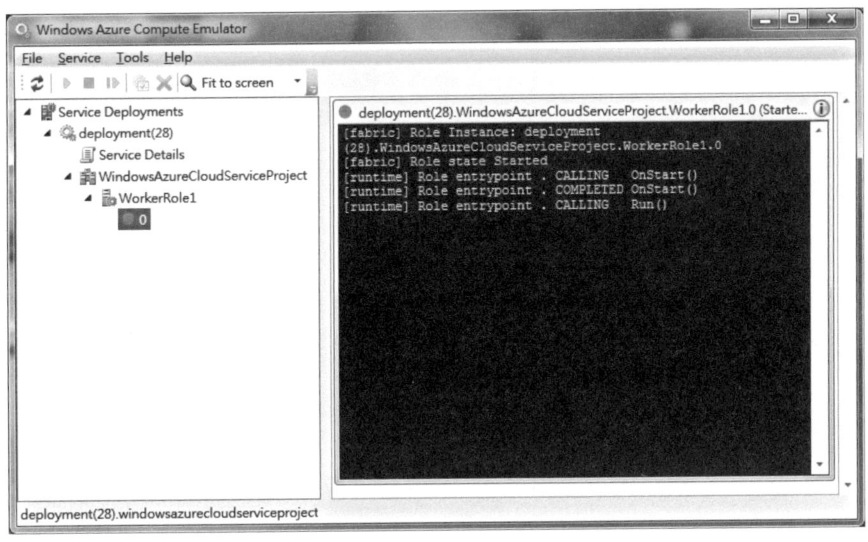


圖 11.58　成果網頁

## 習　題

1. 請依照流程創建個人的 Windows Azure Platform 帳號。
2. 請使用個人的 Windows Azure Platform 帳號，創建個人的虛擬機器。
3. 請嘗試在你的 Windows Azure Platform 上撰寫第一支程式「Hello World!!!」。
4. 請發布你的第一支程式「Hello World!!!」至 Windows Azure Platform。

第十二章

# Windows Azure 程式撰寫導引



本章主要說明如何撰寫一個簡易的 Windows Azure 應用程式，內容包括每位程式開發人員都會撰寫的第一支程式 Hello World!!、如何實作並展示開發人員撰寫的 Windows Azure 程式，以及如何與 Microsoft 所開發的另一套強大的服務 SQL Service 結合，開發更具多元化的 Windows Azure 應用程式，例如帳密確認系統、簡易記帳系統等。讀者甚至可以加入各種巧思與想法，撰寫出獨樹一格的 Windows Azure 應用程式。以下將以簡易但詳細的範例 Hello World!!，帶領讀者深入 Windows Azure的程式設計，讓你更進一步領略Windows Azure的魔力。

Azure 雲端服務目前都只能在 Microsoft 所設立的資料中心執行，雖然 Microsoft 提供了優惠的免費試用方案讓使用者試用 Azure，但與其反覆地上傳網路後再執行，不僅枯燥無味，更顯得不便利，因此若能先在本地端機器上簡單測試過應用程式與服務的可用性，對開發人員而言，不但省下上傳的時間，更能夠快速地修改應用程式以符合需求。另外，不同地區的使用者也能夠利用 Windows Azure 線上執行的方式，與跨地區的程式設計者或使用者做最直接的溝通，省時、省力又方便。

為此 Microsoft 發布了 Windows Azure SDK 與 Visual Studio Tools for Windows Azure 兩套開發工具，並提供 Windows Azure 模擬環境，可讓開發人員先在自己的機器模擬執行結果。基本上，只要能夠在本地端的環境中執行成功，在遠端的 Windows Azure Platform 上通常也都暢通無阻。

## 12.1 Hello World!! 雲端程式寫作平台概觀

我們首先需要安裝 Windows Azure SDK 做為開發人員發展 Windows Azure 應用程式的開發平台，如果尚未安裝，請先上 Microsoft 官方網站搜尋，或者依照前面章節逐步執行即可。基本上，Windows Azure SDK 提供了以下工具：

- **Windows Azure SDK 文件**：這份文件說明 Windows Azure 上可利用的 API 及存取它們的方法，像是 Managed、Unmanaged 或 REST API 等。
- **Managed Assemblies**：支援 Windows Azure 應用程式開發。
- **Emulation**：一個模擬環境，可以模擬 Windows Azure 的執行環境，讓應用程式得以在本機上測試。

這些工具可以讓開發人員將完成的雲端應用程式打包，或是建置本機的模擬環境。除此之外，Microsoft 也特別針對使用 Visual Studio 的開發人員提供整合的工具套件，稱為 Visual Studio Tools for Windows Azure，它內含雲端的專案範本、自動化測試環境、自動化編譯及套件建立的功能，可以簡化 .NET 開發人員的時間成本，專注於雲端應用程式的開發。

若要使用 Visual Studio 來開發雲端程式，需要安裝 Visual Studio Tools for Windows Azure。以 Visual Studio 2010 為例，如果你尚未安裝 Visual Studio Tools for Windows Azure，則新增一個雲端專案的畫面應如圖 12.1 所示。點選「啟用 Windows Azure Tools」後，將會進入下載 Windows Azure Tools 的頁面（如圖 12.2 所示）。

圖 12.1 新增雲端專案（尚未安裝 Windows Azure Tools）

圖 12.2 下載與安裝 Windows Azure Tools

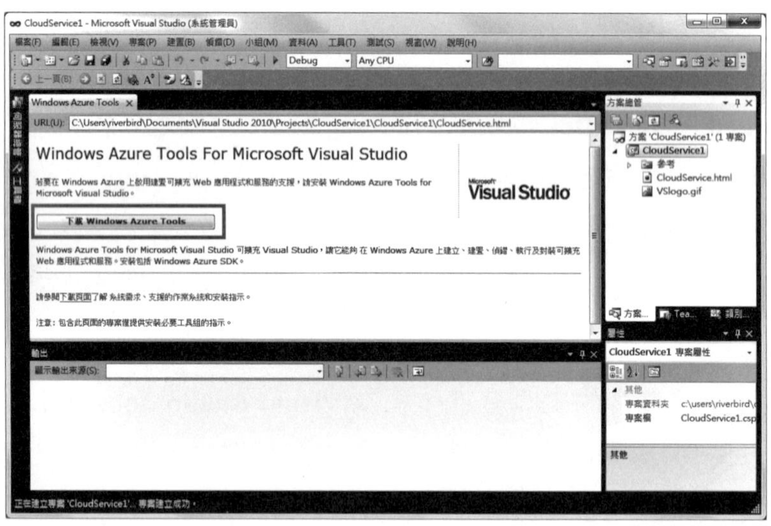

點選「下載 Windows Azure Tools」並依循指示安裝。安裝完畢後，重新開啟 Visual Studio 並新增一個雲端專案，此時原本圖 12.1 頁面中的「啟用 Windows Azure Tools」就會變成圖 12.3 的「Windows Azure Project」。

此外，如果你的電腦沒有安裝 Microsoft Visual Studio，也可以直接從 Microsoft 官方的下載中心下載 Windows Azure Tools for Microsoft

Visual Studio。安裝完成後，就可以在「開始」→「所有程式」中找到「Microsoft Visual Web Developer 2010 Express」。開啟 Microsoft Visual Web Developer 2010 Express 一樣可以新增一個雲端專案，如圖 12.4 所示。

圖 12.3　新增 Windows Azure Project（安裝 Windows Azure Project 之後）

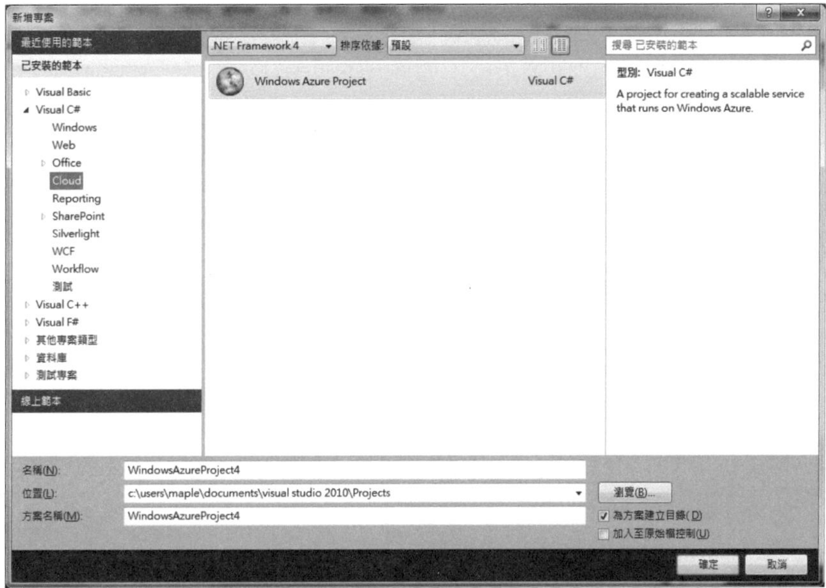


圖 12.4　利用 Microsoft Visual Web Developer 2010 Express 新增雲端專案

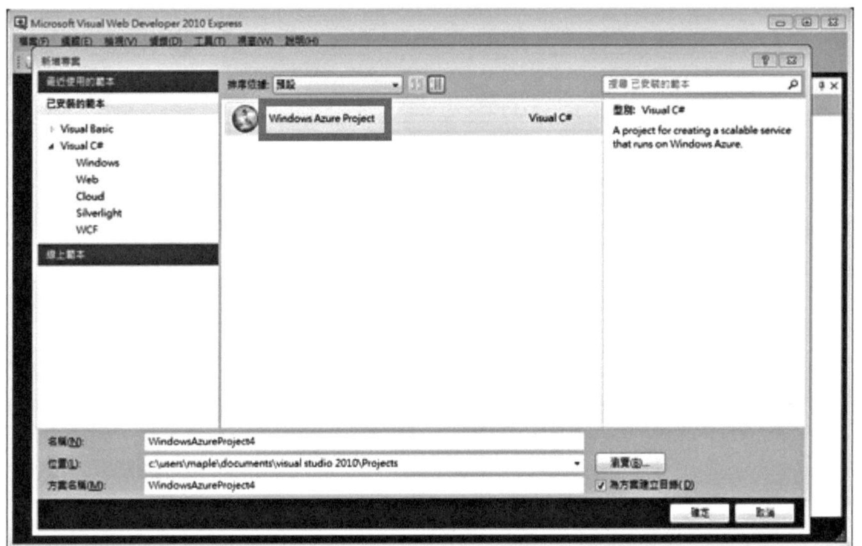

接著，由圖 12.4 中依序選擇 Virtual C# → Cloud → Windows Azure Project 後進入下一步，即可選擇想要的專案類型（如圖 12.5 所示）。

可以掛載在 Windows Azure 雲端的應用程式，依程式語言分類可分為 Visual Basic、Visual C# 和 Visual F# 三種。這三種不同的程式語言和不同的 Visual Studio 版本建立在雲端應用程式上的專案功能說明，可參見表 12.1。

圖 12.5　選擇專案類型

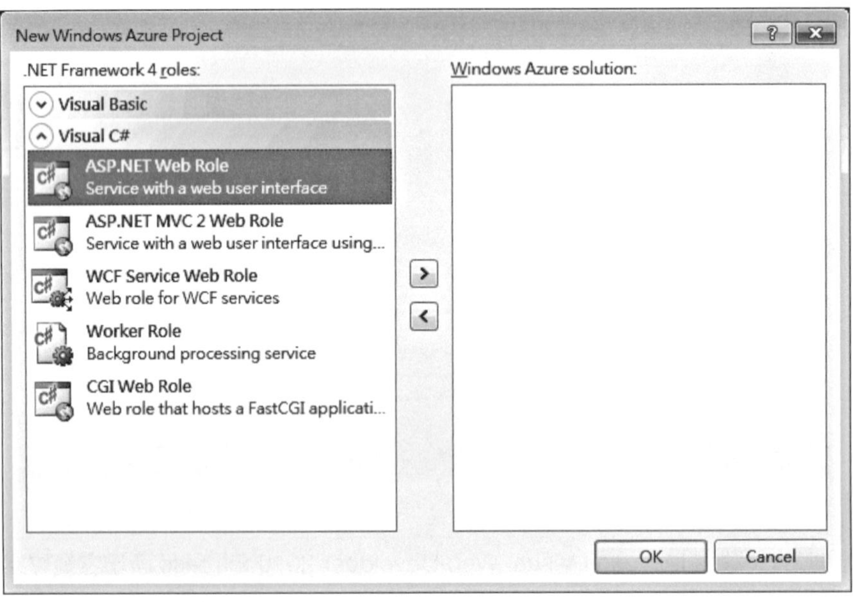


表 12.1　不同程式語言與不同版本 Visual Studio 的雲端專案範本

| 專案類型 | 功能說明 | VB | C# | F# |
|---|---|---|---|---|
| ASP.NET Web Role | 使用 ASP.NET Web Application Project 專案類型的 Web Role 應用程式 | 2008<br>2010 | 2008<br>2010 | 無 |
| ASP.NET MVC 2 Web Role | 使用 ASP.NET MVC 2.0 專案類應用程式 | 2010 | 2010 | 無 |
| WCF Service Web Role | 做為 WCF Hosting 的 Web Role 應用程式 | 2008<br>2010 | 2008<br>2010 | 無 |
| Worker Role | 做為背景執行服務的應用程式 | 2008<br>2010 | 2008<br>2010 | 2010 |
| CGI Web Role | 可掛載非 ASP.NET 執行引擎（如 PHP/Perl/CGI）的 Web Role 應用程式 | 2008<br>2010 | 2008<br>2010 | 無 |

Windows Azure 專案建立完成後，Visual Studio 所呈現的專案結構如圖 12.6 所示。由圖中可以看到，Windows Azure 專案中包含了服務定義檔 (ServiceDefinition.csdef) 與服務組態檔 (ServiceConfiguration.csdef)。Windows Azure 專案是一個讓開發人員設定雲端應用程式部署單位的專案，會提供給 cspack.exe（Windows Azure SDK 中的服務封裝工具）足夠的參數，讓它可以將應用程式封裝為 Windows Azure 封裝檔，以便開發人員上傳到 Windows Azure Platform。

到此已建置完成 Windows Azure 程式的模擬環境及 Windows Azure 專案，下一小節將帶領讀者使用前面建置完成的 Windows Azure 專案撰寫 Windows Azure 程式。

圖 12.6　新增完成後的 Windows Azure 專案結構

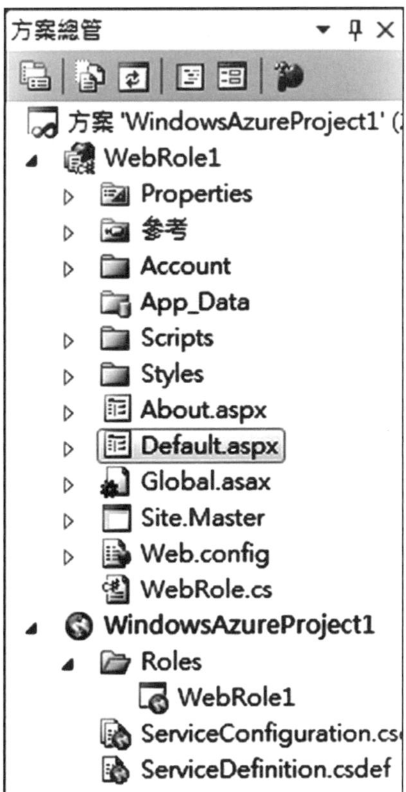

## 12.2 Windows Azure 程式實作展示

通常在程式語言的學習中，最早學會的就是撰寫一個 Hello World。在此將為各位展示該如何從零開始建立一個專案，並在本機端透過 Windows Azure 的模擬環境來模擬於 Windows Azure 上運行的結果。

要開啟 Windows Azure 的模擬功能，必須以系統管理員身分來執行 Visual Studio 2010（參見圖 12.7），否則在執行模擬功能時將會遇到警告，並要求以系統管理員身分重新開啟 Visual Studio 2010。

開啟後，請按照先前步驟新增 Windows Azure 專案，接著選擇專案類型，此時請選擇 ASP.NET Web Role，新增完成後會顯示如圖 12.8 的專案清單。

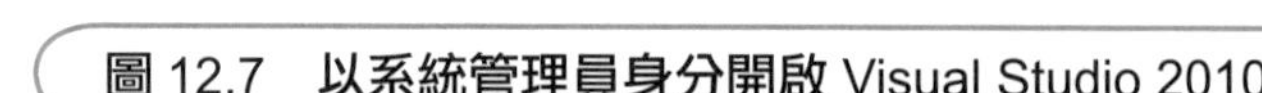

圖 12.7　以系統管理員身分開啟 Visual Studio 2010

圖 12.8　專案清單

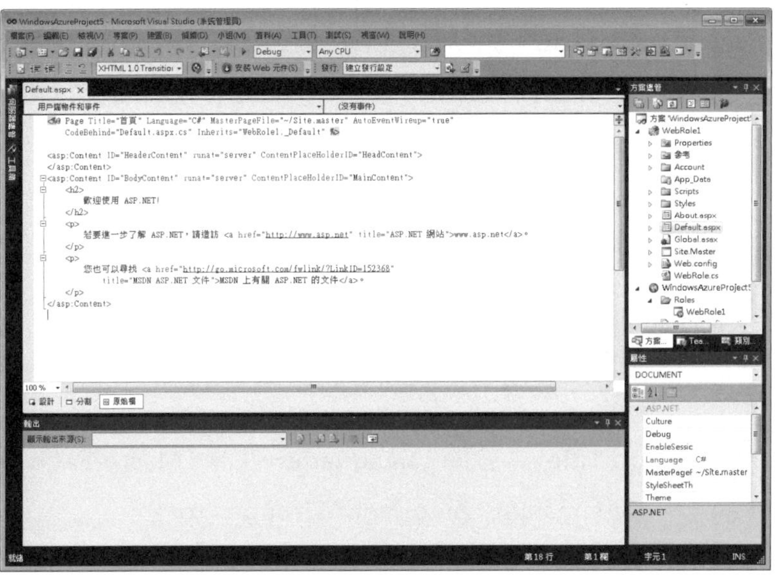

然後，在方案總管開啟 Default.aspx，檔案內容顯示如下：

```
<%@ Page Title=“ 首頁 ” Language=“C#” MasterPageFile=“~/Site.master” AutoEventWireup=“true”
    CodeBehind=“Default.aspx.cs” Inherits=“WebRole1._Default” %>
<asp:Content ID=“HeaderContent” runat=“server” ContentPlaceHolderID=“HeadContent”>
</asp:Content>
<asp:Content ID=“BodyContent” runat=“server” ContentPlaceHolderID=“MainContent”>
    <h2>
        歡迎使用 ASP.NET!
    </h2>
    <p>
    若要進一步瞭解 ASP.NET，請造訪 <a href=“http://www.asp.net” title=“ASP.NET 網站 ”>www.asp.net。</a>
    </p>
```

```
12.     <p>
13.     你也可以尋找 <a href="http://go.microsoft.com/
        fwlink/?LinkID=152368"
14.       title="MSDN ASP.NET 文件 ">MSDN 上有關 ASP.NET 的
          文件 </a>。
15.     </p>
16. </asp:Content>
```

接著，請於標籤第 8 行的 </h2> 後加入：<p> Hello World form Windows Azure </p>。修改過後的內容如下所示：

```
01. <%@ Page Title=" 首頁 " Language="C#" MasterPage-
    File="~/Site.master" AutoEventWireup="true"
02.     CodeBehind="Default.aspx.cs" Inherits="WebRole1._
        Default" %>
03. <asp:Content ID="HeaderContent" runat="server" Content
    PlaceHolderID="HeadContent">
04. </asp:Content>
05. <asp:Content ID="BodyContent" runat="server" Content
    PlaceHolderID="MainContent">
06.     <h2>
07.       歡迎使用 ASP.NET!
08.     </h2>
09.     <p>
10.       Hello World from Windows Azure
11.     </p>
12.     <p>
13.       若要進一步瞭解 ASP.NET，請造訪 <a href="http://www.
          asp.net" title="ASP.NET 網站 ">www.asp.net。</a>
14.     </p>
15.     <p>
16.       你也可以尋找 <a href="http://go.microsoft.com/
          fwlink/?LinkID=152368"
```

```
        title="MSDN ASP.NET 文件 ">MSDN 上有關 ASP.NET
        的文件 </a>。
    </p>
</asp:Content>
```

儲存修改後的 Default.aspx，並按下 F5 開始進行偵錯。此時需稍等約一分鐘的編譯與部署時間。部署完成後，系統將會自動開啟瀏覽器，並顯示 Default.aspx 的網頁內容（圖 12.9）。

**圖 12.9　Hello World 的實際展示圖**

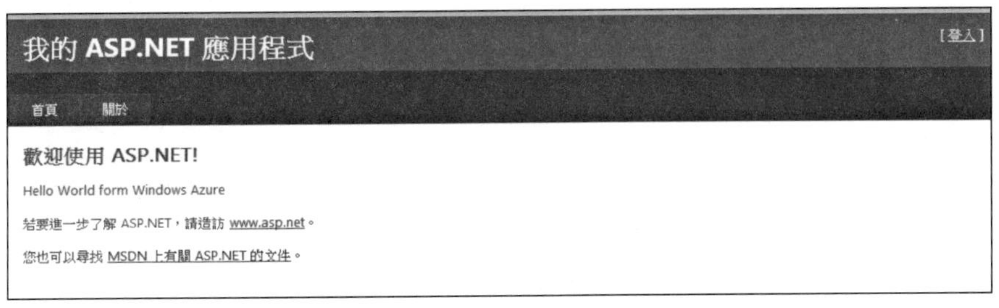


此時，你已完成了在 Azure 環境上的第一個專案，往後只要好好利用 ASP.NET 的語法與觀念，便能完成規模更大的專案。

接下來將介紹雲端背景工作角色 (Worker Role) 應用程式。首先，你必須先新增一個 Worker Role Project。如圖 12.10 所示，請對「方案總管」裡的 WindowsAzureProject 的 Roles 目錄按右鍵，並依序點選 Add → New Worker Role Project...。

然後會出現圖 12.11 的畫面，在新增專案的視窗裡，請選擇 Windows Azure → .NET Framework 4 → Worker Role → Virtual C# → Worker Role，選擇好後替 Worker Role 命名並按下「新增」，即可新增一個背景工作角色。

建立完成的背景執行應用程式專案如下所示：

```
using System;
using System.Collections.Generic;
using System.Diagnostics;
using System.Linq;
```

圖 12.10　新增 Worker Role Project

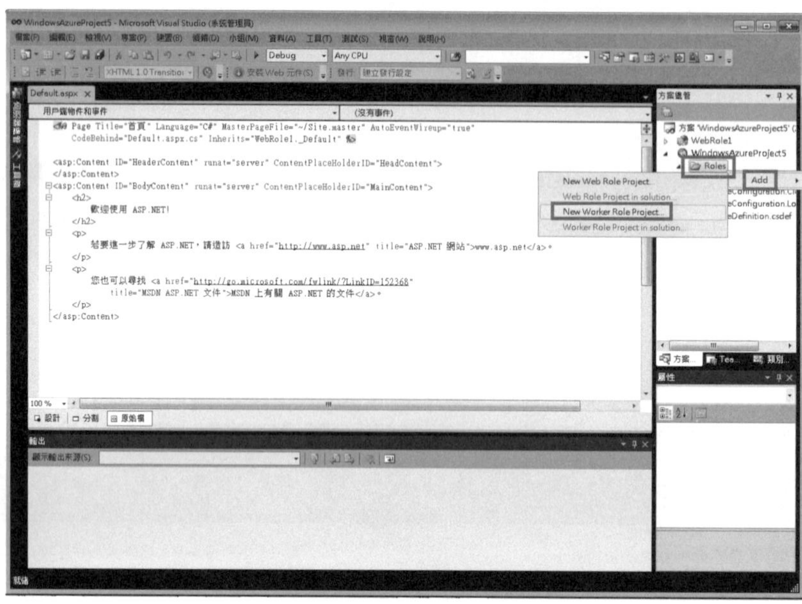


圖 12.11　新增背景工作角色

```
using System.Net;
using System.Threading;
using Microsoft.WindowsAzure;
using Microsoft.WindowsAzure.Diagnostics;
using Microsoft.WindowsAzure.ServiceRuntime;
using Microsoft.WindowsAzure.StorageClient;
using System.ServiceModel.Activation;
```

```
using System.ServiceModel.Description;
using System.ServiceModel.Channels;
using System.ServiceModel.Web;
namespace WorkerRole2
{
    public class WorkerRole : RoleEntryPoint
    {
        private WebServiceHost ServiceHost = null;
        public override void Run()
        {
            // This is a sample worker implementation. Replace with your logic.
            Trace.WriteLine("WorkerRole2 entry point called", "Information");

            while (true)
            {
                Thread.Sleep(10000);
                Trace.WriteLine("Working", "Information");
            }
        }
        public override bool OnStart()
        {
            ServicePointManager.DefaultConnectionLimit = 12;

            return base.OnStart();
        }
    }
}
```

接著，請於 WorkerRole 中新增四個 WCF 類別庫的參考：System.ServiceModel、System.ServiceModel.Web、System.ServiceMdoel.

Activation 與 System.ServiceModel.Channels（圖 12.12），完成後會在方案總管看到先前新增的 WCF 類別庫參考（圖 12.13）。

然後，請對 WorkerRole 專案按右鍵→加入→新增→ Visual C# 項目→程式碼→類別，替此類別命名為「HelloWorldFormWorkRole.cs」，並

圖 12.12　加入 WCF 類別庫的參考

圖 12.13　新增類別庫後專案中 WorkerRole 的參考

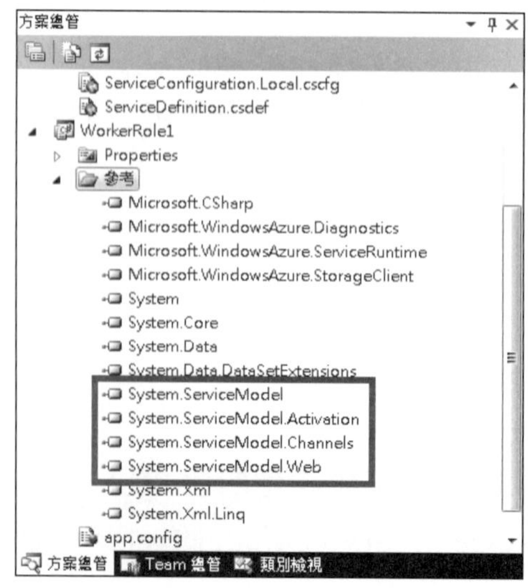

按下「新增」創造類別，將下列程式碼取代 HelloWorldFormWorkRole.cs 預設的程式碼並存檔：

```
using System;
using System.Collections.Generic;
using System.Linq;
using System.Text;
using System.ServiceModel;
using System.ServiceModel.Web;

namespace workerRole_2
{
    [ServiceContract]
    public interface iService_1
    {
        [OperationContract,WebGet]
        string getMessage();
        [OperationContract, WebGet]
        string getSum();
    }

    class HelloWorldFormWorkRole : iService_1
    {
        public String getSum()
        {
            int sum = 0;
            int i = 0
            for( i = 1 ; i<10000 ;i++ ){
                sum = sum + i;
            }
            return sum.ToString();
        }
```

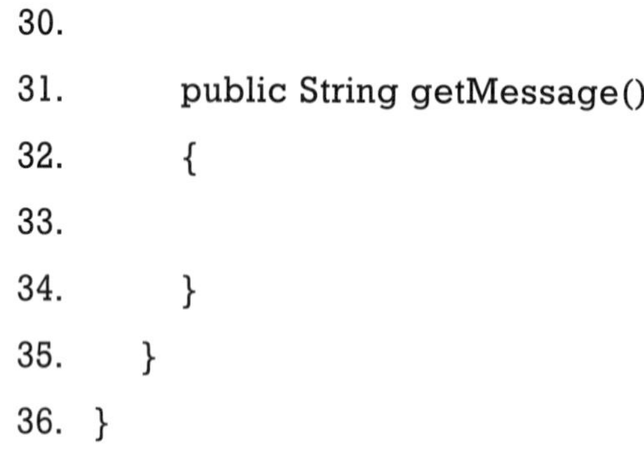

```

        public String getMessage()
        {

        }
    }
}
```

接下來，從專案總管中打開 WorkerRole 中的 app.config，將其下列組態設定加入後並存檔：

```
<?xml version="1.0" encoding="utf-8" ?>
<configuration>
    <system.diagnostics>
        <trace>
            <listeners>
                <add type="Microsoft.WindowsAzure.Diagnostics.DiagnosticMonitorTraceListener, Microsoft.WindowsAzure.Diagnostics, Version=1.0.0.0, Culture=neutral, PublicKeyToken=31bf3856ad364e35"
                    name="AzureDiagnostics">
                    <filter type="" />
                </add>
            </listeners>
        </trace>
    </system.diagnostics>
    <system.serviceModel>
        <behaviors>
            <serviceBehaviors>
                <behavior>
                    <serviceMetadata httpGetEnabled="true"/>
                </behavior>
```

```
            </serviceBehaviors>
        </behaviors>
        <protocolMapping>

            <add binding="wsHttpBinding" scheme="http"/>
        </protocolMapping>

    </system.serviceModel>
</configuration>
```

接著編輯 WorkerRole.cs 檔以完成整體服務。請打開 WorkerRole.cs 檔，並加入下列程式碼：

```
using System.ServiceModel.Activation;
using System.ServiceModel.Description;
using System.ServiceModel.Channels;
using System.ServiceModel.Web;
```

請在 WorkerRole.cs 中的「public override bool OnStart()」的前一行，加入下列類別成員變數：

```
Private WebServiceHost ServiceHost = null;
```

接著，在 OnStart 函式中「return base.OnStart();」的上一行加入下列程式碼：

```
this.myServiceHost = new WebServiceHost(typeof(HelloWorl
    dFormWorkRole), new Uri("http://localhost/Service/"));
this.myServiceHost.Open();
```

修改後的 WorkerRole.cs 程式碼如下，文字粗體且有底線的部分為前面增加的程式碼：

```
using System;
using System.Collections.Generic;
```

```
using System.Diagnostics;
using System.Linq;
using System.Net;
using System.Threading;
using Microsoft.WindowsAzure;
using Microsoft.WindowsAzure.Diagnostics;
using Microsoft.WindowsAzure.ServiceRuntime;
using Microsoft.WindowsAzure.StorageClient;
using System.ServiceModel.Activation;
using System.ServiceModel.Description;
using System.ServiceModel.Channels;
using System.ServiceModel.Web;
namespace workerRole
{
   public class WorkerRole : RoleEntryPoint
   {
      private WebServiceHost myServiceHost = null;
      public override void Run()
      {
         Trace.WriteLine(“workerRole entry point called”, “Information”);
         while (true)
         {
            Thread.Sleep(10000);
            Trace.WriteLine(“Working”, “Information”);
         }
      }
      public override bool OnStart()
      {
         ServicePointManager.DefaultConnectionLimit = 12;
   this.myServiceHost = new WebServiceHost(typeof(HelloWorldFormWorkRole), new Uri(“http://localhost/Ser-
```

```
        vice/"));
            this.myServiceHost.Open();
            return base.OnStart();
        }
    }
}
```

執行方式與執行 WebRole 的方式一樣，按下「開始偵錯」或鍵盤上的 F5 按鈕，此時 Windows Azure Compute Emulator 會開始執行 WorkerRole（圖 12.14），並將 WorkerRole 的執行過程列在圖 12.14 右邊的黑色視窗。

接著，開啟瀏覽器並輸入下列網址，以取得 WorkerRole 的回傳資訊：

http://127.0.0.1:8080/Service/getMessage

http://127.0.0.1:8080/Service/getSum

圖 12.14　WindowsAzure Compute Emulator 執行 WorkerRole

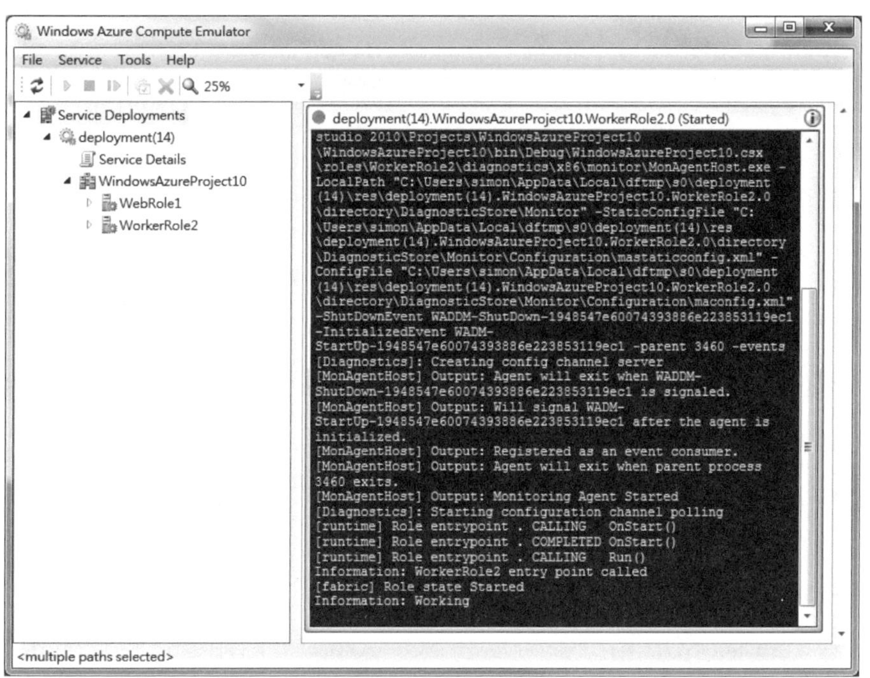

圖 12.15　WorkerRole 的 getMessage 的回傳資訊

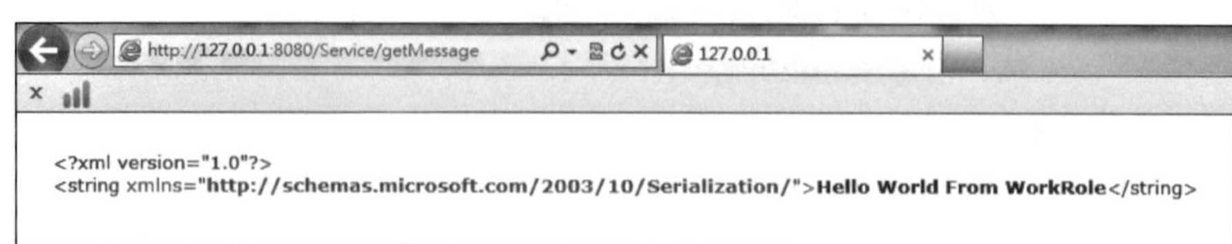
http://127.0.0.1:8080/Service/getMessage
127.0.0.1
<?xml version="1.0"?>
<string xmlns="http://schemas.microsoft.com/2003/10/Serialization/">Hello World From WorkRole</string>

圖 12.16　WorkerRole 的 getSum 的回傳資訊

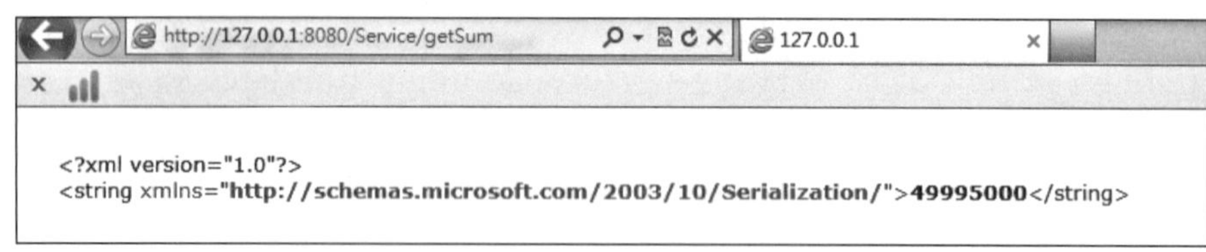
http://127.0.0.1:8080/Service/getSum
127.0.0.1
<?xml version="1.0"?>
<string xmlns="http://schemas.microsoft.com/2003/10/Serialization/">49995000</string>

若 WorkerRole 執行成功，代表背景程式有確實運作，而 getMessage 會回傳如圖 12.15 的畫面，getSum 則回傳如圖 12.16 的畫面。

## 12.3 Azure 與 SQL Service 的結合

Microsoft 過去就曾經成功地開發資料庫的案例，包括從行動裝置上的 SQL Server Compact Edition (CE)，到大型資料中心所使用的 SQL Server Datacenter，其中涵蓋了各種應用程式類型。到了現今雲端計算蓬勃發展的時代，在 Windows Azure 上，Microsoft 前後開發出兩種資料庫系統：Windows Azure Table 和 SQL Azure，但兩者在作法與概念上卻完全不同。以下針對這兩者做簡單的介紹：

- **Windows Azure Table**：可將單筆 XML 資料儲存在多台主機或伺服器裡，屬於分散式海量級資料儲存的一種，但無法達到彙總計算（時間複雜度過高）與 JOIN（判斷是否有重複資料）等功能。
- **SQL Azure**：初期的名稱是 SQL Server Data Services (SDDS) 及 SQL Services，是 Windows Azure 上可使用的關聯式資料庫管理系統 (RDBMS) 之一，而目前的商業應用程式有九成以上都是使用 RDBMS。SQL Azure 由 SQL Azure 團隊在 2009 年宣布開始支援 TDS 協定，絕大多數對資料庫的 Transact-SQL 指令都可以在 SQL Azure 上沿用，這也代表了使用

SQL Server 的資料庫應用程式幾乎可以無痛轉移到 SQL Azure 上。

在簡單介紹完兩種資料庫系統之後，當我們要使用 ADO.NET 連結 SQL Azure 資料庫與 Windows Azure 程式前，有幾點是需要注意的：

- 注意連結資訊是否過於薄弱，有心人士容易利用 SqlConnectionStringBuilder 類別來執行攻擊，意圖竊取帳戶的使用權與資料，因為該類別是利用字串的方式來傳遞連線資訊。詳細的資料可以參閱 ADO.NET 中的 Connection String Builders。
- 因為連線資訊是使用字串的方式儲存並傳遞，所以如果有設定欄位讓不同的使用者做資料庫連線（即多個使用者同時與資料庫進行連線），最好的方法是在程式碼中加密，避免因為頻繁的連線而造成安全上的漏洞。詳細的資訊可以參考 ADO.NET 中的 Protecting Connection Information。
- 為了確保連線安全無虞，透過網路使用 SQL Azure 時，可以開啟 ADO .NET 中的加密功能，並且設定 TrustServerCertificate 連線參數以符合使用者的連線需求，設定如下：

```
Encrypt = True;
TrustServerCertificate = False;
```

這兩項參數的設定可以確保連線是經過加密，且受到一定程度的保護。

以下我們將簡單介紹如何連線到 SQL Azure 資料庫。當然在使用 SQL Azure 之前，必須確定已經申請該項服務，或者所選擇的服務方案裡面包含了 SQL Azure。所要執行的動作將包含下列幾項：

1. 首先，在主應用程式中，我們利用 SqlConnectionStringBuilder 物件去連結 SQL Azure 資料庫，然後便可創建一個新的範例資料庫，並將其命名為 sampleDatabaseName。
2. 完成創立範例資料庫 (sampleDatabaseName) 之後，可以再次使用 SqlConnectionStringBuilder 物件進行連線。
3. 連結資料庫後，再次利用 SqlConnectionStringBuilder 物件傳遞出創

建的新資料表訊息，以建立新的資料表。

4. 最後，主應用程式便可取得資料庫中的資料表內容。

底下將逐步帶領你完成 SQL Azure 的操作：

1. 開啟 Visual Studio，創立一個新的主控應用程式。
2. 將步驟 4 提供的程式碼鍵入程式碼撰寫畫面。
3. 將連線資訊依序更改成所擁有的帳號資料：

   <ProvideUserName> 使用者名稱 (ex. loginname@servername)

   <ProvidePassword> 使用者密碼

   <ProvideServerName> 為連線的資料庫目標位址

   (ex. servername.database.windows.net)

   <ProvideDatabaseName> 為欲建立的資料庫名稱

4. 執行你的程式碼，即可完成資料庫連結與創立的動作。完整的程式碼如下：

```
using System;
using System.Collections.Generic;
using System.Linq;
using System.Text;
using System.Data.SqlClient;
using System.Data;
namespace Microsoft.SDS.Samples{
    class Program{
    // Provide the following information
        private static string userName = “<ProvideUser-
        Name>”;
        private static string password = “<ProvidePassword>”;
        private static string dataSource = “<ProvideServer-
        Name>”;
        private static string sampleDatabaseName = “<Provid-
        eDatabaseName>”;
```

```
static void Main(string[] args){
   // Create a connection string for the master database
   SqlConnectionStringBuilder connString1Builder;
   connString1Builder = new SqlConnectionString
   Builder();
   connString1Builder.DataSource = dataSource;
   connString1Builder.InitialCatalog = "master";
   connString1Builder.Encrypt = true;
   connString1Builder.TrustServerCertificate = false;
   connString1Builder.UserID = userName;
   connString1Builder.Password = password;
   // Create a connection string for the sample database
   SqlConnectionStringBuilder connString2Builder;
   connString2Builder = new SqlConnectionString
   Builder();
   connString2Builder.DataSource = dataSource;
   connString2Builder.InitialCatalog = sampleDatabase-
   Name;
   connString2Builder.Encrypt = true;
   connString2Builder.TrustServerCertificate = false;
   connString2Builder.UserID = userName;
   connString2Builder.Password = password;
   // Connect to the master database and create the
   sample database
   using (SqlConnection conn = new SqlConnection
   (connString1Builder.ToString())){
      using (SqlCommand command = conn.Create
      Command()){
         conn.Open();
         // Create the sample database
         string cmdText = String.Format("CREATE DATA-
         BASE {0}",sampleDatabaseName);
```

```
                command.CommandText = cmdText;
                command.ExecuteNonQuery();
                conn.Close();
            }
        }
        // Connect to the sample database and perform various operations
        using (SqlConnection conn = new SqlConnection(connString2Builder.ToString())){
            using (SqlCommand command = conn.CreateCommand()){
                conn.Open();
                // Create a table
                command.CommandText = "CREATE TABLE T1(Col1 int primary key, Col2 varchar(20))";
                command.ExecuteNonQuery();
                // Insert sample records
                command.CommandText = "INSERT INTO T1 (col1, col2) values (1, 'string 1'), (2, 'string 2'), (3, 'string 3')";
                int rowsAdded = command.ExecuteNonQuery();
                // Query the table and print the results
                command.CommandText = "SELECT * FROM T1";
                using (SqlDataReader reader = command.ExecuteReader()){
// Loop over the results
                while (reader.Read()){
                    Console.WriteLine("Col1 : {0}, Col2 : {1}",reader["Col1"].ToString().Trim(),reader["Col2"].ToString().Trim());
```

```
                }
            }
            // Update a record
            command.CommandText = "UPDATE T1 SET Col2='string 1111' WHERE Col1=1";
            command.ExecuteNonQuery();
            // Delete a record
            command.CommandText = "DELETE FROM T1 WHERE Col1=2";
            command.ExecuteNonQuery();
            // Query the table and print the results
            Console.WriteLine("\nAfter update/delete the table has these records...");
            command.CommandText = "SELECT * FROM T1";
            using (SqlDataReader reader = command.ExecuteReader()){
                // Loop over the results
                while (reader.Read()){
                    Console.WriteLine("Col1：{0}, Col2：{1}",reader["Col1"].ToString().Trim(),reader["Col2"].ToString().Trim());
                }
            }
            conn.Close();
        }
    }
        Console.WriteLine("Press enter to continue...");
        Console.ReadLine();
    }
  }
}
```

## 12.4 Windows Azure 線上專案範例

接下來將為使用者介紹幾個已經開發完成的 Windows Azure 專案。

### 12.4.1 專案一：Windows Azure HelloFabric Sample

這是一個簡單的 Hosted Service 範例，主要示範在一個執行中任務 (Running Role) 的實例裡，網站任務 (Web Role) 與工作者任務 (Worker Role) 如何使用 Windows Azure Managed Library 進行互動。表 12.2 為 Windows Azure HelloFabric Sample 專案之詳細資訊。

表 12.2 Windows Azure HelloFabric Sample 專案之詳細資訊

| 版權 | Microsoft |
|---|---|
| 程式語言 | C# |
| 開發軟體 | Visual Studio 2010 |
| 技術 | Windows Azure |
| 最後更新日期 | 2011 / 04 / 24 |

執行步驟如下：

1. 至 http://code.msdn.microsoft.com/Windows-Azure-HelloFabric-007c5917 下載最新的程式碼。在網頁的左上角可以選擇下載範例的程式並解壓縮（如圖 12.17 所示）。
2. 接著，以「系統管理員身分」執行 Visual Studio 2010（如圖 12.18 所示）。

圖 12.17 下載範例專案

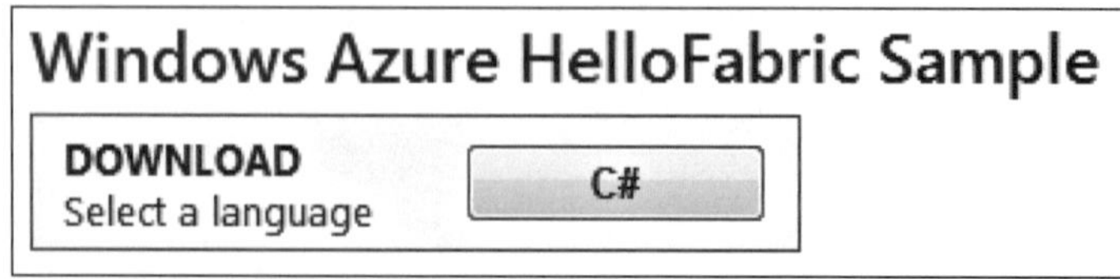


資料來源：擷取自 http://code.msdn.microsoft.com/Windows-Azure-HelloFabric-007c5917。

雲端程式設計：入門與應用實務

圖 12.18　以系統管理員身分執行 Visual Studio

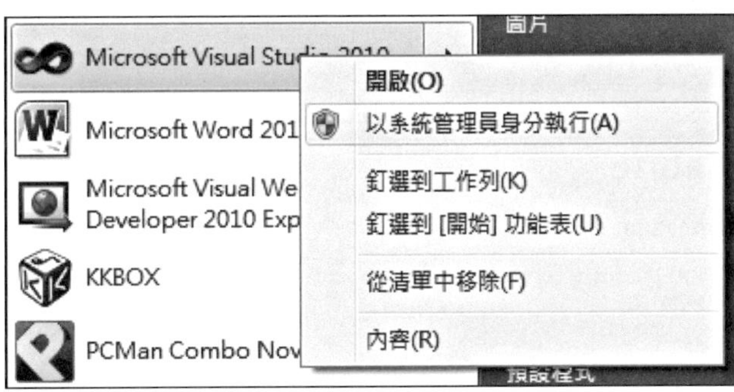


3. 從 Visual Studio 開啟 HelloFabric.sln（圖 12.19）。

4. 按下 F6 編譯專案。

5. 按下 F5 開啟 Debug。執行畫面如圖 12.20 所示。

圖 12.19　開啟 HelloFabric 專案

圖 12.20　Windows Azure HelloFabric 專案執行畫面

## 12.4.2　專案二：Azure Table Storage Paging

在表格儲存 (Table Storage) 上使用分頁 (Paging) 是一個很常見的狀況，因為表格儲存將分頁當作限制條件。本範例主要示範如何使用 MVC 應用程式達成前／後分頁 (Previous/Next Paging) 的動作。表 12.3 為 Azure Table Storage Paging 專案之詳細資訊。

表 12.3　Azure Table Storage Paging 專案之詳細資訊

| | |
|---|---|
| 版權 | Apache License, Version 2.0 |
| 程式語言 | C# |
| 開發軟體 | Visual Studio 2010 |
| 技術 | Windows Azure |
| 最後更新日期 | 2011 / 05 / 06 |

執行步驟如下（與專案一雷同）：

1. 至 http://code.msdn.microsoft.com/CSAzureTableStoragePaging-608a6a74 下載原始碼。

2. 解壓縮原始碼檔案。

3.「以系統管理員身分」執行 Visual Studio 2010。

4. 從 Visual Studio 2010 開啟 CSAzureTableStoragePaging.sln。

5. 按下 F6 編譯專案。

6. 按下 F5 開啟 Debug。執行畫面如圖 12.21 所示。

圖 12.21　Azure Table Storage Paging 專案之執行畫面

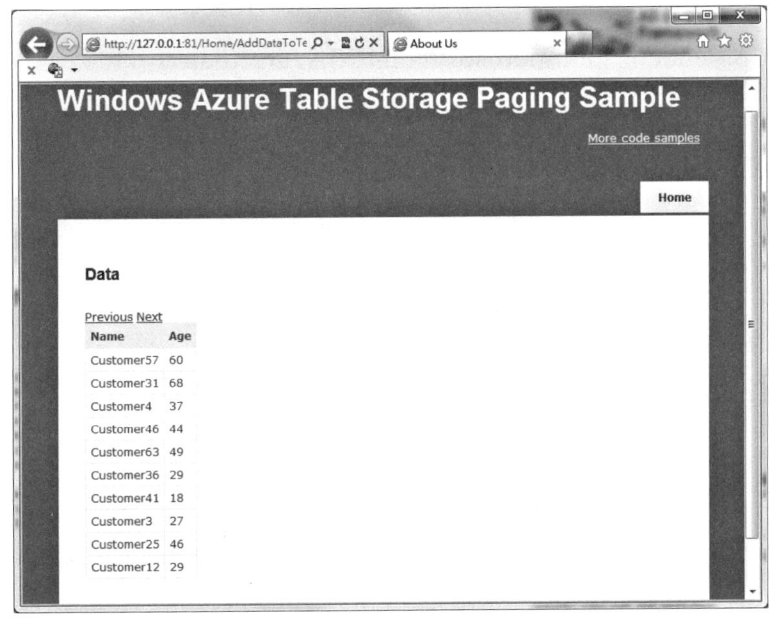

## 12.4.3 專案三：XBAP Client Interacts with WCF Service in the Cloud

在一個典型的雲端環境發展下，你可以放置一個網頁服務 (Web Service) 在雲端裡，從雲端散布用戶端的應用程式，以及透過用戶端應用程式發起使用者消費的服務。

客戶端 (Client) 應用程式是一個 XBAP 的應用，而雲端服務以 WCF 服務在 Windows Azure Web Role 裡做為主導服務的核心。表 12.4 為 XBAP Client Interacts with WCF Dervice in the Cloud 專案之詳細資訊。

表 12.4　XBAP Client Interacts with WCF Service in the Cloud 專案之詳細資訊

| 版權 | Apache License, Version 2.0 |
|---|---|
| 程式語言 | C# |
| 開發軟體 | Visual Studio 2010 |
| 技術 | Windows Azure |
| 最後更新日期 | 2011 / 05 / 06 |

執行步驟如下（與專案一雷同）：

1. 至 http://code.msdn.microsoft.com/CSAzureXbap-7b7f0020 下載原始碼。
2. 解壓縮原始碼檔案。
3.「以系統管理員身分」執行 Visual Studio 2010。
4. 從 Visual Studio 2010 開啟 CSAzureXbap.sln。
5. 按下 F6 編譯專案。
6. 按下 F5 開啟 Debug。執行畫面如圖 12.22 所示。

圖 12.22　XBAP Client Interacts with WCF Service in the Cloud 專案之執行畫面

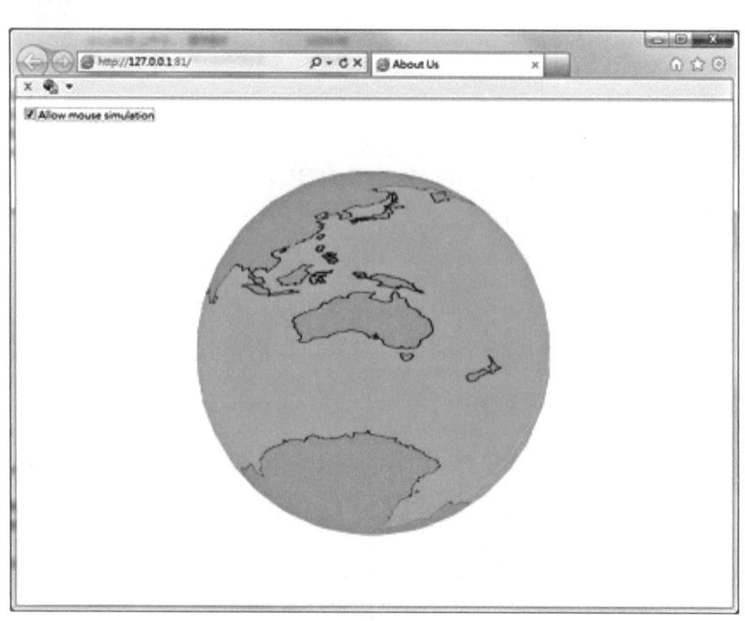

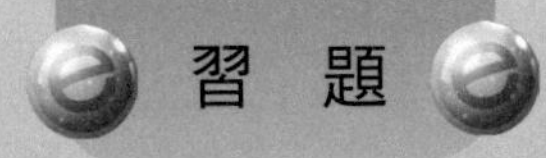


1. 請開發一個會使用到表格儲存的專案，例如帳密確認系統、簡易記帳系統等。
2. 請將習題 1 修改成以 SQL Azure 做為資料儲存方式的專案。

第十三章

# Windows Azure 的現在與未來



本章主要說明 Windows Azure Platform 的應用，內容包含 Windows Azure Platform 的線上應用服務，以及這些應用的發展方向。此外，併同說明目前有哪些開放的 App 可供使用者或程式開發者下載使用，以及該如何取得 App，並說明開放式的 App 所具有的功能。最後，則是探討 Windows Azure Platform 的未來發展走向。雲端已經是不可避免的趨勢，如何快速地進入雲端世界，將是這波科技浪潮的決勝點。透過多方的探討與觀點描述，讀者將可由本章切身地體驗到 Windows Azure Platform 的魔力。

Windows Azure Platform 的應用範圍可謂包羅萬象，除了已知的科技、教育、開發、管理及遊戲等領域之外，更有為數不少的商業應用仍然持續開發中。目前個人可取得的 Windows Azure Platform 應用雖然不多，但是以主流應用為基礎開發出的程式將是未來的導向。配合日趨完善的高速網路使用，很多例子都已經由想法轉化為現實，從不斷推陳出新的線上應用可見一斑。尤其在 Microsoft 的多面向市場需求支援下，應用程式與服務的開發只會與日俱增，除了個人使用的需求外，跨

國企業整合與個人商業應用也是幕後的推手，最終結果將會使應用程式的開發趨向於分散式的整合；如同以往的 ERP 模式，Windows Azure Platform 將在應用程式與網路服務之間掀起另一波的高潮，將夢想化為現實，以無垠的雲海開創嶄新的局面。

## 13.1 無遠弗屆的 Windows Azure Platform

如前所述，Windows Azure Platform 包含計算、網路和儲存資源等功能配置。透過 Windows Azure Platform，服務提供商和大型企業將能夠運行和管理自有的 Windows Azure Applications 及強大的資料庫 SQL Azure Data Sync。

目前雲端上有愈來愈多的應用程式被開發出來，它們可以透過 Windows Azure 發布到 Windows Azure Platform 上，供他人瀏覽使用或自行應用。使用者經由網際網路存取應用程式將是未來的趨勢。例如在雲端上運作的 Plurk API、透過雲端處理大型資料計算的 MapReduce 等，這些應用程式使用雲端上的服務、資料或是計算能力來進行運作或服務一般大眾。

當然重新開發全新的 Windows Azure Application 也是不錯的選擇，開發出來的新應用或服務可以交叉提供給不同的使用者使用，就如同大型的線上函式庫；不同的是，以往我們都將自己精心撰寫設計的函式留給自己，現在它們將以更強大、更便利、更複雜的方式生活在雲端環境中。例如，使用者執行某應用程式遇到 A 情況並採取方法 1，亦即可以是透過已經開發好的 API 服務去處理或彙整其他應用程式的訊息並回報；若使用者遇到 B 情況可採取方法 2，亦即可以重新啟動應用程式或是忽略 B 情況繼續執行等來處理。以下就 Windows Azure 中對於使用者在開發、設計、應用上有所裨益的多個工具加以彙整，這些小工具對於剛接觸 Windows Azure 的使用者而言，應當能夠提供一定的助益。

### Windows Azure SDK

Windows Azure SDK 能讓程式開發者更快速、更簡便地撰寫應用程式及應用程式所使用的 SDK。此外，應用程式還可透過 Windows Azure

SDK 來使用 Windows Azure Platform 的相關服務。Windows Azure SDK 內容包括讀者端文件資料、範例程式和相關文件，有支援的硬體設備包括 Windows Phone、iOS 以及在今 (2011) 年夏天將要發布的 Android。

### 適用於 Windows Phone 7 的 Windows Azure SDK

為了讓撰寫 Windows Phone 7 應用程式更容易，Microsoft 於今 (2011) 年上半年發布了適用於 Windows Phone 7 的 Windows Azure SDK。最新版本的 SDK 已在 2011 北美 Microsoft 技術大會上發布。其主要功能包括：

- 支援存取的方式控制 Web 服務 2.0（使用聯合帳號，如 Windows Live ID、Facebook、Google、Yahoo 和 ADFS）。
- 支援 Apple Push Notification 服務（原為 iOS 的 Windows Azure SDK）。
- 支援 Windows Azure 的儲存型資料結構佇列（First In First Out，先進先出）。
- 管理網路應用程式的 UI/UX 更新。
- 程式碼重建、簡化和除錯。

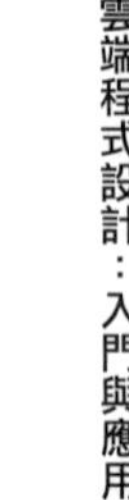


### 適用於 iOS 的 Windows Azure SDK

Windows Azure 也提供適用於蘋果 iOS 的 SDK（如圖 13.1 所示），此套件主要是讓 iOS 的開發者能更加有效地使用 Windows Azure 所提供的硬體設備，特別是與 Windows Azure 服務相呼應的 Objective_C（在 C 程式語言的基礎上加入物件導向的觀念與特性所擴充而成的新程式語言），其開放式原始碼及使用到 Objective_C 函式庫的範例程式都包含在裡面。讀者可以從 GitHub (https://github.com) 下載範例程式、說明文件及函式庫文件，來取得更多的詳細資訊。

### 適用於 Android 的 Windows Azure SDK

今 (2011) 年夏季後期，Android 開發者將以開發版的形式使用適用於 Android 系統的 SDK（如圖 13.2 所示）。所有的 SDK 都是免費的開放式原始碼。

圖 13.1　在 iOS 上的 Windows Azure

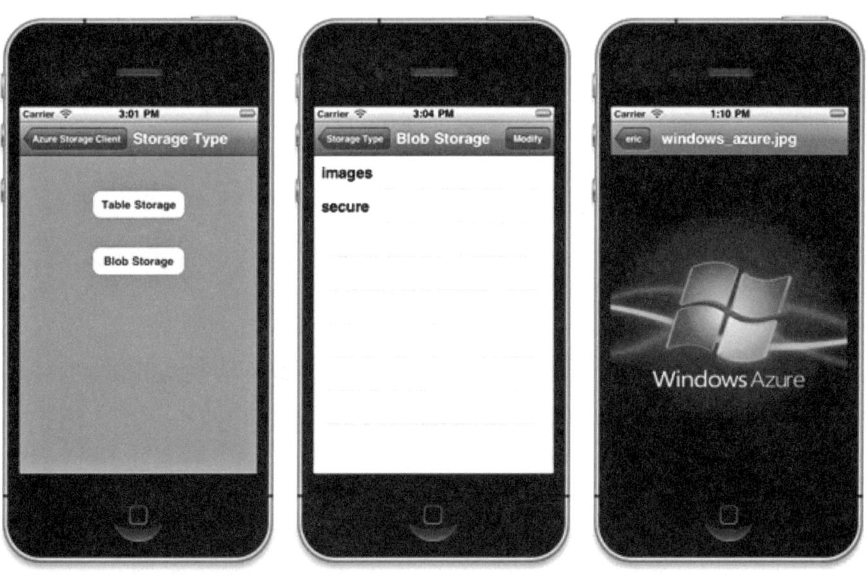


資料來源：擷取自 http://www.applesheet.com/download-microsoft-azure-toolkit-for-ios/28607/。

圖 13.2　在 Android 上的 Windows Azure

資料來源：擷取自 http://cellstechno.blogspot.com/2011/05/new-windows-azure-toolkits-for-ios.html。

## 13.1.1　使用 Windows Azure 開發 MapReduce

在雲端運算環境這種大型、甚至超大型的運算環境裡，雲端服務供應商無不希望將自己的資料中心散布在各個伺服器硬體內，並與虛擬機器中的資源整合成較低複雜度的邏輯化資源 (Logical Resource)，最後將使用者的資料與運算程序平均分散到不同的 CPU 和儲存設備，做計算與儲存等動作。以 Windows Azure 雲端環境來說，開發人員只需要將開發所需的集中力放在不同之 Windows Azure Storage 的 REST API 中即可，其背後極為複雜的存取與計算過程則交給雲端運算供應商負責。因此，雲端運算供應商採用的技術，基本上都要以大規模分散式運算 (Mass Distributed Computing) 與儲存為主來發展核心引擎，以支援大範圍與大規模的運算處理。

大型搜尋引擎通常是由數十台或數百台機器，可能是實體機器或虛擬機器所組成，它們同時彙整網路上來自各地的資料，接著輸出索引和排序的工作。若這種大量要求處理的工作只交由一台主機來處理，該台主機有極高的機率在短時間內出現中斷服務的情況，例如 CPU 處於高負載狀態、記憶體被占滿等。這類工作通常會採用大量分散式的運算方式來處理，以學術界而言，最常見的莫過於網格運算 (Grid Computing)，其中最知名的就是 MapReduce 分散式運算架構。

MapReduce 分散式運算架構是由 Google 的 Jeffrey Dean 和 Sanjay Ghemawat 所提出，主要精神是將多個獨立個體的元件或是工作，經過 Map 函式校正或透過 Reduce 函式將其分割並簡單化。

- Map 函式沒有單一定義，如低複雜性的四則運算或高複雜性的微積分等，都可以視為 Map 函式的定義，取決於使用者需要何種 Map 函式而定。而經過 Map 函式校正所產生的新元件或新工作均被儲存為獨立的個體，換言之，原先的元件或工作繼續存在，經過 Map 函式校正後的新元件或工作則另外存成全新的個體。
- Reduce 函式的定義是將一個複雜度較高的問題或工作切割成多個複雜度較低的問題或工作。例如，1 乘 9 等於 9，將問題簡單化後則變成 1 相加 9 次等於 9 (1+1+1+1+1+1+1+1+1=9)。當複雜度較低的問題得出解答後，則以遞迴的方式讓問題與答案回到複雜度較高的問題，以此得出該問題的解答。

在大型的運算環境中，若能夠將同一個工作切割成多個較小的資料區塊，並分配給不同的運算資源執行，再將所有的結果組合成最終輸出，會比在同一個運算單元中處理的速度快很多，因此被進一步地發展為適合大規模分散式運算的基礎演算法。很多主流的大規模分散式架構都利用 MapReduce 做為發展的藍本，Apache 的 Hadoop Framework 便是 MapReduce 的實作品之一。接下來將介紹 MapReduce 機制加入 Windows Azure Platform 後，其前後所形成的差異與架構的轉變，引導讀者對 MapReduce 做更進一步的瞭解與區分。

### 一般的 MapReduce

如圖 13.3 所示，MapReduce 中分為幾個不同的部分。當工作由使用者（或系統）指派時，監控程式會將資料切割成數塊，並分配給不同的 Process 進行處理（可以是本機中的 Process 或是分散在各地的虛擬

圖 13.3　傳統 MapReduce 架構圖

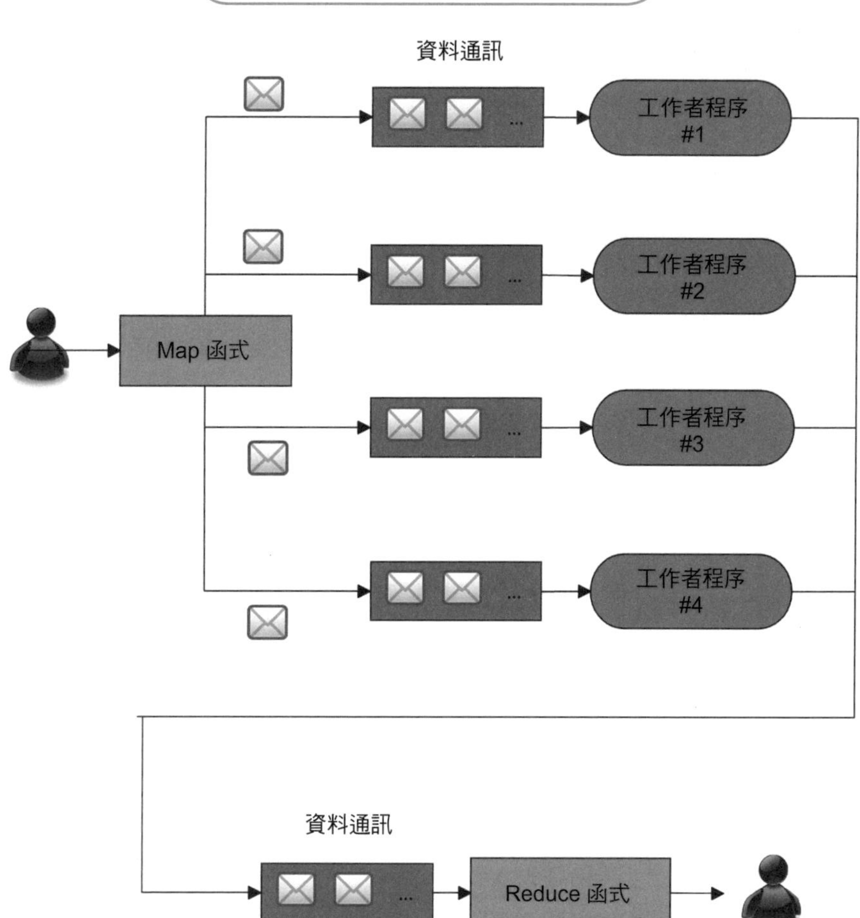


參考資料來源：參考自 http://msdn.microsoft.com/zh-tw/windowsazure/ff721941。

機器)。當各個 Process 完成自己的工作後，計算完成的子結果會由監控程式統一彙整成最後的結果，並將最後結果傳回給使用者（或系統）。這套工作流程非常適合巨量資料的分析、計算與處理。例如，若要在同一台電腦中於 1 TB 的文件裡找出某個單字的出現頻率，這對電腦的 CPU 和 I/O 都是沉重的負擔，但如果可以將這 1 TB 分散給十台電腦各自運算，每台運算電腦就只要面對原先十分之一的資料量，速度一定會比只有一台電腦處理 1 TB 的資料要快至少一倍。若分散給更多的電腦，每台電腦所需要處理的資料量將更少，處理速度也更快。

**與 Windows Azure 組合的 MapReduce**

前述針對 MapReduce 架構的討論，其實可以找出 MapReduce 所需的各種元素，包含發出指令與切割（或分配）資訊的 Map 函式、組合結果的 Reduce 函式、在不同行程間通訊的中介層，以及實際處理工作的核心指令等四個部分。以 Windows Azure Platform 的架構而言，實際處理工作的程序可以由 Worker Role 來擔任，而發出指令的 Map 函式和 Reduce 函式可裝載在 Web Role 或 Worker Role 中（如圖 13.4 所示）。通訊介面會涉及角色間之通訊 (Role Communication)，這可以選用 WCF 或 Windows Azure Platform 的 Queue Storage 來實作。若應用程式的切割處理較複雜，而且有可能傳輸大型資料時，使用 WCF 應是最佳的解決方案；但其開發的複雜度較高，且開發人員必須熟悉 WCF 的通訊架構。反之，若僅是傳輸小量資料，Queue Storage 或許比較適合；而且只需要存取 Queue Storage，其他部分交由 Windows Azure Platform 完成即可。

### 13.1.2 SQL Azure Data Sync

現在透過 Windows Azure 開發的應用程式大多都需要網際網路連線的環境才能執行，這對於想要開發應用程式卻無法使用網路的開發者而言，無疑是一大難題。於是，Microsoft 提出了 SQL Azure Data Sync，這是一套以 SQL Azure Database 同步處理資料的 SDK，並採用 Microsoft Sync Framework 2.0 技術。

Microsoft Sync Framework 是一個全面性的同步處理平台，可以處

圖 13.4 結合 Windows Azure 的 Map Reduce 架構圖

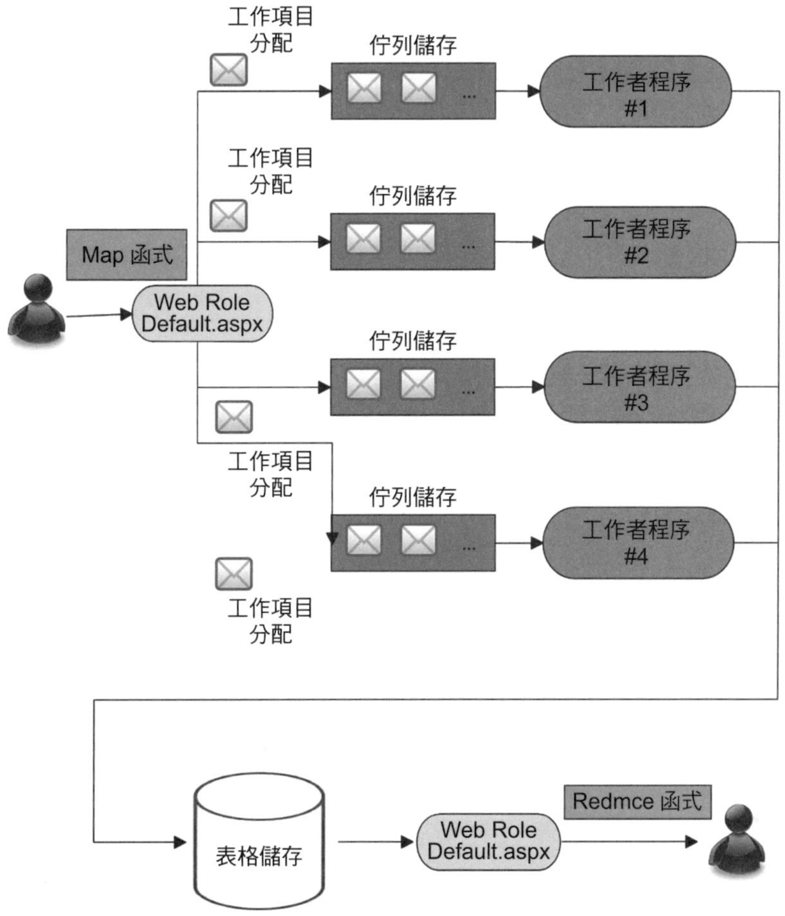


參考資料來源：參考自 http://msdn.microsoft.com/zh-tw/windowsazure/ff721941。

理各種應用程式、服務與裝置的協同作業和離線存取，並且可以和各種技術與開發工具結合使用，發展出多個應用方式，例如網路漫遊、使用者或伺服器共享資料，以及離線處理資料等。

開發人員可將 Microsoft Sync Framework 2.0 與 Microsoft Sync Framework Power Pack for SQL Azure November CTP 搭配使用，這樣的組合可達到以下功能：

- 將公司內部現有的 SQL Server 連結到 SQL Azure。
- 在 Windows Azure Platform 中建立新的應用程式時，不需要捨棄現有的公司內部應用程式。

● 離線使用 Windows Azure Platform 和 SQL Azure 的應用程式（類似 Outlook 的快取模式體驗）。

在此針對取得 SQL Azure Data Sync CTP 簡要說明如下：

1. 進入網站 https://sql.azure.com/，使用者可用 Live ID 新建 SQL Azure 帳戶及註冊以取得 CTP，Microsoft 會寄送邀請代碼給使用者。
2. 使用者以 Live ID 登入，並輸入 Microsoft 寄送的邀請代碼。
3. 從 http://www.microsoft.com/download/en/details.aspx?displaylang=en&id=14159 上下載 Microsoft Sync Framework 2.0（如圖 13.5 所示），並從 http://www.microsoft.com/download/en/details.aspx?id=4902 下載 Microsoft Sync Framework Power Pack for SQL Azure November CTP（如圖 13.6 所示）。

圖 13.5 下載 Microsoft Sync Framework SDK

Version: V2RTM　　Date Published: 10/18/2009
Change Language: English

Files in this download

The links in this section correspond to files available for this download. Download the files appropriate for you.

| File Name | Size | |
|---|---|---|
| SyncSDK-v2.0-x86-ENU.msi | 23.0 MB | DOWNLOAD |
| SyncSDK-v2.0-x64-ENU.msi | 23.0 MB | DOWNLOAD |
| SyncSDK-v2.0-ia64-ENU.msi | 25.0 MB | DOWNLOAD |
| ReadMe_SyncFramework.htm | 46 KB | DOWNLOAD |
| TraceFormat.zip | 35 KB | DOWNLOAD |

資料來源：擷取自 http://www.microsoft.com/download/en/details.aspx?displaylang=en&id=14159。

圖 13.6 下載 Microsoft Sync Framework Power Pack for SQL Azure November CTP

Version: 1.0　　Date Published: 11/9/2009
Change Language: English

| File Name | Size | |
|---|---|---|
| WhatsNewNovemberCTP.doc | 75 KB | DOWNLOAD |

資料來源：擷取自 http://www.microsoft.com/download/en/details.aspx?id=4902。

Microsoft Sync Framework Power Pack for SQL Azure November CTP 具備以下的功能：

- **SQL Azure Data Sync Tool for SQL Server**：這項工具提供的引導精靈將帶領使用者完成 SQL Azure 連線程序，使得 SQL Server 與 SQL Azure 之間的資料建置和同步處理可以自動化。針對資料庫管理員與資料庫開發人員的需求，提供在公司內部現有資料庫與雲端之間快速進行同步處理的功能，確保作業既有效率又可靠，而且不需要人工編寫任何程式碼。
- **Visual Studio 2008 範本**：使用者如果想離線使用現有 SQL Azure 資料庫，這個新範本可以簡化在 SQL Compact 內建立離線資料快取的工作。開發人員可以使用範本精靈，選擇可供離線使用的 SQL Azure 資料表。完成精靈的指示之後，系統將建立 SQL Compact 資料庫，並且產生程式碼，供離線資料庫在 SQL Azure 和 SQL Compact 之間依需要同步處理變更內容。

讀者透過本章節的介紹，已瞭解到有很多的 SDK 可以輔助製作 Windows Azure Platform 的專案，甚至製作更有趣、實用與多元化的 Windows Azure SDK。然而，本節所提到的 Windows Azure SDK 只是冰山一角而已。下一小節將介紹一些目前企業或網路上大眾常用的 Windows Azure App。

## 13.2 搜尋好用的 Windows Azure App

本節主要介紹若干較為實用的 Windows Azure App 供讀者參閱，這些 App 的類型包括了程式撰寫、API 與電子驗票平台等。此外，Microsoft 官網也有提供一些 Windows Azure App 的介紹，例如 Syncrom、SIENN、DreamFactory Suite 等，筆者同樣會在以下內容加以簡要說明。

### MSDeploy

目前 Web Deploy (Web Deployment Tool) 已發展出一套 MSDeploy，

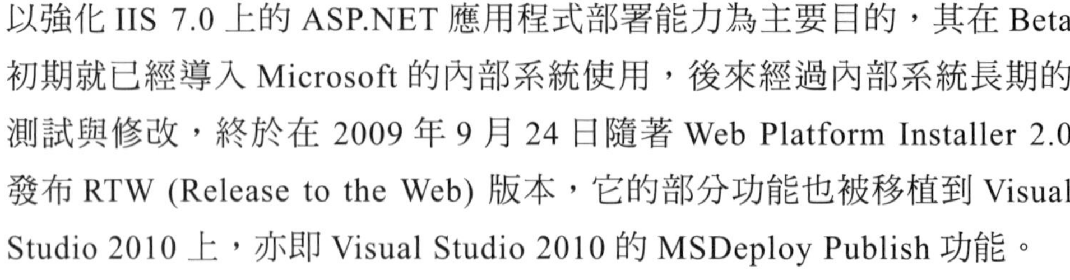
以強化 IIS 7.0 上的 ASP.NET 應用程式部署能力為主要目的，其在 Beta 初期就已經導入 Microsoft 的內部系統使用，後來經過內部系統長期的測試與修改，終於在 2009 年 9 月 24 日隨著 Web Platform Installer 2.0 發布 RTW (Release to the Web) 版本，它的部分功能也被移植到 Visual Studio 2010 上，亦即 Visual Studio 2010 的 MSDeploy Publish 功能。

Windows Azure 雖然有提供開發測試環境 (DevFabric)，但由於其僅能安裝在開發人員的機器上，又通常只做為開發期間的單元測試之用，遇到多人開發時的整合測試還是必須回歸到 Windows Azure 上開一個新的主機服務 (Hosted Service)，再將程式部署到 Windows Azure 上進行測試。此外，Windows Azure 的部署流程每次都需要重新建立一個全新的虛擬機器，以致於每次上傳總是耗費不少時間。不過，Visual Studio 2010 對此問題提出了解決方案：MSDeploy，其具有發布 Web 應用程式及 IIS 設定到遠端 IIS 伺服器的功能，它也是 Visual Studio 2010 首推的部署方法。在使用 ASP.NET 且被部署的伺服器是 IIS 7.x 的情況下，可透過有效減少部署工作所需的程序，達到加快發布速度的目的。

不過，MSDeploy 到底是什麼呢？它是一種以專案（或 Azure 程式）提供者為中心所發展的功能，並以管線化（Pipeline，讓電腦或其他數位電子裝置透過「加快指令通過速度」而設計的技術）方式部署 Web 應用程式的上傳引擎。與 MSBuild 編譯與建造應用程式的角色相似，MSDeploy 利用管線化的功能來處理其部署流程，而每個部署流程都來自於各種不同的專案（或 Azure 程式）提供者，其架構請參見圖 13.7。

除了可發布使用者自行開發的 Web 應用程式外，MSDeploy 還具備以下功能：

- 輕易地在 IIS 6.0 與 IIS 7.0 之間做 Web 應用程式的轉移。
- 有效的同步伺服器。
- 更加容易地包裝、存取及部署 Web 應用程式。
- 增加設定檔儲存的功能，提供開發者設定多重設定檔。

圖 13.7　Microsoft Visual Studio 2010 & MS Deploy 架構圖

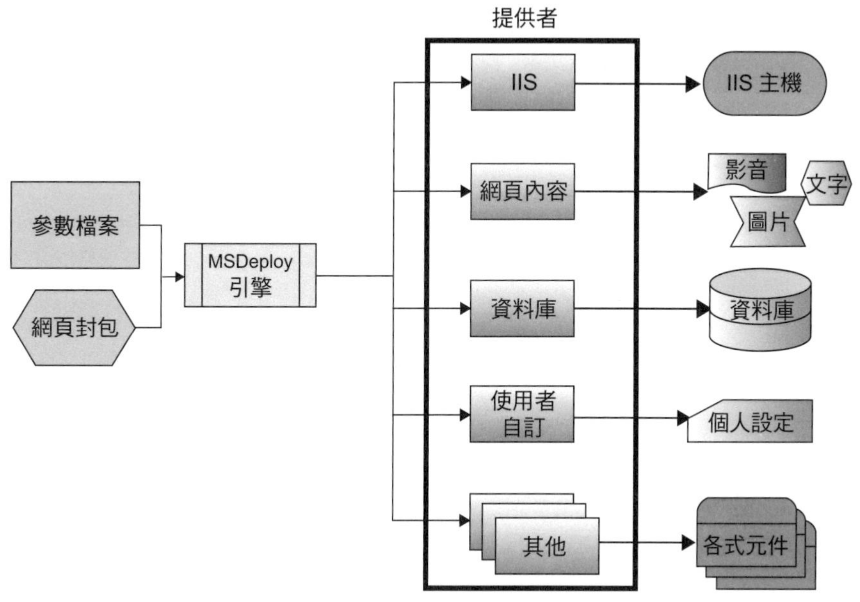


參考資料來源：參考自 http://www.dotblogs.com.tw/regionbbs/archive/2010/01/18/asp.net.4.0.new.feature.msdeploy.web.deployment.aspx。

## Plurk（噗浪）API

噗浪是近期非常熱門的社交媒體，但是使用者可能並未留意 Windows Azure App 其實也有應用在噗浪上。噗浪和 Twitter（推特）其實很相似，兩者最大的不同在於噗浪有一條時間軸，上面顯示了使用者與其好友的所有訊息；同時，推特只支援單一語系——英文。

噗浪有一項特別的功能，就是「噗浪機器人」（參見圖 13.8），是以 Windows Azure 所開發出來的 API 所建置而成，其功能為替使用者的發文做回覆，回覆的內容由噗浪機器人自行定義。開發一個噗浪機器人其實很簡單，只要撰寫一個常駐程式（通常是 Windows Service）在使用者的電腦執行，並定時以 Plurk API 查詢與回應指定的工作即可。倘若要讓機器人具有一些特殊的功能，就得要考驗開發者的創意。

## AccuPass 與 AccuSeats

雖然相較於 Google 和 Amazon，Microsoft 布局雲端的腳步較晚，但已經有臺灣新創公司開發出本土第一個 Windows Azure 商業雲端服

圖 13.8　噗浪官網

資料來源：擷取自 http://www.plurk.com/t/Taiwan#hot。

務，那是由教育部「U-Start」大專畢業生創業服務方案與國立清華大學育成中心共同扶植的新創企業——盈科泛利——發表基於 Windows Azure 開發的雲端服務：「AccuPass 電子票券遞送暨驗票平台」（參見圖 13.9 與圖 13.10）與「AccuSeats 雙頻訂位平台」（參見圖 13.11）。以下分別就這兩個平台加以介紹。

和傳統電子票券最大的不同點在於，AccuPass 可以讓使用者藉由手機的 MMS（多媒體訊息服務）、電子郵件和 SMS（簡訊服務）取得具有二維條碼的票券，而商家或企業則可選擇用固定式的終端機、手持式掃描器或以電腦連上盈科泛利的網路，輸入二維條碼序號進行驗票。盈科泛利執行長羅子文表示，過去電腦資訊展最大的挑戰就在於要發送門票給全球的買家，但今日由於一切的服務均建構在雲端之上，因此企業用戶不再需要大費周章找系統整合業者開發與維護企業專屬的驗票系統，因為雲端上已經有現成的驗票系統可以使用。只要利用電子票券，就能節省大量的人力成本。

至於 AccuSeats，是讓消費者可以利用手機即時訂位，並獲取鄰近

圖 13.9　AccuPasss 官網

資料來源：擷取自 http://www.accupass.com/。

圖 13.10　Facebook 上的 AccuPass

資料來源：擷取自 http://www.facebook.com/accupass。

圖 13.11　Facebook 上的 AccuSeats

資料來源：擷取自 http://www.facebook.com/accuseats。

的商家促銷資訊和評論等，而商家則能夠主動更新官方網頁和促銷資訊。

使用者的個人專屬優惠條碼將會以 MMS 或其他方式發送到使用者的手機，因此，只要使用者的手機可以收取 MMS 就能使用了。

**Syncrom**

由 WeeJay 所開發的 Syncrom 主要朝向無線網路、VoIP 與 IP 技術、底層架構及 PC 管理等方向發展。Syncrom 可移除 Windows 任務欄上的工作，進而避免壅塞現象並使其更有順序性，甚至可以最大限度地減少在 Windows 中的任何程序，使多台伺服器之間存在一個完整的連結秩序。支援的作業系統平台有 Windows XP 專業版、Windows Vista 旗艦版、Windows 7 旗艦版及 Windows Azure Platform。

## SIENN

SIENN 是一個獨立的經銷商線上平台，主要與網絡設計與開發、電子商務應用開發、內部網路、對外網路，以及網站入口的業務有關。就目前而言，公司與客戶之間交換資料、線上的服務與產品等，都是透過對外網路及內部網路來取代傳統的交際管道。使用者還可以透過 SIENN 來整合商店、採購、貨物流通與會計等業務。SIENN 帶領使用者往商業網路上發展，並為使用者提供無限的可能性。

## DreamFactory Suite

DreamFactory Suite 係由 DreamFactory Software 所開發，主要往商業應用程式開發、專案管理及大眾化的雲端計算等方向發展。其針對專案和文件管理有多個綜合應用，可以大幅提高工作團隊的效率。使用者可以使用 DreamFactory Suite 管理專案、與團隊共享文件、整合關鍵業務資料、提交時間表、跨平台同步資料，並追蹤詳細報告的進展。DreamFactory Suite 之綜合應用包括：

- 透過簡單的用戶管理（例如 One-click）在網頁上建立新的團隊。
- 透過互動的 Gantt Chart 管理專案、任務和資源。
- 透過協作日曆、活動快訊及在線討論進行團隊活動。
- 在網絡上的團隊工作空間組織資料夾和文件。
- 進行編輯和版本控制時，直接從網絡空間自動啟動檔案文件。
- 記錄專案和任務所花費的時間和費用。
- 產生優越的報告，將資源的使用與專案的盈利能力視覺化和進行監測。

在簡述實用的 Windows Azure App 之後，下一節將說明 Windows Azure Platform 未來可能的發展方向及可嘗試的挑戰。

## 13.3 Windows Azure Platform 的願景

現在的雲端只能算是個初步雲，雖然已達到多數大小企業或學術領域的需求，但過了十年、二十年、甚至一百年，這樣的供應能力是遠遠不夠的。只有不斷地發展與拓寬雲端的視野，才能達到未來持續出現的更多需求。下面將介紹 Microsoft 的「健康雲端」與中華電信的「CRM」，它們都是與 Windows Azure Platform 結合並極具代表性的案例。

### 13.3.1 健康雲端

2010 年 11 月，Microsoft 與上海市北高新技術服務園區正式合作後，在上海市北高新技術服務園區建立「Microsoft 資料港上海市雲端計算產業基地雲端計算應用孵化中心」，並與上海資料港投資公司共同推出「中小企業雲端」和「健康雲端」。「中小企業雲端」顧名思義就是與企業合作的雲端，其服務對象包括 Microsoft 與 2,000 多家企業，服務內容主要針對服務對象所使用的電子政務系統，運作平台多以 Microsoft 的 Windows Azure Platform 為主，屬於 PaaS 的範疇。「健康雲端」則是與醫院合作的雲端，服務對象包含上海岬北區的所有醫院及相關醫療機構，服務內容是以 SaaS 的精神提供醫院管理和大眾健康管理的應用服務。

由於「健康雲端」是建置在雲端上面的服務，醫院及相關的醫療機構不再需要額外開發與維護獨立的醫療資訊系統，只要租用即可。對於病人來說，即使要轉診到其他醫院，也不用隨身攜帶病歷資料，轉診醫院可透過「健康雲端」快速獲得該病人在前一個醫院的病歷資料。而對於醫生來說，可透過「健康雲端」發布區域性公共衛生事件的預警訊息、追蹤病人的身體復原情況等，甚至可以和行動不便而無法到醫院就診的病人做線上看診與互動。

## 13.3.2 CRM

Microsoft 在 2009 年與中華電信簽訂合約，將該公司推出的「CRM 雲端應用服務」加入中華電信的電信服務。CRM（Customer Relationship Management，客戶關係管理）係以 Windows Azure Platform 為基底而建立，屬於 SaaS 的範疇。

CRM 的目的之一是協助企業管理企業與客戶之間的關係，包括招攬新客戶、留住舊客戶、提供客戶服務，以及維持或提升 QoS (Quality of Service) 服務品質。中華電信透過手機、PC、電子書等 3C 電子產品來提供 CRM 服務，因為現代每個人的手上幾乎都至少有一種以上的 3C 電子產品。

藉由 CRM 這項成功的合作案例，未來 Microsoft 與中華電信期望可以在雲端及 Windows Azure Platform 上推出更多的合作服務。例如，用手機搭配 Windows Azure Platform 開發出來的 Windows Azure SDK，即可使用雲端的資源與計算能力來執行用戶自己的程式。

「健康雲端」與「CRM」說明了 Windows Azure Platform 現在及未來的發展，透過這兩項成功的案例，我們可以知道：「Windows Azure Platform 不是做不到，而是還沒做到。」未來想必會出現更多現在做不到，但未來也許做得到的成功案例吧！此外，「科技始終來自於人性」，因為人類的需求，因而創造與開發出符合需要的產品，未來 Windows Azure Platform 還可以做到更多的事情，至於可以做到多少呢？答案肯定是「沒有答案」。

## 習 題

1. 請試著開發一個簡單的 Windows Azure App，功能包括與讀者的線上互動、與 SQL Azure 連結等。
2. 請舉出三個 Windows Azure 未來可發展的方向，並提供有效的佐證資料。

# 中英文索引

## 零劃

SQL Server Data Services (SDDS) 312
Syncrom 338
TaskTracker 117
TDS 312
URL 擷取 (UrlFetch) 36
U-Start 336
Visual Basic 298
Visual C# 298
Visual F# 298
VoIP 338
WCF HTTP 258
Web 326
Web Deploy (Web Deployment Tool) 333
Windows Azure Platform 252, 295, 324
Windows Azure SDK 252, 295, 325
Windows Azure Storage 328
Windows Azure Table 312
Windows Phone 326
Worker 108
XML 312
ZooKeeper 117, 138

## 二劃

二進位大型物件 (Blob) 82
人員管理 (Permissions) 42

## 三劃

大規模分散式運算 (Mass Distributed Computing) 328
工作佇列 (Task Queue) 36
工作者任務 (Worker Role) 318
工作區 (Workspace) 27

## 四劃

公平排程器 (Fair Scheduler) 120
分治法 (Divide-and-Conquer) 107
分頁 (Paging) 320
分時 (Time Sharing) 120
化簡 (Reduce) 107
心跳訊息 (Heartbeat message) 125
日常排程工作 (Cron Jobs) 37
日誌檢視 (Admin Logs) 42

## 五劃

主從式 (Master/Slave) 127
主控端 (Host) 236
付費狀態 (Billing Status) 34, 46
付費管理者 (Billing Administrator) 46
平台即服務 (Platform as a Service, PaaS) 3, 7
平均每秒請求數 (Queries Per Second, QPS) 37

## 六劃

交易 (Transaction) 55
先進先出 (First In First Out) 326
先進先出排程器 (FIFO Scheduler) 120
名稱節點 (NameNode) 118, 127
合併 (Combiner) 122
多媒體訊息服務 (MMS) 336
行家族 (Column Families) 136

## 七劃

佇列 (Queue) 72
別名指向 (CNAME) 44
即時訊息傳送 (XMPP) 36
完全分散模式 (Fully-Distributed Mode) 149
序列號 (Sequence Number 144
快取 (Cache) 74
批次作業 116
沙箱 (Sandbox) 9

## 八劃

角色間之通訊 (Role Communication) 330
延展性 106
服務映像檔 (Service Image) 238
版本選擇 (Versions) 42
表格儲存 (Table Storage) 240, 320
非即時系統 116

## 九劃

客戶端 (Guest) 237
客戶端通訊協定 (Client Protocol) 129
客戶關係管理 (Customer Relationship Management, CRM) 341
映射 (Map) 107
背景工作角色 (Worker Role) 303
負載平衡 105, 106

## 十劃

容錯 105, 106
容錯機制 133
時間戳記 (Time Stamp) 13
記憶體快取 (Memcache) 36
訊息傳遞頻道 (Channel) 36

## 十一劃

偽分散模式 (Pseudo-Distributed Mode) 149
健康雲端 340
副本因子 (Replication Factor) 128
區塊 (Chunk) 111
基礎設施即服務 (Infrastructure as a Service, IaaS) 3, 7
執行中任務 (Running Role) 318
執行個體 (Instance) 239
現在的支出狀況 (Current Balance) 46
第二名稱節點 127
第三方認證的方式 (Federated Login) 43
統一資源標識符 (Uniform Resource Identifier, URI) 35
統計資料 (Datastore Statistics) 40
終端機 (Terminal) 146
軟體即服務 (Software as a Service, SaaS) 2, 7

## 十二劃

單機模式 (Local/Standalone Mode) 149
循環式記憶體緩衝器 (Circular Memory Buffer) 121
硬體失效 115
虛擬化技術 105
開放原始碼專案 (Open Source Project) 115
雲端運算 (Cloud Computing) 2, 105
黑名單 (Blacklist) 37

## 十三劃

搶占 (Preemption) 120
溢出 (Spill) 121
當下的負載量 (Current Load) 34
詳細的額度 (Quota Details) 36
資料 (Entity) 51
資料中心 (Datacenter) 23
資料片段 (Splits) 107, 110, 120
資料包 (Packet) 132
資料佇列 (Data Queue) 132
資料查詢 (Datastore Viewer) 40
資料流應用程式介面 (Stream API) 119
資料索引 (Datastore Indexes) 40
資料區域性最佳化 (Data Locality Optimization) 121
資料節點 (DataNode) 118, 127
資料節點通訊協定 (DataNode Protocol) 129
資源配置表格 (Resource Allocations) 48
運算實體單元 (Instances) 34
電子郵件 (E-Mail) 36
預先搜尋 (Prospective Search) 40

## 十四劃

圖表訊息 (Charts) 34
磁碟陣列 (Redundant Array of Independent Disks, RAID) 116
管線化 (Pipeline) 132, 334
網格運算 (Grid Computing) 328
網站任務 (Web Role) 318
網域名稱 (Domain Name) 44
遠端程序呼叫 (Remote Procedure Call, RPC) 109
儀表板訊息 (Dashboard) 34

## 十五劃

影像操作 (Image Manipulation) 36
確認佇列 (Ack Queue) 133
緩衝 (Buffering) 121
請求 (Requests) 36

## 十六劃

整合開發環境 (Integrated Development Environment, IDE) 188
錯誤 (Errors) 34
靜態儲存資料檢視 (Blob Viewer) 40

## 十七劃

儲存容量 (Storage) 36
應用程式日誌 (Logs) 37
應用程式設定 (Application Settings) 42
鍵／值 (Key/Value) 108

## 十八劃

叢集電腦 115
簡訊服務 (SMS) 336

## 十九劃

關聯式資料庫 135
關聯式資料庫管理系統 (RDBMS) 312

## 二十三劃

邏輯化資源 (Logical Resource) 328

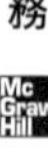